全国高等农林院校生物科学类

专业“十二五”规划系列

分子生物学与基因工程实验技术

杨清 余丽芸 主编

Experimental Techniques for Molecular Biology and Genetic Engineering

中国农业大学出版社
China Agricultural University Press
·北京·

内容简介

本书选编了18个实验:质粒DNA的提取、酶切与电泳鉴定,重组DNA分子的构建,大肠杆菌感受态细胞的制备与转化,植物细胞中DNA的提取,动物细胞中DNA的提取,基因的PCR扩增,PCR扩增产物的纯化与回收,植物总RNA的提取,DNA的分子杂交,RNA的分子杂交,蛋白质的分子杂交,RT-PCR,基因表达的荧光定量PCR分析,外源基因在原核细胞中的诱导表达,外源基因在洋葱表皮细胞中的瞬时表达,利用PCR技术定点突变,农杆菌介导的烟草遗传转化以及转化烟草植株的GUS表达鉴定。前8个实验为基础实验,属于必做实验;后10个实验为选做实验,使用者根据自身情况进行安排。本书的附录部分包含分子生物学常用软件及数据库、常用数据及换算关系、常用试剂溶液及缓冲液的配制、常用培养基及抗生素的配制和生物样品的保存与实验室安全。本书可作为高等农林院校生物类专业开设分子生物学实验的教学用书,也可供有关研究人员和技术人员参考使用。

图书在版编目(CIP)数据

分子生物学与基因工程实验技术/杨清,余丽芸主编.--北京:中国农业大学出版社,2014.2(2022.1重印)

ISBN 978-7-5655-0880-6

Ⅰ.①分… Ⅱ.①杨…②余… Ⅲ.①分子生物学-实验②基因工程-实验 Ⅳ.①Q7-33

中国版本图书馆CIP数据核字(2013)第309116号

书　名　分子生物学与基因工程实验技术

作　者　杨　清　余丽芸　主编

策划编辑　赵　艳　孙　勇　潘晓丽　　**责任编辑**　田树君

封面设计　郑　川　　**责任校对**　陈　莹　王晓凤

出版发行　中国农业大学出版社

社　址　北京市海淀区圆明园西路2号　　**邮政编码**　100193

电　话　发行部 010-62818525,8625　　读者服务部 010-62732336

编辑部 010-62732617,2618　　出　版　部 010-62733440

网　址　http://www.cau.edu.cn/caup　　**e-mail** cbsszs@cau.edu.cn

经　销　新华书店

印　刷　北京时代华都印刷有限公司

版　次　2014年2月第1版　2022年1月第2次印刷

规　格　787×1 092　16开本　13.25印张　326千字

定　价　33.00元

全国高等农林院校生物科学类专业“十二五”规划系列教材
编审指导委员会

（按姓氏拼音排序）

编审人员

主　编　杨　清　余丽芸

副主编　胡汉桥　王有武　张继星　侯思宇

编　者　王有武　王桂华　王爱萍　尹淑琴　乌日娜　李　强
　　　　杨　清　余丽芸　陈　敏　张继星　胡汉桥　侯思宇
　　　　姜晓东　贾小云　黄　芳　谢彦杰

主　审　张　炜

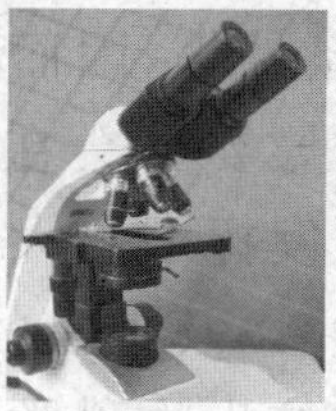

出版说明

生物科学是近几十年来发展最为迅速的学科之一，它给人类的生产和生活带来巨大变化，尤其在农业和医学领域更是带来了革命性的变革。生物科学与各个学科之间、生物科学各个分支学科之间的广泛渗透，相互交叉，相互作用，极大地推动了生物科学技术进步。生物科学理论和方法的丰富和发展，在持续推动传统农业和医学创新的同时，其应用领域不断扩大，广泛应用的领域已包括食品、化工、环保、能源和冶金工业等各个方面。仿生学的应用还对电子技术和信息技术产生巨大影响。生物防治、生物固氮等生物技术的应用，极大地改变了农业过分依赖石化工业的局面，继而为自然生态平衡的恢复做出无可替代的贡献。以大量消耗资源为依赖的传统农业被以生物科学和技术为基础的生态农业所替代和转变。新的、大规模的近现代农业将由于生物科学的快速发展而迅速崛起。

生物科学在农业领域中越来越广泛地应用，以及不可替代作用的发挥，既促进了生物科学教育的发展，也为生物科学教育提出了新的更高的要求。农业领域高素质、应用型人才对生物科学知识的需求具有自身独特的使命和特征。作为培养高素质、应用型人才重要途径和方式的农业高等教育亟需探索出符合实际需求和发展的教育教学模式和内容。为此，中国农业大学生物学院和中国农业大学出版社与全国30余所高等农林院校合作，在充分汲取各校生物科学类专业教改实践经验和教改成果的基础上，经过进一步集成、融合、优化、提升，凝聚形成了比较符合农林院校教学实际、适应性更好、针对性更强、教学效果更佳的教学理念和教材编写思路，进而精心打造了“全国高等农林院校生物科学类专业‘十二五’规划系列教材”。系列教材覆盖了近30门生物科学类专业骨干课程。

本系列教材站在生物科学类专业教育教学整体目标的高度，以学科知识内容关联性为依据，审核确定教材品种和教材内容，通过相关课程教材小规模组合、专家交叉多重审定、编审指导委员会统一把关等措施，统筹解决相关教材内容衔接问题；以统一的编写指导思想因课制宜确定各门课程教材的编写体例和形式。因此，本系列教材主导思想整体归一、各种教材各具特色。

农业是生物科学最早也是应用范围最广的领域，其厚重的实践积累和丰硕成果使得农业高等教育生物科学类专业教学独具特色和更高要求。本系列教材比较好地体现了农业领域生物科学应用的重要成果和前沿研究成就，并考虑到农林院校生源特点、教学条件等，因而具有很强的适用性、针对性和前瞻性。

系列教材编审指导委员会在教材品种的确定、内容的筛选、编写指导思想以及质量把关等环节中发挥了巨大作用。其组成专家具有广泛的院校代表性、学科互补性和学术权威性，以及丰富的教学科研经验。专家们认真细致的工作为系列教材打造成为农林院校生物科学类专业精品教材奠定了扎实的基础，在此谨致深深谢意。

作为重点规划教材，为准确把握教学需求，突出特色和确保质量，教材的策划运行被赋予更为充分的时间，从选题调研、品种筛选、编写大纲的拟制与审定、组织教师编写书稿，直至第一种教材出版至少3年时间，按照拟订计划主要品种的面世需近4年。系列教材的运行经过了几个阶段。第一个阶段，对农林院校生物科学教学现状进行深入的调查研究。2010—2011年，出版社用了近1年的时间，先后多批次走访了近30所院校，与数百位生物科学教学一线的专家和教师进行座谈，深入了解我国高等农林院校生物科学教学的进展状况及存在的问题。第二个阶段，召开教学和教材建设研讨会。2011年12月份，中国农业大学生物学院和中国农业大学出版社组织召开了有30余所院校、100余位教师参加的生物教学研讨会，与会代表就农林院校生物科学类专业教学和教材建设问题进行了广泛和深入的研讨，会上还组织参观了中国农业大学生物学院教学中心、国家级生命科学实验教学示范中心以及两个国家重点实验室，给与会代表留下了深刻的印象和较大的启发。第三个阶段，教材立项编写。在广泛达成共识的基础上，有30多所高等农林院校、近500人次教师参加了系列教材的编写工作。从2013年4月起，系列教材将陆续出版，希望这套凝聚了广大教师智慧、具有较强的创新性、反映各校教改探索实践经验与成果的系列教材能够对农林院校生物科学类专业教育教学质量的提高发挥良好的作用。

良好的愿望和教学效果需要实践的检验和印证。我们热切地期待着您的意见反馈。

中国农业大学生物学院
中国农业大学出版社
2013年3月16日

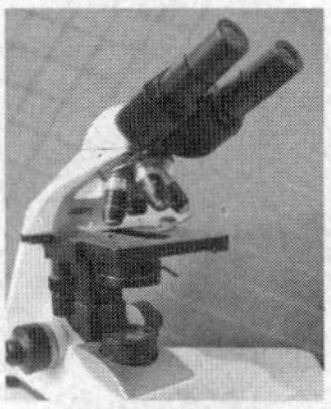

前 言

当今世界，生物学各学科都已进入分子水平。因此，分子生物学实验教学已经成为生物学科人才培养必不可少的内容。目前，供分子生物学实验教学的教材已经不少，但从内容的角度，每个教材都有其适用的对象。为了给农林类高等院校提供一本符合新时期要求的分子生物学实验教材，根据《国家中长期教育改革和发展规划纲要（2010—2020 年）》精神，中国农业大学出版社组织编写“全国高等农林院校生物科学类专业‘十二五’规划系列教材”，《分子生物学与基因工程实验技术》属于该系列教材。

《分子生物学与基因工程实验技术》选编 18 个实验和 5 个附录，其中前 8 个实验，包括质粒 DNA 的提取、酶切与电泳鉴定，重组 DNA 分子的构建，大肠杆菌感受态细胞的制备与转化，植物细胞中 DNA 的提取，动物细胞中 DNA 的提取，基因的 PCR 扩增，PCR 扩增产物的纯化与回收和植物总 RNA 的提取，建议为必上内容，属于基础部分；后 10 个实验，包括 DNA 的分子杂交，RNA 的分子杂交，蛋白质的分子杂交，RT-PCR，基因表达的荧光定量 PCR 分析，外源基因在原核细胞中的诱导表达，外源基因在洋葱表皮细胞中的瞬时表达，利用 PCR 技术定点突变，农杆菌介导的烟草遗传转化和转化烟草植株的 GUS 表达鉴定，属于扩展性内容，各单位可根据自己的培养和教学方案进行选择性教学；在附录中，选编分子生物学常用软件及数据库、常用数据及换算关系、常用试剂溶液及缓冲液的配制、常用培养基及抗生素的配制和生物样品的保存与实验室安全 5 个实用性资料，这些资料对实验的进行是非常有帮助的。

受中国农业大学出版社的委托，南京农业大学作为牵头单位负责组织编写《分子生物学与基因工程实验技术》，参加编写的单位有：黑龙江八一农垦大学、山西农业大学、广东海洋大学、内蒙古民族大学、塔里木大学、沈阳农业大学和东北农业大学。编写人员都是在教学第一线的教师，具有多年的分子生物学教学经验。在本教材的编写过程中，从实验内容的选择，到实验方法的确定，编写人员广泛研究了国内外现有同类教材，吸收新的研究成果，依据多年的教学实践经验，经过反复比较最终定案。在教材编写完成后，从内容到格式，经过仔细的审查，参加审稿的人员有：杨清、余丽芸、王有武、张继星、胡汉桥和陈敏。本教材具有以下特点：简单，实用，新颖，易学。本教材适宜用作农林院校生物类本科生和研究生分子生物学实验教材，也可作为理科院校学生分子生物学实验教材。

在本教材的编写过程中，得到了南京农业大学领导和生命科学学院领导的支持与帮助，在此，一并致以深深的谢意！

编 者

2013 年 8 月于南京

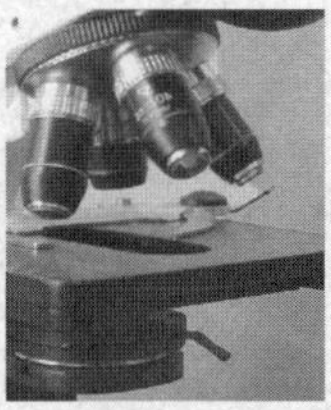

目 录

实验一　质粒 DNA 的提取、酶切与电泳鉴定 …… 1
实验二　重组 DNA 分子的构建 …… 6
实验三　大肠杆菌感受态细胞的制备与转化 …… 10
实验四　植物细胞中 DNA 的提取 …… 16
实验五　动物细胞中 DNA 的提取 …… 25
实验六　基因的 PCR 扩增 …… 28
实验七　PCR 扩增产物的纯化与回收 …… 32
实验八　植物总 RNA 的提取 …… 37
实验九　DNA 的分子杂交 …… 44
实验十　RNA 的分子杂交 …… 58
实验十一　蛋白质的分子杂交 …… 65
实验十二　RT-PCR …… 71
实验十三　基因表达的荧光定量 PCR 分析 …… 78
实验十四　外源基因在原核细胞中的诱导表达 …… 84
实验十五　外源基因在洋葱表皮细胞中的瞬时表达 …… 89
实验十六　利用 PCR 技术定点突变 …… 94
实验十七　农杆菌介导的烟草遗传转化 …… 101
实验十八　转化烟草植株的 GUS 表达鉴定 …… 107
参考文献 …… 111
附录 1　分子生物学常用软件及数据库介绍 …… 114
附录 2　分子生物学实验中的常用数据及换算关系 …… 159
附录 3　常用试剂溶液及缓冲液的配制 …… 161
附录 4　常用培养基及抗生素的配制 …… 186
附录 5　生物样品的保存与实验室安全 …… 197

实验一 质粒DNA的提取、酶切与电泳鉴定

【概述】

质粒是存在于细菌染色体外的一个或多个能独立复制并稳定遗传的小型环状双链 DNA 分子。由于质粒分子小,便于分离和提取,可以携带目的基因进入细菌、动物细胞或植物体内进行扩增与表达,基因克隆实验中常将经改造后的质粒作为运送基因的载体。目前从细菌中提取质粒 DNA 多采用碱裂解法,该法操作简便。

碱裂解法的原理:基于染色体 DNA 与质粒 DNA 的变性与复性的差异而达到分离目的。在 pH 达到 12.6 的碱性条件下,染色体 DNA 的氢键断裂,双螺旋结构解开而变性,质粒 DNA 的大部分氢键也断裂,但超螺旋共价闭合环状的两条互补链不会完全分离。当以 pH 4.8 的 NaAc 高盐缓冲液调节其 pH 至中性时,变性的质粒 DNA 又恢复原来的构型,保存在溶液中,而染色体 DNA 不能复性而形成缠连的网状结构。通过离心,染色体 DNA 与不稳定的大分子 RNA、蛋白质—SDS 复合物等一起沉淀下来而被除去。

这种方法既可用于从小量培养物或同时从许多细胞克隆中进行质粒 DNA 抽提,也可用来进行质粒 DNA 的大量提取。该方法对于目前使用的所有大肠杆菌菌株都卓有成效,并可与随后的纯化步骤(聚乙二醇沉淀或氯化铯—溴化乙锭梯度平衡离心等)一并联合使用。

酶切鉴定的原理:用两种能将外源 DNA 片段从重组质粒上切割下来的限制性核酸内切酶酶解质粒 DNA,凝胶电泳后重组质粒分子较单一载体质粒多出一条泳带,据此将重组子和非重组子分离开。

电泳检测的原理:利用荧光染料溴化乙锭(EB)进行染色,EB 具有扁平结构,可嵌入核酸双链的配对碱基之间,在紫外线激发下,发出橘红色荧光。EB-DNA 复合物中的 EB 发出的荧光,比游离的凝胶中的 EB 发出的荧光强度大 10 倍,因此无需洗净背景即可清楚观察核酸带型。在凝胶电泳中,加入溴化乙锭对核酸分子进行染色以后,将电泳标本放置在紫外光下观察,可通过同已知分子质量和含量的标准 DNA 片段之间的比较,测定出共迁移的 DNA 片段的分子质量和含量。在紫外光下至少可以检出 1～10 ng 的 DNA 条带。

【实验安排】

时间	内 容
第 1 天下午或者晚上	培养重组菌(从琼脂平板上挑取一个单菌落,接种到含有适当抗生素的液体培养基中,待生长到对数晚期即可,这个过程一般需要过夜培养)
第 2 天上午	细菌的收获和裂解,质粒 DNA 的纯化
第 2 天下午	内切酶酶切此质粒 DNA
第 2 天晚上	电泳鉴定

【仪器、材料与试剂】

(一)仪器

(1)移液器。

(2)台式高速离心机。

(3)恒温振荡摇床。

(4)涡旋振荡器。

(5)琼脂糖凝胶电泳装置。

(6)恒温水浴锅。

(7)凝胶成像系统。

(8)灭菌锅。

(9)电子天平。

(10)微波炉。

(二)药品、材料

(1)三羟基甲基氨基甲烷-盐酸(Tris·HCl)。

(2)乙二胺四乙酸(EDTA)。

(3)氢氧化钠(NaOH)。

(4)乙酸钠(NaAc)。

(5)十二烷基硫酸钠(SDS)。

(6)*Bam* HⅠ内切酶。

(7)*Hin*d Ⅲ内切酶。

(8)*Sal* Ⅰ内切酶。

(9)胰蛋白胨。

(10)酵母粉。

(11)氨苄青霉素。

(12)琼脂糖。

(13)标准分子质量(Marker)。

(14)溴化乙锭(EB)。

(15)无水乙醇。

(16)滤纸若干。

(17)吸头:1 mL、200 μL、10 μL。

(18)质粒载体(自构)。

(19)塑料离心管:0.5 mL、1.5 mL、2 mL。

(三)试剂

1. 溶液Ⅰ

50 mmol/L 葡萄糖,25 mmol/L Tris·Cl (pH 8.0),10 mmol/L EDTA (pH 为 8.0)。溶液Ⅰ可成批配制,每瓶 100 mL,高压灭菌 15 min,储存于 4℃冰箱。

2. 溶液Ⅱ

10 mol/L NaOH 4 mL,20% SDS 10 mL,加双蒸水至 100 mL(现用现配制)。

3. 溶液Ⅲ

无水 NaAc 49.2 g，先加 140 mL 超纯水（ddH_2O），加热溶解，再加冰醋酸约 40 mL，调 pH 至 4.8，加 ddH_2O 定容至 200 mL。

4. RNase

10 mg/mL，TE 配制，100℃煮沸 10 min，−20℃保存。

5. TE 缓冲液

10 mmol/L Tris·Cl（pH 8.0），1 mmol/L EDTA（pH 8.0）。高压灭菌后储存于 4℃冰箱中保存备用。

6. 电泳所用试剂

5×TAE 缓冲液，10×上样缓冲液（loading buffer）。

7. LB 液体培养基

10 g 胰蛋白胨＋5 g 酵母粉＋5 g NaCl，加双蒸水定容至 1 000 mL，用 NaOH 调 pH 至 7.0，121℃高压湿热灭菌 20 min。

8. LB 固体培养基

10 g 胰蛋白胨＋5 g 酵母粉＋5 g NaCl＋15 g Agar，加 ddH_2O 定容至 1 000 mL，用 NaOH 调 pH 至 7.0，121℃高压湿热灭菌 20 min。

【操作步骤】

（一）质粒 DNA 提取

1. 细菌的培养和收集

将实验中得到的含有目的片段对应的单菌落，放入 40 mL LB 液体培养基中，先在液体中加入 0.1%（体积分数）的氨苄青霉素（100 mg/mL），37℃过夜摇菌培养，用于质粒提取。

2. 质粒 DNA 少量快速提取

（1）取 1.5 mL 培养液置于 1.5 mL 离心管中，4℃下 12 000*g* 离心 30 s。

（2）弃上清液，将管倒置于卫生纸上数分钟，使液体流尽。

（3）菌体沉淀重悬浮于 100 μL 溶液Ⅰ中（需剧烈振荡），室温下放置 5～10 min。

（4）加入 200 μL 新配制的溶液Ⅱ，盖紧管口，快速温和颠倒离心管数次，以混匀内容物（千万不要振荡），冰浴 5 min（溶液呈现清亮状态）。

（5）加入 150 μL 预冷的溶液Ⅲ，盖紧管口，并倒置离心管，温和振荡 10 s，使沉淀混匀，冰浴中 5～10 min，4℃下 12 000*g* 离心 5～10 min（溶液出现沉淀）。

（6）将水相移入干净离心管中，加入 2 倍体积的无水乙醇，振荡混匀后，室温放置 2 min，4℃下 12 000*g* 离心 5 min。

（7）弃上清液，将管口敞开倒置于卫生纸上，使所有液体流出，加入 1 mL 70%乙醇洗沉淀一次，4℃下 12 000*g* 离心 5 min。

（8）弃上清液，将管倒置于卫生纸上使液体流尽，室温干燥。

（9）将沉淀溶于 20 μL TE 缓冲液（含 RNase 20 μg/mL），37℃水浴 30 min，以降解 RNA 分子，储存于−20℃冰箱中备用。

（二）质粒 DNA 酶切

（1）根据载体图谱，选择合适的内切酶，保证目的片段中无这种酶的酶切位点。也可以根据实验初期的克隆策略，选择目的片段两端的内切酶进行酶切。

(2)组成如下酶切反应体系：

Bam H Ⅰ	1 μL
*Hin*d Ⅲ(或者 *Sal* Ⅰ)	1 μL
10× K buffer	2 μL
质粒 DNA	5 μL

加 ddH_2O 至 10 μL

(3)37℃反应 3 h。

(4)琼脂糖凝胶电泳检测。

(三)琼脂糖凝胶电泳检测

(1)制备琼脂糖凝胶：称取 1 g 琼脂糖，溶解在 100 mL 电泳缓冲液中，置微波炉中至琼脂糖熔化均匀。

(2)灌胶：在凝胶溶液中加 3 μL EB，摇匀。插好点样梳子，轻轻倒入电泳槽载胶板中，除掉气泡。

(3)待凝胶冷却凝固后，轻轻取出点样梳。

(4)点样：将酶切产物 10 μL+3 μL 10×loading buffer，混匀、点样，同时一孔点 5 μL 标准分子质量 Marker，记录点样次序。

(5)在电泳槽中加入电泳缓冲液，将点好样的载胶板轻轻放在电泳槽内。

(6)电泳：接上电极线，点样侧接电泳仪负极，另一侧接电泳仪正极，50 V 电泳 45～60 min。

(7)将电泳槽载胶板拿到暗室，在紫外灯下直接观察结果，或者凝胶电泳成像仪照相保存。

【实验结果】

质粒样品及酶切产物经琼脂糖凝胶电泳，结果如图 1-1 和图 1-2 所示。

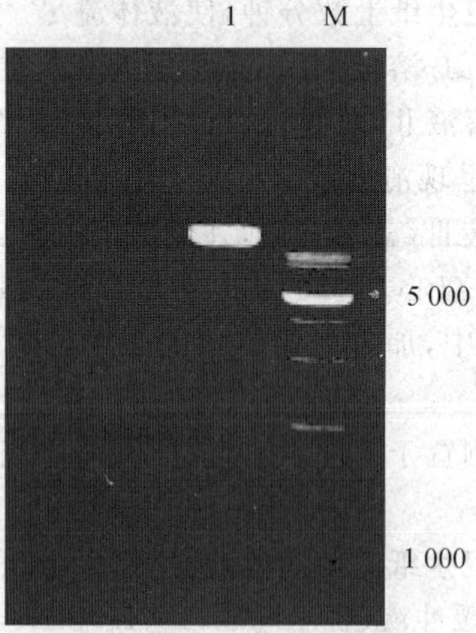

图 1-1 质粒琼脂糖凝胶电泳

M：DL 10 000 DNA；1：空载质粒(载体片段 12 361 bp)

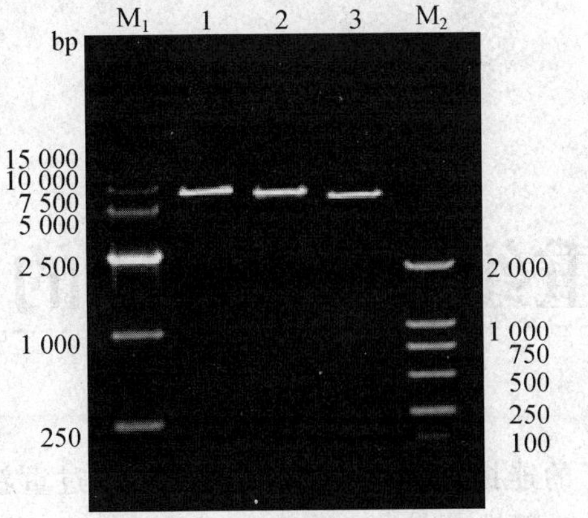

图 1-2 质粒酶切图谱

M_1:DL 15 000 DNA Marker；M_2:DL 2 000 DNA Marker；

1:重组质粒 4 *Bam* HⅠ/*Sal*Ⅰ双酶切产物(载体片段 7 171 bp;目的基因 498 bp)；

2:重组质粒 4 *Sal*Ⅰ/*Hin*dⅢ 双酶切产物(载体载体片段 6 844 bp;目的基因 825 bp)；

3:重组质粒 4 *Bam*HⅠ/*Hin*dⅢ 双酶切产物(载体片段 6 346 bp;目的基因 1 323 bp)

【问题与讨论】

(1)在电泳检测时,有时会发现没有任何条带出现,可能是在操作过程中,加溶液Ⅱ之后溶液未见清亮状态;或者加溶液Ⅲ之后溶液未出现沉淀;此时实验不需要继续下去,否则在电泳检测时,可能会没有任何结果。

(2)在电泳检测时,重组质粒会出现两条带(一条长片段是载体带,另一条短些的是目的条带),非重组质粒可能是一条载体带,也可能是一条载体带加一条短的非目的条带,由于片段长度不同,可根据电泳过程中迁移速率不同而区别重组质粒与非重组质粒。

(3)电泳检测时发现双酶切的结果只有一条片段长度长于载体片段,可能是内切酶失活而导致重组质粒未被切开。

(4)如果是双酶切,重组质粒泳道应该出现两条电泳带,非重组质粒泳道可能出现一条带、两条带或者三条带。

(王桂华 编写)

实验二

重组DNA分子的构建

【概述】

外源 DNA 与载体分子的连接过程称为 DNA 重组，经过重新组合获得的 DNA 叫作重组体或重组子。DNA 重组技术是在 DNA 连接酶和限制性内切酶被发现以后，于 1972—1973 年由 H. Boyer，P. Berg 等发明的，通过该技术他们获得第一个重组 DNA 分子。

DNA 重组是在有 Mg^{2+}、ATP 存在的连接缓冲系统中，DNA 连接酶的作用下，将分别酶切过的载体分子与外源 DNA 分子进行连接。

DNA 重组中载体分子是具有特殊结构的 DNA 分子，应具备下列基本特性：①具有能够在特定宿主细胞中独立自我复制的复制起始点，该起始点保证外源基因随着载体的复制得到繁殖；②具有易于检测的遗传标记（如抗药性基因、酶基因、营养缺陷型及形成噬菌斑的能力等），用以区分阳性与阴性重组分子；③具有多个限制性内切酶的单一切点，即多克隆位点，这些位点最好位于检测表型的遗传标记基因之内，这样当外源基因插入载体时将导致其表型改变从而便于筛选重组分子；④载体分子不宜过大，以便于 DNA 体外操作。

DNA 连接酶是 DNA 重组中的关键酶。20 世纪 60 年代后期，从大肠杆菌和用 T_4 噬菌体感染的大肠杆菌中发现两种连接酶：T_4 噬菌体 DNA 连接酶和大肠杆菌 DNA 连接酶。两种 DNA 连接酶都有将两个带有相同黏性末端的 DNA 分子连在一起的功能，而且 T_4 噬菌体 DNA 连接酶还有一种大肠杆菌连接酶没有的特性，即能使两个平末端的双链 DNA 分子连接起来。但这种连接的效率比黏性末端的连接效率低，一般可通过提高 T_4 噬菌体 DNA 连接酶浓度或增加 DNA 浓度来提高平末端的连接效率。T_4 噬菌体 DNA 连接酶催化 DNA 连接反应方法分为 3 步：首先，T_4DNA 连接酶与辅助因子 ATP 形成酶-AMP 复合物；然后，酶-AMP 复合物再结合到具有 5′磷酸基和 3′羟基切口的 DNA 上，使 DNA 腺苷化；最后产生一个新的磷酸二酯键，把切口封起来。我们选用的是 Fermentas 的连接酶，短时间内即可达到很好的连接效果。所用的内切酶也是 Fermentas 的 Fastdigest 系列的，酶切时间短，酶切效果好。

DNA 重组的方法主要有黏端连接法和平端连接法，按照连接分子末端的异同，黏端连接法又可进一步分为两端相同和两端不同的连接方法。由这三种连接方法得到的重组 DNA 分子具有不同的特点：平末端连接法的连接产物，非重组体克隆的背景可能很高，质粒和外源 DNA 结合处的限制性酶切位点消失，重组质粒会带有外源 DNA 的串联拷贝；两端不同黏性末端连接法的产物，质粒和外源 DNA 结合处的限制性酶切位点常可保留，非重组体克隆的背景低，外源 DNA 只以一个方向插入载体；两端相同黏性末端连接法的产物，质粒和外源 DNA 结合处的限制性酶切位点常可保留，外源 DNA 会以两个方向插入载体中，重组质粒会带有外源 DNA 的串联拷贝。

影响 DNA 重组效率的因素：①连接缓冲液：大体上缓冲液含有以下组分：20～100 mmol/L的 Tris-HCl，较多用 50 mmol/L，pH 的范围在 7.4～7.8，较多用 7.8，目的是提供合适酸碱度的连接体系；10 mmol/L 的 $MgCl_2$，作用是激活酶反应；1～20 mmol/L 的 DTT，较多用 10 mmol/L，作用是维持还原性环境，稳定酶活性，25～50 μg/mL 的 BSA，作用是增加蛋白质的浓度，防止因蛋白浓度过稀而造成酶的失活。②pH：一般将缓冲液的 pH 调节到 7.4～7.8，较多用 7.8。③ATP 浓度：ATP 是酶反应所需要的，连接缓冲液中 ATP 的浓度在 0.5～4 mmol/L，较多用 1 mmol/L。研究发现，ATP 的最适浓度为 0.5～1 mmol /L，过浓会抑制反应。④连接温度与时间：因为黏性末端的 DNA 双链间有氢键的作用，所以温度过高会使氢键不稳定，但连接酶的最适温度又恰为 37℃。因此，人们找到了一个折中温度，即 12～16℃，连接 12～16 h（过夜），这样既可最大限度地发挥连接酶的活性，又兼顾到短暂配对结构的稳定。⑤酶浓度：用量一般为 0.1～2 U，平端连接酶用量要高一些。⑥插入片段和载体之间的摩尔比经验值，一般为 3∶10，即插入片段要多于载体数，这样有利于提高重组率。

DNA 重组技术已被广泛地应用于不同研究领域，比如基因克隆、DNA 文库构建、分子标记、基因遗传转化等。

【实验安排】

由于本实验只进行重组操作，连接产物的检测将在下一次实验中完成，本实验能在半天内完成。

【仪器、材料与试剂】

（一）仪器

（1）超净工作台。

（2）恒温培养振荡器。

（3）低温冷冻离心机。

（4）恒温水浴锅。

（5）琼脂糖凝胶电泳装置。

（6）紫外分光光度仪。

（7）移液器。

（8）灭菌锅。

（9）电子天平。

（10）凝胶成像系统。

（二）药品、材料

（1）外源片段：λDNA。

（2）质粒：pUC19。

（3）*Eco*RⅠ酶。

（4）10×*Eco*RⅠ酶 buffer。

（5）T_4 DNA 连接酶。

（6）T_4 DNA 连接酶 buffer。

(7)吸头:1 mL、200 μL、10 μL。

(8)塑料离心管:0.5 mL、1.5 mL、2 mL。

(三)试剂

(1)3 mol/L KAc(pH 5.2)(灭菌)。

(2)70%乙醇: 700 mL 无水乙醇和 300 mL ddH_2O 配制。

【操作步骤】

(一)酶切处理

(1)在灭菌的 0.5 mL 离心管中,加入 1 μg pUC19 质粒, 2 μL 酶切缓冲液,1 μL *Eco*RⅠ酶,加无菌双蒸水补充至总体积为 20 μL,离心混匀,37℃反应 30 min。

(2)在另一灭菌的 0.5 mL 离心管中加入 1.5 μg λDNA, 加入 1 μL 酶切反应液,1 μL 的 *Eco*RⅠ酶, 加 ddH_2O 补充到 10 μL,37℃下反应 30 min。

(二)酶切检测

(1)反应完毕后各取 2 μL 酶解液做电泳分析。

(2)分别将余下的酶解液加入 1/10 体积的 3 mol/L KAc (pH 5.2)溶液,再加 2 倍体积的无水乙醇,−20℃沉淀 DNA 1 h。

(3)4℃ 12 000 r/min 离心 15 min, 弃上清液,加 70%乙醇洗涤沉淀再离心,去上清液,真空干燥后。

(4)加 5 μL TE,溶解酶切产物。

(三)连接反应

将酶切后的 2 个 DNA 片段混合于一管中,加 1 μL T_4 DNA 连接酶缓冲液,1 μL T_4 DNA 连接酶,22℃下保温 1 h。将连接产物置于−20℃冰箱保存。

【实验结果】

本实验获得的连接产物可能包含真重组子和由质粒自身环化形成的假重组子,重组子的鉴定将在下一次实验中进行。

【问题与讨论】

影响 DNA 重组成败的因素很多,其中载体分子的自身环化是实验中值得重视的问题。为了提高连接效率,必须阻止在限制酶切割后线性载体分子的自身环化作用。具体可采用以下方法:

(1)用碱性磷酸酶处理限制酶酶解产生的线性载体分子。碱性磷酸酶可除去线性载体 DNA 分子的 5′-磷酸,而留下 3′-羟基基团。经过碱性磷酸酶处理的线性载体分子,除非插入外源 DNA 片段,否则就不能重新环化为有功能的载体分子。

(2)采用同聚物加尾连接技术,可自动防止线性载体 DNA 分子的自身环化作用,这是因为切割后形成的线性 DNA 分子的两个 3′-OH 末端,此时都已被加上具有同样碱基结构的同聚物尾巴。

(3)应用柯斯质粒,也可防止质粒 DNA 分子发生自身环化作用。需要指出的是,在连接反应中,正确配加载体 DNA 与外源 DNA 间的比例,是高效获得重组体的一个重要因素。在应用λ噬菌体或柯斯质粒作载体时，如果配置高比值的载体 DNA/外源 DNA 的连接反应体系，就有利于重组体分子的形成；在应用质粒作载体时，因为其重组体分子是由一个载体分子和一个外源 DNA 片段环化而成的，所以当载体 DNA 与外源 DNA 的比例为 1 时，最有利于重组体分子的形成。

（杨清，陈敏　编写）

实验三 大肠杆菌感受态细胞的制备与转化

【概述】

质粒在不同的细菌之间转移是微生物世界中一种普遍的现象，一个细菌品系通过吸收另一个细菌品系的质粒 DNA 而发生了遗传性状的改变，这种现象叫作转化，获得了外源 DNA 的细胞称为转化子。在基因克隆技术中，外源基因 DNA 片段与载体组成的重组子，需先进入受体细胞，才能进行增殖与表达，从而获得大量的克隆基因，使我们能够进行进一步的 DNA 操作，如亚克隆等。以质粒为载体得到的重组体或重组子是重组质粒。把重组质粒 DNA 转入受体细胞（菌）称为转化（transformation）。把重组噬菌体或重组病毒 DNA 引入受体细胞（菌）叫转染。转化效率的高低与受体菌的生理状态有关。受体细胞经过一些特殊方法（如电击法、$CaCl_2$ 等化学试剂法）的处理后，细胞膜的通透性发生变化，容易接受外来 DNA 进入，这样的细胞称为感受态细胞（competent cells）。

基因工程的发展史可以追溯到它的"开山鼻祖"科恩（Cohen），他是一位最早从事细菌抗药性研究的专家。他的实验室与其他研究组的工作表明，细菌的抗药性基因不是由染色体 DNA 编码的，而是由一种叫"质粒"的小环状 DNA 分子携带的。质粒 DNA 中有一叫作"复制区"的序列，它控制着质粒的自主复制。由于这个复制区的作用，质粒可以独立于染色体进行复制。1971 年底，美国斯坦福医学院有一位一年级的学生在科恩的实验室实习时，发现了一个有意思的现象，这就是质粒的转化现象。在这之前，人们发现用氯化钙溶液处理大肠杆菌细胞，可以增加细胞的通透性，使细胞能从溶液里吸收 DNA 分子。这位学生发现经过处理的大肠杆菌可以吸收质粒 DNA 分子，而且，细胞分裂繁殖产生的后代细胞里也都有质粒。这实际上是找到了一种把一个质粒 DNA 分子扩增为成千上万个完全一样的分子的方法。这种得到大量、均一的 DNA 分子复制品的过程就叫 DNA 克隆。用质粒 DNA 转化大肠杆菌方法的建立，使科恩信心倍增。他设想，质粒的复制区如果连接上不同的 DNA 片段，得到的人工质粒 DNA 分子，应该可以通过转化进入大肠杆菌细胞，并且在细胞内繁殖。这就使他们能够在大肠杆菌中观察到不同 DNA 片段的功能。就在科恩研究小组建立了质粒 DNA 克隆方法的时候，由美国加州大学博耶（Herbert W. Boyer）领导的研究小组，发明了一种通过酶的作用切割和连接 DNA 分子的技术，为第一个重组 DNA 分子的诞生创造了条件。当第一个重组 DNA 分子从大肠杆菌中提纯出来送到博耶的实验室后，博耶马上让人对这个 DNA 样品进行酶切和电泳分析。电泳结束后，清楚地显示出新质粒比质粒 pSCl01（原来的载体）多出 1 条带，获得了重组 DNA 分子。

本实验的原理：细菌处于容易吸收外源 DNA 的状态叫感受态。转化是指质粒 DNA 或以它为载体构建的重组子导入细菌的过程。其原理是：在 0℃下的 $CaCl_2$ 低渗溶液中，细菌细胞膨胀成球形。转化缓冲液中的 DNA 形成不易被 DNA 酶所降解的羟基——钙磷酸复合物，此复合物黏附于细菌细胞表面。42℃短时间热处理(热休克),可以促进细胞吸收DNA复合物。将处理后的细菌放置在非选择性培养液中保温一段时间,促使在转化过程中获得的新的表型(如Amp抗性)得到表达。然后再涂布于含有氨苄青霉素的选择性平板上,37℃下培养过夜,这样即可得到转化菌落。

含质粒克隆的筛选:基因工程质粒载体一般都有一个抗生素抗性基因,如氨苄青霉素的抗性基因。表达该基因的产物后,使细胞具有抗相应抗生素的能力,即可在含该抗生素的培养基上生长。如果将转化后的菌液涂在无选择性抗生素的培养基平板上,会出现成千上万的细菌菌落,将难以确认哪一个克隆含有转化的质粒。将经过转化后的细胞在含抗生素的选择性培养基中培养,只有进入了质粒的细菌才能生长。因此,在选择性培养基上长出的菌落含有质粒。

重组质粒克隆的筛选:经抗生素筛选后,虽然只有那些含有被转化质粒的细菌才能在含有抗生素的平板上生长和繁殖,但对于连接混合物而言,此时并不能确定哪个克隆含有插入片段。鉴定带有重组质粒克隆的方法常用的有α-互补、小规模制备质粒DNA进行酶切分析、插入失活、PCR以及杂交筛选的方法。对于带有*LacZ*基因的载体可以用α-互补法来筛选。α-互补法:许多载体都带有一个*LacZ*基因的调控序列和头146个氨基酸的编码信息,编码α-互补肽,该肽段能与宿主编码的缺陷型β-半乳糖苷酶实现基因内互补(α-互补)。当这种载体转入可编码β-半乳糖苷酶C端部分序列的宿主细胞中时,在异丙基-β-*D*-硫代半乳糖苷(IPTG)的诱导下,宿主可同时合成这两种肽段,虽然它们各自都没有酶活性,但它们可以融为一体形成具有酶活性的蛋白质。所以称这种现象为α-互补现象。由互补产生的β-半乳糖苷酶(LacZ)能够将无色底物5-溴-4-氯-3-吲哚-β-*D*-半乳糖苷(X-gal)分解而产生蓝色的物质,因此细菌菌落为蓝色。所以利用这个特点,在载体的该基因编码序列之间人工放入一个多克隆位点,当插入一个外源DNA片段时,会造成*LacZ*(α)基因的失活,破坏α-互补作用,就不能产生具有活性半乳糖苷酶。所以,有重组质粒的菌落为白色,而没有重组质粒的菌落为蓝色。

应用:将异源DNA分子引入一细胞株系,使受体细胞获得新的遗传性状的一种手段,是基因工程等研究领域的基本实验技术。进入细胞的DNA分子通过复制表达,才能实现遗传信息的转移,使受体细胞出现新的遗传性状。转化过程所用的受体细胞一般是限制-修饰系统缺陷的变异株,即不含限制性内切酶和甲基化酶的突变株。

【实验安排】

时间	内 容
上午	感受态细胞的制备
下午	转化

【仪器、材料与试剂】

(一)仪器

(1)超净台。

(2)电热恒温水浴。

(3)分光光度计。

(4)PCR 仪。

(5)冷冻离心机。

(6)移液器。

(7)制冰机。

(二)药品、材料

(1)氯化钙($CaCl_2$)。

(2)5-溴-4-氯-3-吲哚-β-D-半乳糖苷(X-gal)。

(3)异丙基-β-D-硫代半乳糖苷(IPTG)。

(4)氨苄青霉素。

(5)胰蛋白胨。

(6)酵母粉。

(7)大肠杆菌 DH5α 菌株。

(8)pUC19 质粒。

(9)pMD19+λDNA 片段的连接产物。

(10)吸头:1 mL、200 μL、10 μL。

(11)塑料离心管:0.2 mL、1.5 mL、2 mL。

(12)灭菌培养皿。

(三)试剂

(1)0.1 mol/L $CaCl_2$ 溶液:用超纯水配制 0.1 mol/L 的 $CaCl_2$ 溶液,用 0.22 μm 的水溶滤器过滤除菌。贮存于−20℃。

(2)20 mg/mL X-gal:用二甲基甲酰胺溶解 X-gal 配制成 20 mg/mL 的浓度,分装于小离心管中,用铝箔封裹,避光贮存于−20℃。

(3)IPTG:1 mol/L,取 2.4 g IPTG,溶解于 10 mL 灭菌双蒸水中,用 0.22 μm 的水溶滤器过滤除菌,−20℃储备。

(4)50 mg/mL 氨苄青霉素贮存液:取 50 mg 氨苄青霉素,溶于 1 mL 灭菌水,过滤除菌,−20℃保存。

(5)LB 液体培养基:10 g 胰蛋白胨+5 g 酵母粉+5 g NaCl,加 ddH_2O 定容至 1 000 mL,用 NaOH 调 pH 至 7.0,121℃高压湿热灭菌 20 min。

(6)LB 固体培养基:10 g 胰蛋白胨+5 g 酵母粉+5 g NaCl+15 g Agar,加双蒸水定容至 1 000 mL,用 NaOH 调 pH 至 7.0,121℃高压湿热灭菌 20 min。

(7)含氨苄青霉素的 LB 固体培养基平板:将灭菌好的 LB 固体培养基,冷却到 60℃左右时,以放在手背不烫为准,按 1‰加入氨苄青霉素 50 mg/mL 氨苄青霉素贮存液,摇匀后,倒入灭菌培养皿中,冷却后放入 4℃备用。

【操作步骤】

(一)感受态细胞的制备

(1)从−80℃超低温冰箱取出保存的大肠杆菌菌株 DH5α,于 LB 固体培养基上划板,封口膜封口,37℃下培养 14~16 h。

(2)将单菌落接入 5 mL 不含抗生素的 LB 液体培养基中,37℃下振荡培养过夜。

(3)次日按1%(体积分数)的量转入新鲜50 mL LB液体培养基中,37℃下振荡培养3～5 h,使A_{600}=0.3～0.5。

(4)将4 mL的培养液转入两个预冷的无菌离心管中,冰水上摇动10 min,4℃下3 000*g*离心10 min,去上清液,尽量去残液。

(5)离心管中各加入1 mL冰预冷的0.1 mol/L的$CaCl_2$液重悬菌体,冰浴30 min。

(6)4℃下3 000*g*离心10 min。

(7)去上清液,尽量去残液。

(8)将离心管管壁上的$CaCl_2$液流到管底,重悬菌体,取30 μL分装于PCR管中,即为感受态细胞(尽可能提高细菌的浓度,因此不要有太多的残液,4 mL培养液最终的残液量为30～60 μL即可)。

(9)于4℃冰箱保存1周内使用,也可立即使用。另一种做法是菌体悬浮于30 μL冰冷的0.1 mol/L $CaCl_2$溶液中,加入3.5 μL 50%的无菌甘油(终浓度为10%)(无菌甘油不易吸取)或7% DMSO混匀,分装于无菌1.5 mL离心管中,用液氮速冻后,置−70℃保存。使用时取出置冰中融化。

(二)转化反应

(1)建立3个处理:①取5 μL连接产物(pMD19+λDNA产物),加到感受态细胞中;②取1 μL pUC19质粒(10 ng/μL),加到感受态细胞中;③不加质粒或连接产物的感受态细胞(对照)。轻轻混匀(用手弹管壁几下),立即置冰上30 min。

(2)将管放置42℃ PCR仪上热激90 s。

(3)立即放回冰上15 min。

(4)在1.5 mL离心管中加入800 μL无抗生素的LB液体培养基,将热击后的感受态细胞加入混匀,37℃下150 r/min培养60 min(转化液)。

(三)重组质粒的筛选

(1)制备含50 μg/mL氨苄青霉素的LB的固体平板。

(2)将3个处理的菌液分别进行如下操作:①将处理①的转化液于4 000 r/min离心1 min,去上清液,用残液重悬菌体,将重悬的菌液与10 μL IPTG及40 μL X-gal混匀。②取②的转化液50 μL与10 μL IPTG及40 μL X-gal混匀。③取③的转化液50 μL与10 μL IPTG及40 μL X-gal混匀。

(3)用无菌吸头将混合液移至LB平板上,再用无菌的金属棒将菌液均匀涂满整个平板表面。

(4)平板于37℃下正向放置至液体被吸收,然后倒置平皿于37℃下培养12～16 h,挑选白色菌落(含重组质粒)进行扩增并进一步进行重组子鉴定。

【实验结果】

1. 菌落生长状况的分析

若将上述转化液铺平板,长出的菌落太密,则可进行适当梯度稀释后再铺板。铺板操作需在超净工作台中进行。待菌落生长良好而又未相互重叠时停止培养。统计每个培养皿中的菌落数,各实验组培养皿内菌落生长情况如表3-1所示。

表 3-1　菌落生长状况及原因

处理	菌落生长状况	原因
连接产物＋感受态细胞	菌落一般较少，大多数菌落白色	质粒进行细菌，有氨苄青霉素抗性。没有 β-半乳糖苷酶活性
pUC19 质粒＋感受态细胞	菌落较多，菌落蓝色	质粒进入细菌，有氨苄青霉素抗性。有 β-半乳糖苷酶活性
感受态细胞	无菌落生长	细菌无氨苄青霉素抗性

图 3-1 为连接产物转化后长出的单菌落结果。

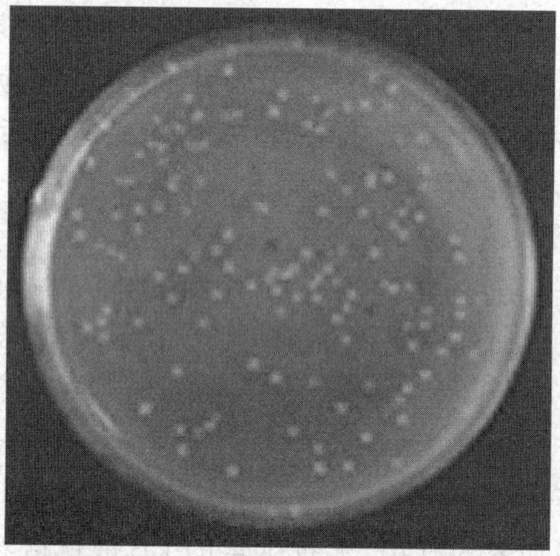

图 3-1　蓝白斑筛选菌落图

2. 计算转化率

感受态细胞效价计算：以转化率表示，即每微克质粒 DNA 转化所得的转化子数。转化后在含抗生素的平板上长出的菌落即为转化子，根据此皿中的菌落数可计算出转化子总数和转化频率，公式如下：

转化子总数＝菌落数×稀释倍数×转化反应原液的总体积数/涂板菌液体积；

转化频率(转化子数/μg 质粒 DNA) ＝ 转化子总数/质粒 DNA 加入量(μg)；

感受态细胞总数＝对照组菌落数×稀释倍数×菌液总体积/涂板菌液体积；

感受态细胞转化效率＝转化子总数/感受态细胞总数。

注意：本实验方法也适合于其他 *E. coli* 受体菌株的不同的质粒 DNA 的转化。但它们的转化效率不一定相同。有的转化效率高，需将转化液进行多梯度稀释涂板才能得到单菌落平板，而有的转化效率低，涂板时必须将转化液浓缩(如离心)，才能准确地计算转化率。

【问题与讨论】

(1)转化效率偏低，平板上只有少数的蓝白菌落出现，应该考虑的影响因素包括感受态的质量，转化的具体条件的优化。为了提高转化率须考虑以下几个重要因素：

①细胞生长状态和密度。细胞生长不足或过高均会使转化率下降。一般以每毫升培养液的细胞数在 5×10^7 个范围为好。要使用新鲜的培养液，否则效果不佳。受体菌生长状况可用

分光光度计来测定。不同菌株的合适 A 值是不一样的。因为 A 值与细胞之间的关系随菌株的不同而异。

②用于转化的质粒 DNA 应主要是超螺旋态的，转化率与外源 DNA 的浓度在一定范围内成正比，但当加入的外源 DNA 的量过多或体积过大时，则会使转化率下降。一般地，DNA 溶液的体积不应超过感受态细胞体积的 5%，1 ng 的 cDNA 即可使 50 μL 的感受态细胞达到饱和。对于以质粒为载体的重组分子而言，分子质量大的转化效率低，实验证明，大于 30 kb 的重组质粒将很难进行转化(可用电击法)。此外，重组 DNA 分子的构型与转化效率也密切相关，环状重组质粒的转化率较分子质量相同的线性重组质粒高 10～100 倍，因此重组 DNA 大都构成环状双螺旋分子。

③试剂的质量与污染。所用的试剂如氯化钙应是分析纯，且最好保存在干燥阴凉的暗处。整个过程需要防止杂菌的污染和其他 DNA 的污染；所用器皿如离心管等一定要干净，最好是新的；所使用的器皿必须干净。微量的去污剂或其他化学物质的存在可能大大降低细菌的转化效率。并在整个实验过程中要无菌操作。少量其他试剂在器皿中残留或 DNA 的污染均会影响转化率。实验中凡涉及溶液的移液管，分装等敞开实验器皿的操作，最好在无菌超净台中进行以防污染。

④若在不该长出菌落的平板上长出了菌落(如阴性对照)。首选考虑是否抗生素失效。若排除了这一因素。则说明实验室有污染；如长出的菌落相对于质粒转化实验而言，数量极少(一般在 5 个以下)，则此次转化是成功的，可继续以后的实验。

⑤本实验方法适合于 *E. coli* 各菌株，但同一菌株与不同质粒间的转化效率是不一样的，有的重组质粒转化率会很低。

⑥一般培养液中必须含有原平板筛选转化子所用的抗生素，以维持对质粒有无的选择。部分质粒在长期无筛选压力的生长条件下会从宿主菌体内丢失。因为那些偶然丢失了质粒后能以耗能少的方式复制的细菌将会淘汰那些携带质粒的细菌。扩增的质粒可以用小量法从培养基中制备。通常在这一时刻要制备培养物的保存液，方法是将培养物分散于含有一定浓度的甘油中保存。甘油的作用是保护细胞冰晶形成的伤害。这样的贮藏液能使同一菌株(质粒)在必要时被接种增殖并再次制备。

整个操作均需在冰上进行，不能离开冰浴，否则细胞转化率将会降低。

(2)转化平板上蓝斑过多，出现这种现象的原因是连接产物的质量偏低，绝大多数的外源 DNA 是 T-载体而重组质粒的含量过低。

(3)转化的平板上没有蓝斑，可能的问题出在 X-gal 和 IPTG 的质量上。

(胡汉桥　编写)

实验四 植物细胞中DNA的提取

【概述】

1869年，瑞士生理学家 Friedrich Miescher 从脓细胞的细胞核中分离出含有大量磷的“核素”，核素即是 DNA。这是人类第一次提取的 DNA。核酸是生物有机体中的重要成分，在生物体中核酸常与蛋白质结合在一起，以核蛋白的形式存在。核酸分为脱氧核糖核酸(DNA)和核糖核酸(RNA)两大类，在真核细胞中，前者主要存在于细胞核中，后者主要存在于细胞质及核仁里。DNA 与组蛋白构成核小体，核小体缠绕成中空的螺线管状结构形成染色质丝，染色质丝再与许多非组蛋白形成染色体。染色体存在于细胞核中，外有核膜及细胞膜。植物体的各种器官、组织都可用于提取基因组总 DNA，但最方便、最常用的材料是叶片，而且新鲜或经脱水处理的叶片均可。幼嫩组织的细胞处于旺盛的分裂阶段，核较大而胞质减少，核酸浓度高，且内含物少、次生代谢产物少，蛋白质及多糖类物质相对较少，在 CTAB 物质存在时，经机械研磨，使细胞破裂并释放出内含物，提取的 DNA、RNA 的产量高，纯度好。相对来说，新鲜叶片的产率要高一些，因此，实验中要尽量选用新鲜叶片。

在 DNA 提取、制备的过程中，核酸极不稳定，许多因素可破坏其完整结构：①化学因素，核酸的结构在 pH 4.0～11.0 较稳定，pH 在此范围外就会使核酸变性降解，故制备过程应避免过酸过碱。②物理因素，DNA 分子链很长，是双螺旋结构，既有一定的柔性。又有一定的刚性，故强机械作用如剧烈搅拌会令 DNA 分子断裂，不利于收集，应加以避免。③酶的作用，通常采用机械研磨的破碎植物组织和细胞，而植物细胞匀浆当中普遍存在着多种酶类，尤其是氧化酶类和核酸酶，在细胞壁或膜遭到破坏时被释放出来，在 DNA 抽提时产生不利影响，甚至会降解 DNA 分子。在抽提溶液中加入酶的变性剂、抑制剂使之失活，如 β-巯基乙醇具有还原性，能够起到抑制从组织中释放的多酚氧化，防止植物组织发黄变褐的作用。在液氮中研磨，材料易于破碎，并可以减少研磨过程中各种酶类的作用。常用的酶抑制剂有柠檬酸盐、氟化物、砷酸盐、乙二胺四乙酸盐等。SDS 和苯酚作为蛋白变性剂，同时可使核酸酶被破坏而失活。

植物细胞外具有细胞壁，因此提取植物 DNA 首先要在液氮或干冰中将新鲜或冷冻的植物组织研磨成粉末，使细胞壁破碎。再用含有去污剂[如 CTAB(cetyltrimethyl ammonium bromide，十六烷基三甲基溴化铵)或 SDS(sodium dodecyl sulfate，十二烷基磺酸钠)]、螯合剂(EDTA)等成分的提取缓冲液处理组织匀浆，溶解细胞膜和核膜蛋白，使核蛋白被释放到提取缓冲液中，同时也使组织匀浆中的蛋白质变性并聚集到一起，从而使 DNA 可以游离出来。EDTA 则能与 DNase 的辅因子 Mg^{2+} 结合，使 DNase 失去活性，不能降解从细胞中释放出的 DNA。

异戊醇、苯酚和氯仿等有机溶剂能够让蛋白质变性，并使抽提液分相，因为核酸水溶性很强，经过离心后就可以从抽提液中除去细胞碎片和大部分蛋白质。在上清液当中加入乙醇或异丙醇者使DNA沉淀，沉淀的DNA溶解于重蒸水或TE溶液中，就可以得到植物总DNA。

高等植物的DNA与蛋白质结合成脱氧核糖蛋白(DNP)，能溶解在纯水或高浓度氯化钠溶液(1～2 mol/L)中，而不溶于有机溶剂。RNA核蛋白在高浓度氯化钠溶液中的溶解度很小；而在稀氯化钠溶液(0.14 mol/L)中，DNR的溶解度很小，RNA核蛋白的溶解度很大。因此，可利用不同浓度的氯化钠溶液将DNR和RNA核蛋白从样品中分别抽提出来。分离得到核蛋白后，需进一步将蛋白等杂质除去，常采用的去除蛋白的方法有3种：①用含辛醇或异戊醇的氯仿振荡核蛋白溶液，使其乳化，然后高速离心将DNA与细胞中的蛋白质、碳水化合物等分开，以便于除去组织匀浆中变性的蛋白质，此时蛋白质凝胶停留在水相和氯仿相中间，而DNA溶于上层水相。DNA可用两倍体积95%乙醇溶液或异丙醇沉淀，如果用酸性乙醇或冰乙酸来沉淀，得到的是游离的DNA，沉淀出来的DNA可用挑取或离心的方法加以收集。②用十二烷基硫酸钠(SDS)和十六烷基三甲基溴化铵(CTAB)等去污剂使蛋白质变性，与核酸分离，从而从材料中直接提取出DNA。③用苯酚处理，然后离心分层，DNA或溶于上层水相，或存在于中间残留物中，蛋白变性后则停留在酚层内。吸出上面水层，将其注入2倍体积的95%乙醇溶液中，得到白色纤维状DNA沉淀。反复使用上述方法多次处理DNA核蛋白溶液，就能将蛋白等杂质较彻底地除去，得到较纯的DNA制品。生物材料中含有的脂肪物质和大部分的多糖，在用盐溶液分离核蛋白和用乙醇或异丙醇分级沉淀时即被除去。

CTAB法是最经典的植物DNA提取方法。CTAB是一种阳离子去污剂，能溶于乙醇中，可以有效地裂解植物细胞壁，溶解细胞膜，它能与核酸形成复合物，在高盐溶液中，CTAB-核酸复合物是可溶的，当降低溶液盐浓度到一定程度时，就会从溶液中沉淀，通过离心就可将CTAB—核酸的复合物与蛋白质、多糖类物质分开。DNA粗提物中往往含有大量RNA、蛋白质、多糖等杂质，可利用氯仿、RNase等除去。因此，为了彻底除去DNA制剂中混杂的RNA，可在DNA溶液中加入RNA酶以降解其中的RNA，可得到较纯的DNA制剂。一旦DNA释放出来，其剪切破坏的程度必须要降到最低。所得到核酸DNA大小为20～50 kb。这种方法适用于多糖含量高的植物材料，虽然得到的DNA纯度并不很高，但仍能满足限制性内切酶分析或PCR扩增的要求。产率一般为100～200 μg/g鲜重。对于高等植物来说，采用CTAB法是提取植物DNA的经典方法，也是文献报道最多的提取方法。

用前面实验中介绍的方法一般都可以从动、植物材料中成功分离出基因组DNA，但在进行后续的实验研究之前必须对所提取的DNA纯度、浓度及片段大小进行测定，DNA必须提纯到一定纯度才可应用。一般有两种方法，一是通过紫外分光光度计法测定；二是通过凝胶电泳技术测定。DNA的纯度定量分析可通过测定其200～300 nm范围内的紫外吸收光谱来进行定量。我们知道核酸及其衍生物在260 nm处有特异的紫外吸收高峰，且吸收强度与DNA的浓度成正比。1 μg/mL的DNA溶液$A_{260}=0.020$，1 μg/mL的RNA溶液或单链DNA的$A_{260}=0.022\sim0.024$。当$A_{260}=1$时，双链DNA含量约为50 μg/mL。而蛋白质的最大吸收在280 nm处，多糖、盐与小分子的最大吸收峰则为230 nm，因此，可用紫外分光光度计测定溶液中的DNA含量。根据A_{260}值可估测DNA浓度，而A_{260}/A_{280}比值则可估测其纯度，纯DNA溶液的A_{260}/A_{280}值应为1.8 ± 0.1，纯RNA的A_{260}/A_{280}在2.0左右。如果提取的DNA样品较纯，蛋白质及小分子的污染较小，则A_{260}/A_{280}值应该在1.8～2.0处，当$A_{260}/A_{230}>$

2.0,DNA 的纯度较高,当低于该值,表明其内含杂质较多,可能会影响酶切反应。计算公式为:dsDNA 浓度(μg/mL)=50×A_{260}×稀释倍数。

提取的 DNA 应尽可能保持一级结构的完整,这在转基因技术中尤其重要。DNA 的完整性可用凝胶电泳来测定。这是根据 DNA 分子的大小和结构分离核酸的一种方法。常用的凝胶有聚丙烯酰胺凝胶与琼脂糖凝胶。聚丙烯酰胺凝胶电泳适合于分离小片段 DNA,分辨率高,长度上相差 1 bp 或质量上相差 0.1%的 DNA 都可以彼此分离,但在制备方法上较琼脂糖凝胶繁琐,在测定 DNA 浓度时效果并不好,往往不采用此法。琼脂糖凝胶电泳分辨率比聚丙烯酰胺的稍低,但分离的范围大,制备也简单,采用微型琼脂糖凝胶电泳方法检测 DNA 纯度、浓度、分子质量及完整性尤为方便,因而应用最广泛。琼脂糖是一种从海藻中提取的长链多聚物。从 50 bp 到几百万 bp 长的 DNA 都可以在不同浓度和构型的琼脂糖凝胶中分离。不同浓度和构型的琼脂糖凝胶孔径不同,孔径越大,能被分离的 DNA 就越大。DNA 在凝胶中的位置可用荧光染料染色后显示出来。最常用的荧光染料是溴化乙锭(EB),EB 作为一种荧光染料能插入 DNA 碱基对平面之间而结合于其上,DNA 与溴化乙锭的结合物在紫外光的照射激发下可以显示橙色/红色的荧光。DNA 分子上 EB 的量与 DNA 分子的长度和数量成正比。在电泳时加入已知浓度的 DNA marker 作为 DNA 相对分子质量及浓度的参考,因为植物 DNA 样品应呈现一条迁移率很小的整齐条带,与 DNA marker 的迁移率相比可以大致估计所提 DNA 的分子质量大小,比较被测 DNA 样品条带与 DNA marker 样品条带的荧光强度,DNA 量相同时所产生的荧光强度相同,可大致估计出样品 DNA 的浓度。在中性 pH 的电泳缓冲体系中,DNA 分子带负电荷,从负极向正极泳动,迁移速度与分子质量的对数值成反比。对于分子质量相同而立体构型不同的分子则是结构紧密的球形分子比结构松散的分子迁移快。实质上琼脂糖凝胶电泳除具有电荷效应外,还有分子筛效应。通过与已知浓度和分子质量大小的标准 DNA 片段进行对照电泳,观察其带型和迁移距离,即可获知未知样品的纯度、浓度和分子质量大小。在低浓度琼脂糖凝胶(0.65%)中加入 50～100 ng 样品 DNA,并排依次加入 25～200 ng 经酶解的 DNA marker,高分子质量 DNA(M_r>50 kb)应为一条靠近 λDNA 的清晰条带。该条带以下的片状模糊区是机械或化学降解,更为靠近胶底部的模糊条带则是样品 DNA 中混杂的 RNA。所以采用分光光度法或琼脂糖凝胶电泳法对 DNA 样品进行纯度定量分析时。各有利弊,分光光度法准确度高,但无法检测出 DNA 样品是否降解及其程度,琼脂糖凝胶电泳法能检测出 DNA 样品是否降解及其程度,但准确度低。

【实验安排】

时间	内 容
第 1 天上午	DNA 的提取、分离、纯化
第 1 天下午	DNA 样品的完整性、纯度和浓度测定

【仪器、材料与试剂】

(一)仪器

(1)灭菌锅。

(2)干燥箱。

(3)电子天平。

(4)酸度计。
(5)磁力搅拌器,涡旋混合仪。
(6)冰箱。
(7)液氮罐。
(8)冰盒与制冰机。
(9)超净工作台。
(10)恒温水浴锅或水浴摇床。
(11)高速台式冷冻离心机。
(12)移液器。
(13)培养箱。
(14)琼脂糖凝胶电泳系统。
(15)微波炉。
(16)紫外分光光度计。
(17)凝胶成像系统。

(二)药品、材料

(1)新鲜的植物叶片、根、茎、愈伤组织等材料或−76℃冻存的植物材料。
(2)液态氮。
(3)乙二胺四乙酸(EDTA)。
(4)三羟基甲基氨基甲烷-盐酸(Tris-HCl)。
(5)氯化钠(NaCl)。
(6)聚乙烯吡咯烷酮(PVP)。
(7)β-巯基乙醇(β-Me)。
(8)葡萄糖(Glucose)。
(9)十六烷基三甲基溴化铵(CTAB)。
(10)氯仿。
(11)异戊醇。
(12)醋酸钠。
(13)乙酸钾。
(14)RNaseA。
(15)无水乙醇。
(16)溴化乙锭(EB)。
(17)溴酚蓝。
(18)硼酸。
(19)蔗糖。
(20)琼脂糖。
(21)吸头:1 mL、200 μL、10 μL。
(22)容量瓶、三角瓶、试剂瓶及烧杯。
(23)玻璃棒。
(24)剪刀、研钵、小药匙一只。

(25)塑料离心管:50 mL、10 mL、5 mL 和 1.5 mL。

(三)试剂

(1)0.5 mol EDTA,pH 8.0。

(2)100 mmol/L 和 1 mol/L Tris-HCl,pH 为 8.0。

(3)提取缓冲液 6.936 g Glucose,10.0 mL 0.1 mol/L Tris-HCl,1.0 mL 5 mmol/L EDTA-Na,20.0 mL 2% PVP,1.0 mL 1%(体积分数)β-Me(用前加入),68.0 mL ddH_2O,总量 100 mL。根据实验需要,工作液总量可以按照相应的倍数控制配置所需的量,高温灭菌。

(4)裂解缓冲液 40.908 g NaCl,50 mL 0.1 mol/L Tris-HCl,20 mL 20 mmol/L EDTA-Na,100 mL 2% CTAB,100 mL 2% PVP,5 mL 1%(体积分数)β-Me,ddH_2O 定容 500 mL。

(5)氯仿-异戊醇混合液(24∶1,体积分数):240 mL 氯仿+10 mL 异戊醇混匀。

(6)1×TE 和 5×TE 缓冲液(50 mmol/L Tris-HCl,5 mmol/L EDTA,pH 8.0)。

(7)3 mol/L NaCl。

(8)1.4 mol/L NaCl。

(9)3 mol/L 醋酸钠(NaAc,pH 6.8),称取 81.62 g $NaAc\cdot 3H_2O$,用蒸馏水溶解,配制成 200 mL,用 HAc 调 pH 至 6.8。

(10)10 mg/mL RNaseA:将 RNaseA 溶于 10 mmol/L Tris·HCl(pH 7.5)、15 mmol/L NaCl 中,配成 10 mg/mL 的浓度,于 100℃加热 15 min,缓慢冷却至室温,保存于-20℃。

(11)5 mol/L 乙酸钾溶液。

(12)70%乙醇、76%乙醇、无水乙醇。

(13)0.5 μg/μL 溴化乙锭溶液(注意,EB 为一种诱变剂):称取 0.19 的溴化乙锭,溶于 10 mL水中,配成终浓度为 10 mg/mL 的母液。在 4℃的冰箱中保存。用溴化乙锭染色的方法有两种,一种是电泳完毕,将凝胶放在染液中染色。染液的配制方法如下:吸取 12.5 μL 的母液,加入 250 mL 的水中,使其终浓度 0.5 μg/mL,混合均匀。另一种方法是将溴化乙锭预先加入凝胶中。其方法如下:取溴化乙锭保存液,加入 1 L 电泳缓冲液,使其终浓度为 0.5 μg/mL,用此液制备凝胶并进行电泳。

(14)5×TBE [Tris-Boracic acid (硼酸)及 EDTA]缓冲液(1 000 mL):54 g Tris,27.5 g 硼酸,20 mL 0.5 mol/L EDTA,将 pH 调到 8.0,放在 4℃的冰箱中保存。用时用蒸馏水稀释到 0.5×浓度。

(15)加样缓冲液有几种配方,可根据实际情况选择一种。配好的溶液置于 4℃冰箱中保存。

配方Ⅰ:0.25%溴酚蓝配方,40%(质量浓度)蔗糖水溶液,0.25%溴酚蓝。

配方Ⅱ:0.25%二甲苯青 FF,40%蔗糖水溶液,0.25%溴酚蓝。

(16)琼脂糖溶液:用于本次实验的琼脂糖溶液的浓度为 0.3%(质量浓度)。配法是称取一定量的标准琼脂糖,溶于一定量的 0.5×TBE 中。注意琼脂糖有高熔点的标准琼脂糖与低熔点的琼脂糖等类型。

【操作步骤】

(一)DNA 的提取

(1)将 5 g 新鲜植物叶片等材料,用自来水和灭菌 ddH_2O 先后冲洗叶面,用滤纸吸干水分备用。叶片称重后剪成1 cm长，为了达到破碎细胞壁作用和防止内源性DNase有可能降解基因组DNA，需放入预冷的研钵当中，加入液氮研磨成粉末状（越细越好），在化冻之前用干净的灭菌不锈钢勺将粉末转移至50 mL Eppendorf离心管中（此时如果不立即做实验可将该离心管放于－20℃冰箱中冷冻，冷冻时间一般不要超过20 d）。

(2)分2次加入10 mL新鲜配制的DNA提取缓冲液，涡旋混匀，冰浴保存10 min，4 000 r/min 4℃离心20 min，弃上清液。

(3)于沉淀中加入15 mL 65℃预热的DNA裂解缓冲液，以便于裂解细胞膜和核膜，并用铜丝搅松，65℃下温浴30 min，并不时地轻轻摇动混匀。

(4)为了达到去除与DNA结合的组蛋白和非组蛋白的目的，取出离心管降至室温后，加入等体积的氯仿∶异戊醇(24∶1)混合液，盖上瓶塞，轻柔地来回翻转颠倒50次左右，使管内混合物呈乳状液。4℃低温冷冻离心机上以5 000 r/min，离心15 min，溶液分相，完毕取出。

(5)为了达到分离核酸的目的，需小心吸取含有核酸的上清液（水相）于另一干净的50 mL Eppendorf离心管中，加入2/3体积（指体积相当于所得的上清液体积2/3）预冷的异丙醇或2倍体积的无水乙醇，缓慢翻转混匀，静置30 min，析出白色絮状DNA沉淀。

(6)在4℃低温冷冻离心机上，在9 600 r/min，离心10 min，完毕取出，离心管底部可见到灰白色的DNA小团，弃上清液，于沉淀中加入2 mL 70%的乙醇洗涤，并转入10 mL的Eppendorf离心管，9 800 r/min离心5 min，倒掉上清液，通风干燥。

(7)加3 mL TE缓冲液溶解，65℃下培养30 min。加等体积的氯仿∶异戊醇(24∶1)，缓慢翻转50次，混匀，室温静置5 min，9 800 r/min离心10 min。

(8)上清液转入10 mL Eppendorf离心管，加0.1体积的3 mol/L醋酸钠(pH 5.2)，加等体积的异丙醇后翻转30次混匀，放置30 min，9 800 r/min离心5 min，弃上清液，沉淀中加2 mL 70%乙醇洗DNA小团，9 800 r/min离心5 min，倒掉上清液，在室温下倒置20 min以风干DNA。

(9)上述DNA粗制品含有一定量的RNA和其他杂质，为了去除RNA污染，可将DNA溶于3 mL TE(pH 8.0)缓冲液中，65℃培养30 min以溶解DNA小团。

(10)加入5 mL 10 mg/mL的RNaseA贮液，颠倒混匀，37℃温育30～60 min除去RNA。

(11)为了去除残留蛋白质，需加等体积的氯仿∶异戊醇(24∶1)，然后轻柔地来回颠倒50次以上。于4℃，9 600 r/min，离心10 min，完毕取出。小心吸取上清液转入另外一个干净的10 mL Eppendorf离心管中，上清液中加入1/10体积约0.1 mL 3 mol/L pH 5.2的NaAc（或NaCl），加等体积的冰冷的无水乙醇或异丙醇，翻转混匀，然后冰上轻柔地来回旋转至析出白色的DNA絮状沉淀，约15 min。

(12)将絮状沉淀挑入加有800 μL 70%乙醇的1.5 mL的Eppendorf离心管，于4℃，9 800 r/min离心5 min。弃上清液，自然通风干燥DNA小团，离心管底部可见到灰白色的DNA小团。

(13)为了进一步去除残留的酚和氯仿，需用两倍体积的无水乙醇洗涤沉淀，然后于4℃，9 800 r/min，离心10 min，离心管底部可见到灰白色的DNA小团。

(14)为了去除残留的盐离子，用70%乙醇再清洗DNA沉淀两次（DNA可在70%乙醇中长期保存），小心倒掉乙醇，倒置，在超净工作台上或真空干燥箱中风干15 min。

(15)加入50～100 μL（视DNA的量和纯度而定）灭菌的TE(pH 8.0)缓冲液或无菌水

溶解 DNA(4℃,1～2 d),若要使 DNA 样品加速溶解并除去其中残留的 DNase 活性,可置于 65℃水浴加热 10 min,即得所用模板 DNA,保存在－20℃冰箱中备用。

(二)DNA 的纯度、浓度及电泳检测

DNA 经乙醇沉淀、离心后会在离心管底部形成絮状沉淀。可用紫外分光光度法和琼脂糖凝胶电泳对经 TE(或 ddH_2O)溶解的 DNA 质量进行检测。

1. 分光光度(紫外吸收)计法

(1)预热紫外分光光度计 10～20 min。

(2)取两只 1 mL 的狭缝石英比色杯,一只装入 1 mL TE(如果 DNA 是溶解在 ddH_2O 中,则比色杯中加入 ddH_2O)溶液,作为空白溶液,用来校正分光光度计零点及调整透光度至 100,另一只备用。

(3)DNA 浓度测定时,用 ddH_2O 将另一只比色杯冲洗干净,取 5 μL DNA 待测样品加入这只比色杯中,加 ddH_2O 或 TE 至 1 000 μL,用无菌石蜡膜堵住杯口,倒转混匀。

(4)将两只比色杯置分光光度计中,调入射光波长,分别用空白溶液调整零点(T 为 100,A 为 0),如 DNA 模板是溶解在 ddH_2O 中时,则以 ddH_2O 做对照,如 DNA 模板是溶解在 TE 中时,则以 TE 做对照,因为 DNA 的紫外吸收高峰为 260 nm,吸收低峰为 230 nm,而蛋白质的紫外吸收高峰为 280 nm,所以测定待测样品液在 260 nm、280 nm、230 nm 的波长分别读数(A 值)。其中在波长 260 nm 读数用来估计样品中 DNA 的浓度,A_{260}/A_{280} 的值用于估计 DNA 的纯度。

(5)实验结果。

①计算浓度:1 个 A_{260} 值相当于 50 μg/mL 的双链 DNA。

DNA 样品浓度(μg/mL)$=A_{260}\times N$(样品稀释倍数)$\times 50$。

稀释被测 DNA 样品的浓度为其 A_{260} 值的 10 倍,即 $A_{260}=0.1$ 时,其浓度为 1 μg/μL。

②测定纯度:对于 DNA 纯制品,其 A_{260}/A_{280} 应为 1.8,A_{260}/A_{230} 应大于 2.0。当 A_{260}/A_{280} 大于 1.8 时,表明有 RNA 污染;当 A_{260}/A_{280} 小于 1.8 时,表明有蛋白质或酚污染。

如 A_{260}/A_{230} 小于 2.0 时,表明溶液中有残存的盐和小分子杂质,如核苷酸、氨基酸、酚等。如 $A_{260}/A_{230}\geqslant 2$,$A_{260}/A_{280}\geqslant 1.8$,表示 RNA 已经除净,蛋白含量不超过 0.3%。

当 DNA 中残留较多的 RNA 时,通过上面的测定方法得出的 A 值就会偏高。因此,还需要通过凝胶电泳方法判断是否含有 RNA 带,提取的 DNA 是否完整及 RNA 消化是否完全。

2. 琼脂糖凝胶电泳法

(1)凝胶槽的准备。将有机玻璃的电泳凝胶床洗净,晾干,放在水平的工作台上,挑选点样孔合适的样品梳。

(2)配制琼脂糖凝胶(0.5%～0.8%)。电泳检测基因组 DNA 的完整性:根据所用的电泳槽的大小计算出配制 0.5%～0.8%琼脂糖凝胶所需的琼脂糖及 0.5×TBE 缓冲液的量,将 TBE 缓冲液及琼脂糖加入一个 100 mL 的锥形瓶中(注意:琼脂及缓冲液的量不能超过锥形瓶容量的一半),置微波炉或沸水浴中加热至琼脂糖完全熔化(不要加热至沸腾),取出摇匀。

(3)灌胶。将凝胶床水平放置,插入两端的挡板,用滴管吸取少量的凝胶封好胶床边缘,将溶液冷却到 60℃左右,加入溴化乙锭(EB),使其终极浓度为 0.5 μg/mL,摇匀。将凝胶缓缓地倒入塑料托盘内,厚度 3～5 mm。在倒凝胶过程中,如胶上有气泡,可用吸管小心抽吸去除。随即将合适的样孔梳放在凝胶固定位置,横跨在模子两端的两个边缘上,使梳子齿稍离开底玻璃约 1 mm，以防样品漏出凝胶，放置 30～60 min，使凝胶完全硬化。当琼脂糖胶凝固后，轻轻拔出梳子和两端的挡板，将凝胶放入电泳槽内(注意：近加样孔的一端为负极)。往电泳槽中加入电泳缓冲液，凝胶应全部浸在缓冲液中，缓冲液一定要高出胶面 2 mm，用吸管去掉样孔中的气泡，检查样品孔是否完好。

(4)点样。在等待凝胶凝固的这段时间内，每样孔取 15 μL(含 DNA 0.5～10 μg)标准 DNA 或待测 DNA，与溴酚蓝-甘油溶液混合均匀。加缓冲液使样品具有一定的颜色，便于加样及判断电泳时 DNA 的位置，同时缓冲液中的甘油、蔗糖等与 DNA 混合可提高样品的密度，使 DNA 样品能均匀地沉到样孔底。用 20 μL 的微量移液器按顺序将样品加入点样孔内。操作时，可用右手持移液器，左手握住右手腕，左肘支撑桌面，防止点样时右手晃动，记录样品的点样次序和样量。

(5)电泳。安装好电极导线，点样孔一端接负极，另一端接正极，盖上电泳槽盖，打开电源，调电压至 3～5 V/cm(此处的距离是指正负两极间的距离，用微型胶进行电泳时，电压可以设置为 5～20 V/cm)，电流 150 mA，让 DNA 从负极向正极移动，电泳 1～2 h，至溴酚蓝迁移到距凝胶前沿 1 cm 左右，关上电源，停止电泳。

(6)染色和观察。戴上手套，取出凝胶直接放在紫外灯下观察，波长设为 254 nm，这时观察效果最好(但在这样的波长下 DNA 容易产生切口，因此如果要回收 DNA，则最好将波长设置为 300 nm)。DNA 显示橘红色荧光条带。观察时应戴上防护眼镜，以防紫外光对眼睛的伤害。如果基因组 DNA 完整，应该仅出现一条主带；如出现很多条深浅不一的带，则说明 DNA 已经降解；如果背景模糊，说明在 DNA 的样品中混杂有 RNA，也可在紫外灯光下照相记录电泳图谱。

【实验结果】

(1)可直接从凝胶上或照片上，测定其迁移距离，用迁移率对分子质量或分子大小绘制坐标图，将得出一条曲线，根据未知样品的迁移率，即可从曲线上查出片段的大小。

(2)DNA 样品纯度。植物总(核)DNA 样品应呈现一条迁移率很小的整齐条带。如果在溴酚蓝前有弥散的荧光区出现，则表明样品中存在着 RNA 杂质，若所提总 DNA 或核 DNA 在 0.5%～0.8%琼脂糖凝胶上不能形成清晰的条带，而只是弥散一片，则表明 DNA 已严重降解(图 4-1 为不理想的 DNA 样品，图 4-2 为理想而纯度较高的 DNA 样品)。

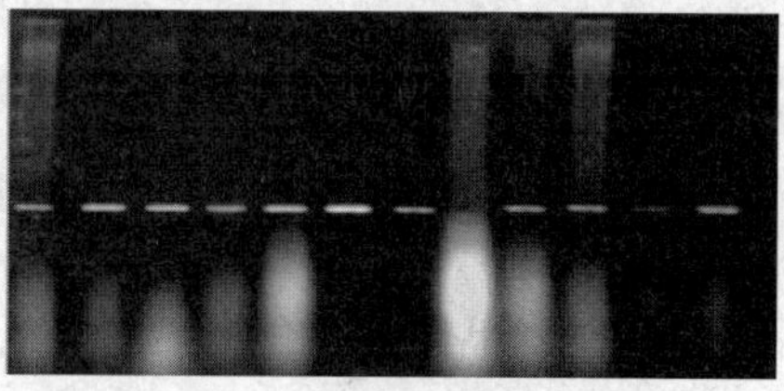

图 4-1　琼脂糖凝胶电泳

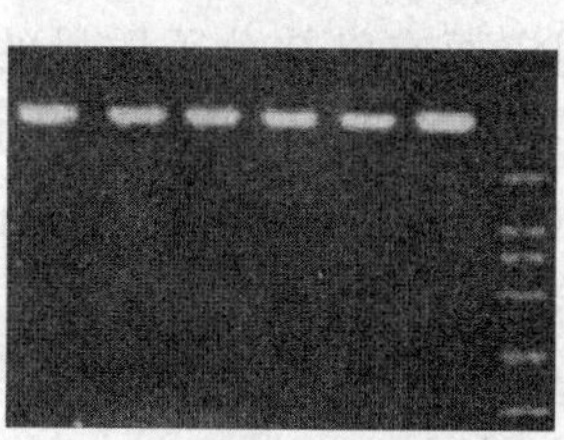

图 4-2　基因组 DNA 琼脂糖凝胶电泳

【问题与讨论】

DNA 的分离与制备是基因操作的基本手段，影响 DNA 提取质量的因素很多，实验过程中需要掌握和注意的事项主要有如下几点。

(1)组织破碎成单个细胞可用物理方法，如机械剪切、液氮中研磨等操作方法。利用蛋白酶和蛋白质变性剂可以使核膜及细胞膜破裂，将染色体释放出来。CTAB 是一种阳离子去污剂，可以有效地裂解植物细胞壁，溶解细胞膜，能与核酸形成复合物。CTAB 溶液在低于 15℃时会析出沉淀，因此在将其加入冷冻的植物材料中之前必须预热。为了保证植物 DNA 的完整性，在 DNA 裂解液加入以后一切相关操作要轻柔，防止机械剪切作用产生。

(2)最适条件下，DNA-CTAB 沉淀呈白色纤维状，很容易从溶液中钩出。不过，某些植物的 DNA 沉淀中可能含有杂质，特别是多糖，使 DNA 沉淀呈絮状或胶状。这种情况下可能需要离心才能得到 DNA-CTAB 沉淀。不过应当注意避免使沉淀过分压紧，因为这种沉淀极难重新溶解。

(3)某些植物材料含有大量酚类化合物，与 DNA 共价结合，能使 DNA 出现棕色，这种变色通常会影响后续的实验操作，抑制 DNA 的酶解反应。为防止这种现象出现，可在加入提取缓冲液 2×CTAB 的同时加入 2%～5%的 β-巯基乙醇，2%(质量浓度)的聚乙烯吡咯烷酮(PVP，相对分子质量 10 000)，这有助于除掉多酚类杂质。

(4)在去除 DNA 粗提物中的杂质的过程中需要注意以下几点：

①去除残留的酚，用等体积的氯仿再抽提一次。

②去除残留的氯仿，用两倍体积的无水乙醇洗涤沉淀。

③去除残留的盐离子，用 75%的无水乙醇洗涤沉淀 2～3 次。

④去除 RNA 的干扰，用 RNA 酶消化处理。

(5)苯酚、氯仿、CTAB 具腐蚀性或毒性，溴化乙锭是强烈的诱变剂能致癌，使用含有上述药品的溶液时，必须要小心，佩戴乳胶手套，装过酚和氯仿的试管要集中处理或丢弃。

(6)0.3%的琼脂糖凝胶适合分离 1～25 kb 大小的 DNA，小片段 DNA(200～2 000 bp)用 1.5%凝胶，大片段(20～100 kb)用 0.5%～0.8%凝胶分离。

(7)如果 DNA 沉淀呈白色透明状而且溶解后成黏稠状，说明 DNA 含有较多的多糖类物质，可以在取材前将植物放暗处 24 h，以达到去除淀粉的目的。

(8)若样品用于 PCR 扩增时，最好用灭菌的 ddH_2O 溶解，以免 TE 缓冲液中的成分影响 PCR。

(9)影响 DNA 分子在电泳系统中的迁移率有多种因素。除取决于分子大小和构型不同之外，还有凝胶的浓度、电压高低、缓冲液 pH 和电泳时的温度等，为了得到较准确的结果，应注意以下条件。

①每次测定要有已知分子质量的 DNA 作标准进行对照电泳。

②电压一般不超过 5 V/cm，否则 DNA(片段)分子迁移速度与电压不成正比。

③长时间的电泳过程中，电泳槽两端中的缓冲液离子强度差异很大，因而两端要能相互沟通，保持离子强度一致。

(10)电泳检测 DNA 时条带呈弥散状说明样品已降解。样品降解可能有两种情况：

①机械振动过于剧烈。

②操作过程中 DNase 污染。在提取 DNA 的各个操作过程中要避免剧烈振荡，提取液及用品要高温高压灭菌。另外，使用吸头吸取过程中应避免产生气泡，吸头应剪去尖部，避免反复冻融 DNA。

(王有武　编写)

实验五

动物细胞中DNA的提取

【概述】

真核生物的一切有核细胞(包括培养细胞)都能用来制备基因组 DNA。真核生物的 DNA 是以染色体的形式存在于细胞核内,因此,制备 DNA 的原则是既要将 DNA 与蛋白质、脂类和糖类等分离,又要保持 DNA 分子的完整。提取 DNA 的一般过程是将分散好的组织细胞在含 SDS(十二烷基硫酸钠)和蛋白酶 K 的溶液中消化分解蛋白质,再用酚和氯仿/异戊醇抽提分离蛋白质,得到的 DNA 溶液经乙醇沉淀使 DNA 从溶液中析出。

蛋白酶 K 的重要特性是能在 SDS 和 EDTA(乙二胺四乙酸)存在下保持很高的活性。在匀浆后提取 DNA 的反应体系中,SDS 可破坏细胞膜、核膜,并使组织蛋白与 DNA 分离,EDTA 则抑制细胞中 DNase 的活性;而蛋白酶 K 可将蛋白质降解成小肽或氨基酸,使 DNA 分子完整地分离出来。

从动物血中提取 DNA 是获取动物 DNA 的常用手段。一般是采集血液,进行抗凝集处理,将全血中的红细胞裂解,再从白细胞中提取。基因组 DNA 主要存在于白细胞细胞核中,SDS 与蛋白质结合形成沉淀以及用 RNA 酶,蛋白酶 K 消化后用有机溶剂抽提去除后,将 DNA 溶解在 TE 中,然后通过琼脂糖凝胶电泳鉴定 DNA(本实验以鸡血为例,鸡红细胞有细胞核)。

【实验安排】

时间	内容
第 1 天下午或者晚上	过夜消化细胞
第 2 天上午	提取 DNA

【仪器、材料与试剂】

(一)仪器

(1)移液器。

(2)台式离心机。

(3)恒温水浴锅。

(4)空气浴摇床。

(5)冷冻高速离心机。

(6)台式干燥箱。

(7)灭菌锅。

(8)电子天平。

(9)琼脂糖凝胶电泳装置。

(10)凝胶成像系统。

(二)药品、材料

(1)三羟甲基氨基甲烷-盐酸(Tris-HCl)。

(2)乙二胺四乙酸(EDTA)。

(3)氯化钠(NaCl)。

(4)十二烷基硫酸钠(SDS)。

(5)蛋白酶 K。

(6)酚。

(7)氯仿。

(8)异戊醇。

(9)无水乙醇。

(10)溴化乙锭(EB)。

(11)鸡血若干。

(12)1.5 mL 塑料离心管。

(13)吸头:1 mL、200 μL、10 μL。

(三)试剂

(1)血液抗凝剂:4%的 EDTA-Na 溶液。

(2)20×SET 液:17.55 g NaCl+12.114 g Tris +0.744 g EDTA,配成 100 mL(pH 8.0)。

(3)10% SDS:2 g SDS 溶于 18 mL 双蒸水中,加热至 68℃,用盐酸调 pH 至 7.2,定容至 20 mL。

(4)蛋白酶 K (10 mg/mL):15 mg 蛋白酶 K 溶解于 1.5 mL 的双蒸水中。

(5)酚∶氯仿∶异戊醇(24∶23∶1):总体积 48 mL:24 mL 酚、23 mL 氯仿、1 mL 异戊醇。

(6)氯仿∶异戊醇(23∶1)∶34.5 mL 的氯仿和 1.5 mL 的异戊醇。

(7)70%乙醇:70 mL 无水乙醇加 30 mL 双蒸水。

(8)TE:10 mmol/L Tris・HCl(pH 8.0),1 mmol/L EDTA,高压灭菌。

(9)EB 溶液:1 mg/mL。

【操作步骤】

(一)DNA 提取步骤

(1)10 μL 血样加 455 μL 1×SET 液(如果是动物组织,尽量将组织剪碎,至于匀浆器中匀浆或者研钵中研磨),10 μL 蛋白酶 K(10 mg/mL),25 μL SDS,空气浴(摇床)55℃,过夜。

(2)加 500 μL Tris 饱和酚(取下层液体),上下颠倒 10 min,12 000 r/min,离心 10 min,吸上层水相,下层弃掉。

(3)加等体积酚∶氯仿∶异戊醇(24∶23∶1),混合 10 min,10 000 r/min,离心 10 min,吸上层水相,下层弃掉。

(4)加等体积氯仿∶异戊醇(23∶1),混合 10 min,10 000 r/min,离心 10 min,吸上层水相,下层弃掉。

(5)加 2 倍体积无水冷乙醇(−20℃),水平摇大约 30 次,10 000 r/min,离心 10 min。

(6)加 700 μL 70%冷乙醇,8 000 r/min,离心 5 min,倒掉乙醇,自然干燥。

(7)加 TE 溶液 100 μL,置于 55℃水浴 3～4 h。4℃下保存。

(二)检测 DNA 的产量和质量的步骤

DNA 样品浓度的质量检测,采用紫外分光光度计法和琼脂糖凝胶电泳两种方法,同实验四,A_{260} 用于计算 DNA 样品的浓度。A_{260}/A_{280} 比值用于评估样品的纯度,电泳条带用评估 DNA 分子的完整性。

【实验结果】

图 5-1 为动物细胞中的 DNA 电泳结果。

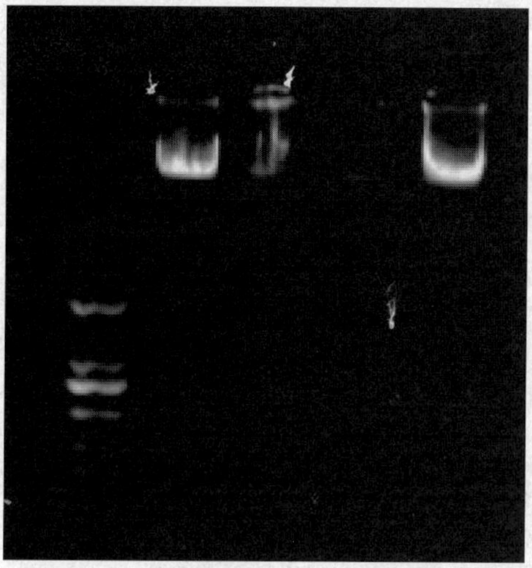

图 5-1 动物细胞中 DNA 电泳结果

【问题与讨论】

实验中会出现的问题与可能的原因分析:

(1)不同的生物基因组存在的位置不同,比如鸡的 DNA 在红细胞里,而牛的 DNA 在白细胞里。所以当按照常规方法提取 DNA 没有结果时,要仔细查一查相关的具体信息。

(2)电泳检测时,点样孔内很亮,说明所提 DNA 溶液中有杂质残留,需要用酚-氯仿再次抽提 DNA。

(3)分光光度分析 DNA 的 A_{280}/A_{260} 小于 1.8,说明提取的 DNA 不纯,含有蛋白质等杂质。在这种情况下,应加入 SDS 至终浓度为 0.5%,并重复步骤 2～4。

(4)酚/氯仿/异戊醇抽提后,其上清液太黏不易吸取,尽量慢点吸,避免蛋白质杂质的混入。

(王桂华 编写)

实验六

基因的PCR扩增

【概述】

PCR(polymerase chain reaction)是聚合酶链反应的简称，是模拟体内DNA复制方式在体外选择性地将DNA某一特定区域大量扩增出来的技术。在模板DNA、引物和4种脱氧核苷酸(dNTP)存在的条件下，由耐热DNA聚合酶(如Taq DNA聚合酶)在体外反复酶促合成双链DNA的反应。

PCR概念始于20世纪70年代，最早由Khorana及其同事于1971年提出："经过DNA变性，与合适引物杂交，用DNA聚合酶延伸引物，并不断重复该过程便可克隆DNA基因"。但由于当时很难进行测序和合成寡核苷酸引物，所以，Khorana等的早期设想被人们遗忘。1983年，在Cetus公司工作的Mullis着手解决用简单的方法鉴定某一段DNA的技术问题，有一天晚上他驱车在北部加州101号高速公路上，灵机一动想到了一个实际上可以无限扩增某段DNA的简单方法，即PCR，且当时(1970年)Smith等发现了DNA限制性内切酶，使体外克隆基因成为可能。PCR被许多科学家视为分子生物学领域最重要的一项技术突破。到目前为止，PCR方法已衍生出许多新的方法，有逆转录PCR(reverse transcription PCR，RT-PCR)、反向PCR(inverse PCR)、嵌套式PCR(nesting PCR)、原位PCR(in situ PCR)、荧光定量PCR(fluorescent quantitative PCR)、多重PCR(multiplex PCR)、实时PCR (real-time PCR)、多重等位基因PCR(multiplex allele PCR)、不对称PCR(asymmertric PCR)、锚定PCR(anchored PCR)、长片段PCR(long fragment PCR)等。

PCR反应由变性—退火—延伸三个基本步骤构成：

(1)模板DNA的变性。即在高温(94℃左右)下，待扩增的靶DNA双链受热变性成为两条单链DNA模板。

(2)模板DNA与引物的退火(复性)。在低温(37～55℃)情况下，两条人工合成的寡核苷酸引物与模板DNA单链的互补序列配对结合。

(3)引物的延伸。在TaqDNA聚合酶的最适温度(72℃)下，以dNTP为原料，按碱基配对与半保留复制原理，从引物的5′→3′方向延伸，合成DNA新链，而且这种新链又可成为下次循环的模板。

重复循环变性—退火—延伸三过程，就可获得更多的"半保留复制链"，即两条引物结合位点之间的DNA区段的拷贝数，理论上的最高值应是2^n，能满足进一步遗传分析的需要。

在PCR反应中影响反应的主要因素有：

①模板DNA：要求模板DNA中不含有Taq DNA聚合酶抑制因子，同时模板的量也是一个重要的因子，一般来说，数量不足将会造成扩增量减少，而产生假阴性。

②PCR用引物：根据目的基因两侧特定序列设计，一般20 bp左右，过长或过短都会降低

扩增的特异性；浓度一般在 0.1～0.6 μmol/L；引物序列中 G+C 含量在 40%～70%且内部不能有回文序列，3′端不能互补。

③PCR 用 DNA 聚合酶：要求为嗜热杆菌，耐热 95℃；

④PCR 用 buffer：一般 PCR 反应使用的缓冲液为 10 倍，使用时应稀释为 1 倍；buffer 中一般含 Mg^{2+}，Mg^{2+} 是 DNA 聚合酶辅基，浓度一般为 1～5 μmol/L，浓度太低酶活力降低，容易产生假阴性；浓度过高会造成非特异性扩增和引物二聚体的数量增加。

⑤dNTP：要保证使用同样浓度的 4 种脱氧核糖核酸，在 PCR 反应体系中，一般每种脱氧核糖核酸终浓度在 50～500 μmol/L，经常使用的浓度为 200 μmol/L。

PCR 技术已用于生物科学的许多领域，已在基础研究（基因扩增、鉴定重组子、基因的克隆、DNA 分子多样性分析、基因功能和表达功能研究、基因组测序等）、疾病诊断（遗传病诊断、肿瘤癌症诊断、病原体检测、基因分型等）、法医学检测等方面得到了广泛的应用。

【实验安排】

本实验半天可完成：PCR 需 2～3 h；琼脂糖凝胶电泳需 0.5～1 h。

【仪器、材料与试剂】

（一）仪器

（1）PCR 仪。

（2）离心机。

（3）旋涡振荡器。

（4）琼脂糖凝胶电泳装置。

（5）凝胶成像系统。

（6）微波炉。

（7）电子天平。

（8）移液器。

（二）药品、材料

（1）模板 DNA。

（2）Taq DNA 聚合酶。

（3）10×PCR 缓冲液。

（4）上游引物、下游引物。

（5）溴酚蓝。

（6）二甲苯青。

（7）DNA Marker。

（8）琼脂糖。

（9）塑料离心管：1.5 mL、0.2 mL。

（10）吸头：200 μL、10 μL。

（11）记号笔、薄膜手套等。

（三）试剂

（1）10×TBE 缓冲液。

(2)溴酚蓝电泳加样缓冲液(0.25%溴酚蓝、0.25%二甲苯青 FF)。

【操作步骤】

(1)PCR反应体系的配置。要保证操作中各溶液在冰上进行,并按从上到下的顺序依次加入无菌的 Eppendorf 管内以下反应物:

反应体系	体积/μL	终反应
10×缓冲液	2.5	1×缓冲液
4×dNTP	2.5	200 μmol/每种 dNTP
引物 C1	1.25	25 pmol/每个反应
引物 C2	1.25	25 pmol/每个反应
模板 DNA	0.5	5 ng/每个反应
Taq 酶	0.5 U	0.5~3 U/每个反应
无菌水	加水至 25 μL	

(2)振荡混匀,短时离心。

(3)将带有样品的 PCR 离心管插入 PCR 仪中,按下列程序运行:

95℃反应预变性 5 min 后开始以下循环:

94℃变性反应 30 s;

56℃退火反应 1 min;

72℃延伸反应 3 min。

经过 35 个循环后:最后一个循环为 72℃延长 5 min。

(4)琼脂糖凝胶电泳分析 PCR 结果:取 30 mL 1.2%琼脂糖凝胶,经高压溶化后铺板;取 10 μL PCR 产物上样进行电泳。电极缓冲液为 0.5×TBE,电泳 0.5~1 h,保持电流 20 mA。电泳结束后,凝胶自动成像系统拍照,进行结果分析。

【实验结果】

实验结果如图 6-1 所示(扩增目的序列为 1 700 bp)。

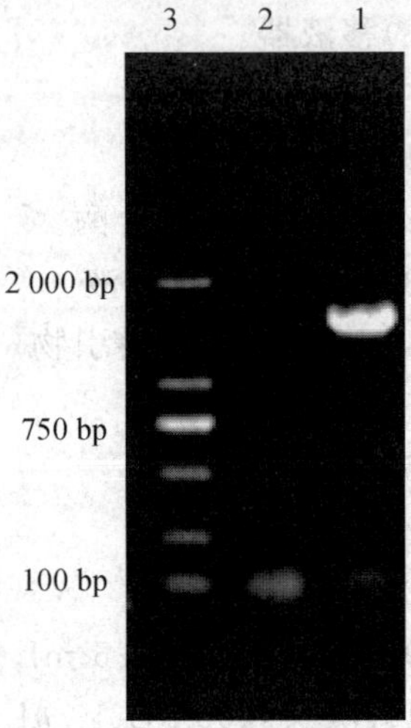

图 6-1 PCR 产物电泳图

泳道 1:PCR 扩增产物;泳道 2:阴性对照;泳道 3:DNA Maker 2 000

【问题与讨论】

1. 出现非特异性扩增带

PCR 扩增后出现的条带与预计的大小不一致,或大或小,或者同时出现特异性扩增带与非特异性扩增带。非特异性条带的出现其原因:一是引物与靶序列不完全互补或引物聚合形成二聚体;二是 Mg^{2+} 浓度过高、退火温度过低及 PCR 循环次数过多有关。其次是酶的质和量,往往一些来源的酶易出现非特异条带而另一来源的酶则不出现,酶量过多有时也会出现非特异性扩增。其对策有:必要时重新设计引物;减低酶量或调换另一来源的酶;降低引物量,适当增加模板量;减少循环次数;适当提高退火温度或采用二温度点法(93℃变性,65℃左右退火与延伸)。

2. 出现片状拖带或涂抹带

PCR 扩增有时出现涂抹带或片状带或地毯样带其原因往往由于酶量过多或酶的质量差,dNTP 浓度过高,Mg^{2+} 浓度过高,退火温度过低,循环次数过多引起。其对策有:减少酶量,或调换另一来源的酶;减少 dNTP 的浓度;适当降低 Mg^{2+} 浓度;增加模板量;减少循环次数。

3. 假阳性

出现的 PCR 扩增条带与目的靶序列条带一致,有时其条带更整齐,亮度更高。其原因可能为引物设计不合适、选择的扩增序列与非目的扩增序列有同源性,而在进行 PCR 扩增时,扩增出的 PCR 产物为非目的性的序列;另外,靶序列太短或引物太短,也容易出现假阳性。其对策为重新设计引物。

(尹淑琴 编写)

实验七 PCR扩增产物的纯化与回收

【概述】

多年来人们提出了许多从琼脂糖和聚丙烯酰胺凝胶中回收和纯化 DNA 的方法，其中早期的由 McDonell 等(1977)发明的电洗脱至透析袋技术，利用电泳方式，将需要的 DNA 片段迁移出凝胶介质，进入一个可以回收的小体积溶液中，再从该溶液中纯化 DNA。该技术可以从琼脂糖凝胶或聚丙烯酰胺凝胶切片回收分子质量范围较宽的双链 DNA，具有回收效率高和纯度较高的特点，但实验操作繁琐，费时费力。之后由 Dretzen 等(1981)发明的利用 DEAE 膜代替透析膜技术，即二乙基氨基乙基(diethyl aminoethyl，DEAE)纤维素膜插片电泳法。DEAE 纤维素是一种阴离子交换纤维素，能把带负电荷的 DNA 片段吸附转换到 DEAE 滤膜上，取出 DEAE 纤维素膜后，在低盐条件下洗去杂质，高盐条件下洗出 DNA 分子(或再从膜上将 DNA 洗脱出来)。该法操作比较简单，可同时回收多个 DNA 片段，对小分子质量的(0.5～5 kb)的 DNA 片段回收率好，纯度高，但 DNA 片段大于 5 kb 时，因结合力增大而回收率下降。以及后来通过低熔点琼脂糖的研制，可以无需经过从琼脂糖凝胶中回收 DNA 的步骤而直接对凝胶中的 DNA 进行 DNA 酶切、重组等操作，该方法是通过采用一种特殊的琼脂糖，即低熔点琼脂糖。低熔点琼脂糖是由琼脂糖经过化学修饰得到的衍生物，熔点为 62～65℃，融化后可在 37℃下持续几小时保持液体状态，也可以在 16℃下维持一段时间。因此，用低熔点琼脂糖凝胶电泳点用后，将含有目的 DNA 的凝胶切割下来，不需要进一步破碎凝胶并回收 DNA，只要稍作加热使之融化后即可直接用于后续操作，该技术具有广泛的应用潜力，但由于受到实验操作要求高和实验成本高等因素，限制了这一技术的应用。

常规的 PCR 产物纯化方法有冷冻法、有机溶剂抽提法和树脂纯化系统。目前，许多生物技术公司都推出琼脂糖凝胶回收试剂盒，多数纯化试剂盒利用硅胶膜进行纯化，试剂盒法能够将 DNA 片段的回收、纯化同步进行，因此，具有方便快捷的特点。主要包括溶胶液、DNA 吸附柱、清洗液及洗脱液等。首先是利用溶胶液在高盐如异硫氰酸胍、高氯酸钠和碘化钠等和低 pH 状态下，在加热条件下溶解琼脂糖凝胶，使目的 DNA 从凝胶中释放出来，在酸性条件下，经高速离心目的 DNA 片段专一性地结合在吸附柱中的硅胶膜上；而在低盐高 pH 的溶液中 DNA 从硅胶质膜上解吸，再通过含 70％乙醇的清洗液去除杂质，最后用超纯水或 TE 溶液作为洗脱液，将目的 DNA 从硅胶膜上洗脱下来。

本实验采用的试剂盒中的硅基质膜材料可以在特有的缓冲系统中特异性吸附 DNA。试剂盒用于 TAE 电泳系统的琼脂糖凝胶中所需要的 DNA 片段的回收，同时除掉无机盐、蛋白质和有机物等杂质，达到纯化目的。一般长度的 DNA 片段，回收率达 80％以上，小于 200 bp 和大于 10 kb 以上的片段回收率稍低(40％～60％)。回收的 DNA 片段可以用于 PCR、连接反应、序列测定和酶切等后续的分子生物学实验。

【实验安排】

本实验能在半天内完成。

【仪器、材料与试剂】

(一)仪器

(1)移液器。

(2)恒温孵育器。

(3)离心机。

(4)微波炉。

(5)琼脂糖凝胶电泳装置。

(6)凝胶成像系统。

(7)电子天平。

(8)灭菌锅。

(二)药品、材料

(1)PCR 产物。

(2)三羟甲基氨基甲烷(Tris)。

(3)乙二胺四乙酸(EDTA)。

(4)冰乙酸。

(5)溴酚蓝。

(6)蔗糖。

(7)琼脂糖。

(8)溴化乙锭(EB)。

(9)吸头:1 mL、200 μL、10 μL。

(10)塑料离心管:1.5 mL、2 mL。

(三)试剂

(1)琼脂糖凝胶 DNA 回收试剂盒。

(2)50×TAE 电泳缓冲液。

配 1 000 mL 50×TAE:

Tris	242 g
冰乙酸	57.1 mL
EDTA	100 mL 0.5 mol/L(pH 8.0)

pH 8.0

(3)6×DNA 上样缓冲液。

溴酚蓝	0.25%
蔗糖	40%

(4)EB(10 mg/mL)。

【操作步骤】

(一)PCR 产物的分离

(1)制备 1%琼脂糖凝胶。称取 1 g 琼脂糖于 250 mL 三角瓶中,加入 100 mL 1× TAE

电泳缓冲液，微波炉加热 1～2 min 使之完全溶解，温度降至 50℃左右加入 1 μL EB 储备液(10 mg/mL)，倒入制胶板，待完全冷却后，小心地拔出梳子，将带有凝胶的底板放置于水平电泳槽中，加入适量的 1×TAE 电泳缓冲液。

(2)电泳。取 50 μL PCR 产物与适量 6×DNA 上样缓冲液混匀后，点样于多个加样孔中，并在相邻的加样孔内加入 3 μL DNA 相对分子质量标记；100～120 V 电泳 40～60 min。

(3)电泳结束后，在紫外灯下观察各泳道中的 DNA 条带，凝胶成像系统照相，记录 DNA 条带的相对位置。

(二)回收与纯化

(1)在紫外灯下快速切取含目的 DNA 片段的琼脂糖凝胶，尽量去掉条带周围多余的凝胶。放在 1.5 mL 离心管中，用 1 mL TE 缓冲液洗一次。用吸头彻底吸掉液体并用之捣碎凝胶。离心数秒，估计一下离心管中凝胶的体积，加入 3 倍凝胶体积的溶胶液 GS。当目的 DNA 片段较小时，可以适当加大溶胶液 GS 的用量(也可以用称量的方法进行计算，一般 1%浓度的 0.1 g 琼脂糖凝胶大致相当于 100 μL 液体)。

(2)观察凝胶的触化状况及液体的颜色变化。融胶时可将离心管放在 60℃水浴中，其间可温和地颠倒数次以加速凝胶的融化。长时间保温时还存在不融的胶块，可以适当添加一些溶胶液 GS。

(3)等凝胶彻底融化成为胶溶液后，将离心管从 60℃水浴中取出并晾至室温。此时如观察到胶溶液颜色变红，请添加适量 pH 调整液 PA，保证液体颜色为橙黄色(对于小于 500 bp 以下的片段可以添加与凝胶体积相当的异丙醇以增加回收率)。

(4)将胶溶液转移到带吸附膜的离心柱中，静置 2 min，12 000 r/min 离心 30 s。若一次没加完，可分多次操作。

(5)倒掉收集管中的滤液，将离心柱重新装在收集管中(收集管中的滤液重新上样可以提高回收率)。

(6)加入 700 μL 洗涤液 WB 于离心柱中，12 000 r/min 离心 30 s。

(7)倒掉收集管中的滤液，将离心柱重新装在收集管中。再加入 500 μL 洗涤液 WB 于离心柱中 12 000 r/min 离心 30 s，弃滤液。将离心柱重新装在收集管中，12 000 r/min 离心 1～2 min，充分离心去掉洗涤液。

(8)将离心柱重新装在收集管中，置于室温或 37℃烘干箱中数分钟，充分地晾干以除掉洗涤液中的乙醇。

(9)将晾干后的离心柱装在一个高压灭菌处理过的 1.5 mL 离心管中，向离心柱膜中央加入 20 μL 洗脱液 EB 或去离子水，室温静置 2 min，12 000 r/min 离心 1 min，洗脱 DNA(洗脱液 EB 可以先放在 60℃水浴中保温，稍高温度的洗脱液可以提高洗脱效率，具体用量视用户对 DNA 浓度要求而定)。

(10)分别取 3 μL 纯化的 DNA 与未纯化的 DNA 样品经 1%的琼脂糖凝胶电泳检测。

【实验结果】

PCR 扩增产物的结果如图 7-1 所示。

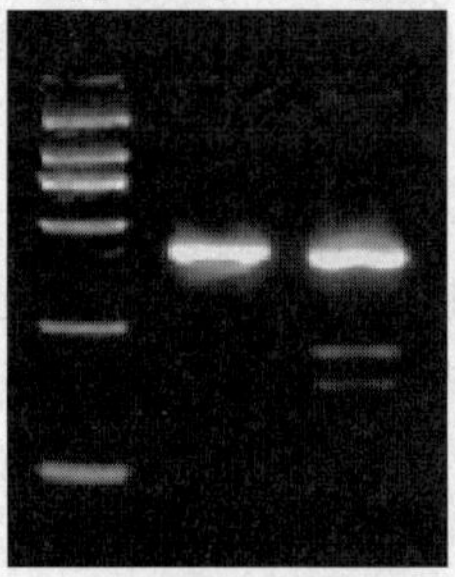

图 7-1 PCR 扩增产物琼脂糖凝胶电泳，目标片段长度为 1 400 bp

M：DNA Marker；1：回收后；2：回收前

【问题与讨论】

回收的 DNA 片段经电泳检测，未检测到 DNA 片段或回收效率很低，是 PCR 产物纯化中常见的问题。以下进行 PCR 产物纯化中，可能存在和应注意的几个问题：

1. 切胶时应注意的问题

紫外线对视网膜有害，观察时加盖玻璃罩；紫外照射时间应尽量短，以免对 DNA 造成损伤。

2. 电泳缓冲液的使用

有几种缓冲液适用于双链 DNA 的电泳。它们包括 Tris-乙酸盐和 EDTA 缓冲液（pH 8.0，TAE，也称作 E 缓冲液）、Tris-硼酸盐缓冲液（TBE）或 Tris-磷酸盐缓冲液（TPE）。双链线状 DNA 片段在 TAE 中比在 TBE 或 TPE 中迁移快 10%。对于高分子质量 DNA，TAE 的分辨率略高于 TBE 或 TPE，所以利用琼脂糖凝胶电泳回收 PCR 产物，常使用 TAE 作为电泳缓冲液，但 TAE 的缓冲容量最低，如长时间电泳会被消耗。此时凝胶的阳极一侧将发生酸性化，所以要定期更换缓冲液可以防止 TAE 的消耗，以免影响电泳和回收效果。而回收低分子质量 DNA，聚丙烯酰胺凝胶电泳使用的 1×TBE 缓冲液，是琼脂糖凝胶电泳时使用液浓度的 2 倍。因为聚丙烯酰胺凝胶垂直槽的缓冲液槽较小，故通过缓冲液的电流量通常较大，需要使用 1×TBE 以提供足够的缓冲容量。但进一步纯化分离得到的 DNA 片段时，常使用 TAE 作为琼脂糖电泳缓冲液。

3. 利用凝胶回收试剂盒 DNA 回收效率较低或者未回收到目的片段可能产生的原因及对策

(1)胶块未完全溶解，溶解凝胶时应按试剂盒说明水浴温度并适当延长水浴时间，增加上下颠倒次数，确定胶块完全溶解后再进行下一步骤。

(2)回收小于 100 bp 及大于 10 kb 的 DNA 片段时，应加大溶胶液的体积，延长吸附和洗脱的时间。

(3)胶块体积太大，则应先将其切为小块，分别加到不同的柱子上，多次回收。

(4)第一次使用前应在清洗液中加入无水乙醇。清洗液每次用后应拧紧瓶盖，以免乙醇挥发，降低回收率。

(5)洗脱效率取决于 pH，洗脱缓冲液只有在低盐及高 pH 洗脱环境条件下才能被洗脱。

因此，应当确保洗脱时的 pH 范围。

(6)洗脱前，将预热洗脱液加在吸附柱的中间、延长室温静置时间、增加洗脱次数，可以有效提高回收率。

(7)回收率还受到 DNA 片段大小及目的 DNA 的起始量的影响。

DNA 片段越大吸附柱上硅胶膜上结合力越强，就越难洗脱，回收率就低。DNA 的量越少，相对损失越大，回收率越低。可以对 PCR 产物进行富集，合并多管 PCR 产物，以增加 DNA 样品含量。

（王爱萍，姜晓东　编写）

实验八

植物总RNA的提取

【概述】

核糖核酸(ribonucleic acid,RNA)是基因表达的中间产物,同时也是 RNA 病毒的遗传物质。因此,对 RNA 进行操作在分子生物学中占有重要地位。

RNA 由核糖核苷酸经磷脂键缩合而成长链状分子。一个核糖核苷酸分子由磷酸、核糖和碱基构成。RNA 的碱基主要有 4 种,即 A 腺嘌呤、G 鸟嘌呤、C 胞嘧啶、U 尿嘧啶,其中,尿嘧啶 U 取代了 DNA 中的胸腺嘧啶 T 而成为 RNA 的特征碱基。与 DNA 不同,RNA 一般为单链长分子,不形成双螺旋结构,但是很多 RNA 也需要通过碱基配对原则形成一定的二级结构乃至三级结构来行使生物学功能。RNA 的碱基配对规则基本和 DNA 相同,不过除了 A-U、G-C 配对外,G-U 也可以配对。

在细胞中根据结构功能的不同,RNA 主要分三类,即 tRNA(转运 RNA),rRNA(核糖体 RNA),mRNA(信使 RNA)。mRNA 是合成蛋白质的模板,内容按照细胞核中的 DNA 所转录;tRNA 是 mRNA 上碱基序列(即遗传密码子)的识别者和氨基酸的转运者;rRNA 是核糖体的组分,是蛋白质合成的工作场所。rRNA 量占细胞总 RNA 量的 75％～85％,而 tRNA 占 15％,mRNA 仅占 3％～5％。rRNA 一般与核糖体蛋白质结合在一起,形成核糖体(ribosome),如果把 rRNA 从核糖体上除掉,核糖体的结构就会发生塌陷。植物细胞内 rRNA 主要由 28S、18S 和 5S 几类组成。S 为沉降系数(sedimentation coefficient),当用超速离心测定一个粒子的沉淀速度时,此速度与粒子的大小直径成比例。5S 含有 120 个核苷酸,18S 含有 1 900 个核苷酸,而 28S 含有 4 700 个核苷酸。

1869 年瑞士科学家 Miescher 为研究细胞核化学成分,发现了酸性含磷化合物,命名核质,实际上是含蛋白质的核酸制品。20 年后,R. Altmann 纯化得到了不含蛋白质的核酸制品,称为核酸。1893 年 A. Kossel 认识到染色质是由核酸和组蛋白组成的,认为核质与新组织的形成有关。但是,当时生物学界主导观念是"生命就是蛋白质体",A. Kossel 未能跳出束缚,没有认识到核质是遗传物质,并于 1905 年改为研究细胞核中碱性蛋白质,使核酸研究停滞几十年,直到 1944 年 Avery、Macleod 和 Mccarty 发表了著名的肺炎双球菌实验结论:核酸(DNA)才是遗传物质,而不是蛋白质。1953 年,Watson 与 Crick 共同提出 DNA 双螺旋结构说,为分子生物学奠定基础。20 世纪 50 年代中期后的 10 年间,是 RNA 研究黄金时期,达到了一个高峰。1961 年 Crick 证明每条 DNA 长链中的碱基每三个为一组;1957 年 Zemecnik 发现 tRNA;1959 年 rRNA 被分离得到;1961 年法国 Monod 和 Jacob 提出 mRNA 的存在;1965 年 Hollev 测出第一个核酸(酵母丙氨酸 tRNA)的一级结构;Khorana 合成了遗传密码;Nirenberg 建立了体外无细胞蛋白质合成系统和核糖体结合技术,并在 1966 年破译遗传密码。20 世纪 70 年代后期,RNA 研究逐渐积累起各种新发现,直到 20 世纪末 21 世纪初,随着一系列调控 RNA 的发现、人类基因组计划完成、后基因组研究兴起，RNA 研究再次达到高峰。1989 年，Gilbert 提出“RNA 世界”假说，第一次将 RNA 摆在生命进化早期中心位置。1999—2000 年，核糖体 50S 大亚基晶体分析表明，催化肽键形成的化合物不可能是蛋白质，只能是 rRNA。2001—2003 年，美国 Science 杂志分别评出当年十大科技突破第 2 条、第 1 条、第 4 条分别是：RNA 干扰以及包括 siRNA 和 miRNA 在内的小分子调控 RNA，真核生物体内，一个由 RNA 组成的调控 DNA 遗传信息网络显露出来。当今世界，RNA 仍处于生命中心。

因此，从植物组织中提取纯度高、完整性好的 RNA 是顺利进行 Northern 杂交分析、纯化 mRNA 以用于体外翻译或建立 cDNA 文库、RT-PCR 和差异分析等分子生物学研究的关键所在。

植物 RNA 的提取，主要遵循的原则有：

1. *要充分破碎植物组织细胞*

不同的生物体或同一生物体的不同部位的组织，其细胞破碎的难易不一，使用的方法也不相同，如动物脏器的细胞膜较脆弱，容易破碎，植物和微生物由于具有较坚固的纤维素、半纤维素组成的细胞壁，一般需采用机械研磨的方法。通过机械切力的作用使组织细胞破碎，常用的器械有组织捣碎机、匀浆器、研钵和研磨、压榨器等。

2. *抑制内源和外源 RNA 酶(RNase)活性*

RNase 极为稳定且广泛存在，因而在提取过程中要严格防止 RNase 的污染，并设法抑制其活性。所有的组织中均存在 RNA 酶，人的皮肤、手指、试剂、容器等均可能被污染，因此全部实验过程中均需戴手套操作并经常更换(使用一次性手套)。所用的玻璃器皿需置于干燥烘箱中 180℃烘烤 2 h 以上。凡是不能用高温烘烤的材料如塑料容器等皆可用 0.1%的焦碳酸二乙酯(DEPC)水溶液处理，再用蒸馏水冲净。DEPC 是 RNase 的化学修饰剂，它和 RNA 酶的活性基团组氨酸的咪唑环反应而抑制酶活性。DEPC 与氨水溶液混合会产生致癌物，因而使用时需小心。试验所用试剂也可用 DEPC 处理，加入 DEPC 至 0.1%浓度，然后剧烈振荡 10 min，再煮沸 15 min 或高压灭菌以消除残存的 DEPC，否则 DEPC 也能和腺嘌呤作用而破坏 mRNA 活性。但 DEPC 能与胺和巯基反应，因而含 Tris 和 DTT 的试剂不能用 DEPC 处理。Tris 溶液可用 DEPC 处理的水配制然后高压灭菌。配制的溶液如不能高压灭菌，可用 DEPC 处理水配制，并尽可能用未曾开封的试剂。

3. *将 RNA、DNA、蛋白质及其他细胞物质分开*

由于细胞内的大部分 RNA 是以核蛋白复合体的形式存在，所以要加入蛋白质变性剂，使核蛋白与 RNA 分离，释放出 RNA。提取缓冲液中一般含 SDS、酚、氯仿、胍盐等蛋白质变性剂，同时也能抑制 RNase 活性，并有助于除去非核酸成分，如多糖、多酚、蛋白质等物质。酚类物质氧化后可使 RNA 活性丧失，多糖可形成难溶胶状物质与 RNA 一起被沉淀。

制备植物细胞内 RNA 的方法很多，主要包括：

1. *强变性剂法*

用异硫氰酸胍法或盐酸胍法提取 RNA，所采用的都是强烈的蛋白质变性剂，它们不仅能抑制 RNase 的活性，还能有效地解离核蛋白与核酸的复合体，因此可以同巯基乙醇和十二烷基肌氨酸钠(sarkosyl)一起对 RNase 产生强烈的抑制作用，并迅速释放核酸。

2. *SDS-苯酚法*

SDS-苯酚法是用 SDS 变性蛋白并抑制 RNase 活性，经多次酚/氯仿抽提除去蛋白、多糖、色素等后，用 NaAC 和乙醇沉淀 RNA。

李晓颖等利用改良 SDS-酚法，即在提取过程中采取加入 KAc，成功提取了杏叶片和果实中的 RNA。张彦苹等则利用该方法提取了葡萄不同组织的 RNA。

3. LiCl-尿素法

该方法用高浓度尿素抑制 RNase 并分离核蛋白与核酸 用 LiCl 选择性地沉淀 RNA，方法简单，试剂廉价。但有时会存在一些 DNA 污染，LiCl 沉淀还会丢失一些小分子质量的 RNA（如 5S RNA），而且由于 Li^+ 和 Cl^- 的残留，还会干扰 RNA 的反转录和体外翻译。因此，LiCl 法可与其他方法联用。

4. CTAB 法

利用较高浓度的十六烷基三甲基溴化铵（CTAB）不仅能对植物细胞有较好的裂解作用，而且还能有效地分离核蛋白与核酸的复合物，同时和巯基乙醇共同作用变性蛋白、抑制 RNase 的活性，使用无水乙醇或异丙醇沉淀总核酸，然后再选择性地分离出 RNA。该方法已应用于多种木本植物 RNA 的提取，如 Chang 等曾用此法提取了松树的 RNA。刘艳娜等利用 CTAB 法提取了海棠不同组织中的 RNA，成本低且 RNA 质量较高。

5. 热硼酸法及改良热硼酸法

该技术将硼酸缓冲体系、蛋白酶 K 消化蛋白和 LiCl 选择性沉淀 RNA 等步骤偶联在一起。硼酸可与酚类化合物依靠氢键形成复合物，二硫苏糖醇（DTT）作为还原剂，聚乙烯吡咯烷酮（PVP）可与多酚化合物形成复合体，它们都可以抑制植物组织中酚类物质的氧化及其与 RNA 的结合。通过 Li^+ 沉淀剩余的酚类物质，从而与 RNA 分开。因此，该技术非常适合于富含酚类物质的植物组织中总 RNA 的提取。改良热硼酸法不需要苯酚/氯仿/异戊醇的抽提步骤，大大简化了 RNA 的提取过程。

6. 植物组织 RNA 提取试剂盒

目前，商品化的植物组织 RNA 提取试剂盒已经研制出来，并有着广泛的应用。例如，Promega 公司的 Promega SV Total RNA Isolation System，其特点是快速、高效，用高浓度的亚硫氰胍稀释细胞，使 RNase 失活，并沉淀蛋白，乙醇沉淀核酸，DNA 酶消化残留的 DNA，去除杂质，并将 RNA 吸附到硅化膜上，用 DEPC-H_2O 洗脱膜上的 RNA 即可。

使用试剂盒对植物材料进行 RNA 的提取的优点，一是提取速度快，二是在提取试剂中一般含有抑制 RNase 的活性的成分，所以能较好地防止 RNA 的降解，得到的 RNA 纯度一般较高，但往往存在价格较高，且一次提取植物材料量相对较少的缺点。

总之，不同的 RNA 提取方法各有优缺点，在不同物种或同种植物不同组织上的可利用性存在差异，需根据实际情况进行选择。

【实验安排】

时间	内容
上午	植物 RNA 提取
下午	测定紫外吸收
晚上	琼脂糖凝胶电泳检测

【仪器、材料与试剂】

(一)仪器

(1)电子天平。

(2)恒温水浴锅。

(3)冷冻离心机。

(4)真空干燥仪。

(5)紫外分光光度计。

(6)琼脂糖凝胶电泳装置。

(7)凝胶成像系统。

(8)移液器。

(9)匀浆器。

(10)灭菌锅。

注意:进行 RNA 提出的所有器皿必须保证未受 RNA 酶的污染,玻璃、瓷器和金属耐热器皿应先以 0.1% DEPC 水溶液浸泡 2 h,然后以铝箔包裹后在 180℃烘烤过夜。使用新的塑料制品,并将其在 0.1% DEPC 中浸泡 2 h 并经高压蒸汽消毒 30 min。操作过程中还应严格避免外源 RNA 酶的污染。

(二)药品、材料

(1)新鲜植物叶片或果皮样本。

(2)三羟甲基氨基甲烷-盐酸(Tris-HCl)。

(3)乙二胺四乙酸(EDTA)。

(4)氯化锂(LiCl)。

(5)十二烷基硫酸钠(SDS)。

(6)冰醋酸。

(7)吗啉代丙烷磺酸(MOPS)。

(8)溴酚蓝。

(9)甘油。

(10)溴化乙锭。

(11)乙酸胺。

(12)焦碳酸二乙酯(DEPC)。

(13)乙醇。

(14)液氮。

(15)瓷研钵。

(16)剪刀。

(17)一次性手套。

(18)吸头:1 mL、200 μL、10 μL。

(19)塑料离心管:0.5 mL、1.5 mL、2 mL。

(三)试剂

(1)提取液的配制:

Tris-HCl pH 8.0　　　　　0.2 mol/L

LiCl	0.1 mol/L
EDTA pH 8.0	50 mmol/L
SDS	1%

用前加入，PVP 和 β-巯基乙醇至终浓度分别为 16%和 1%。

(2)TAE 电泳缓冲液的配制：浓缩的贮备液(50 倍)每升含 242 g Tris-HCl，57.1 mL 冰醋酸，100 mL 0.5 mol/L EDTA(pH 8.0)。

(3)10×MOPS 电泳缓冲液的配制：0.4 mol/L 吗啉代丙烷磺酸(MOPS)(pH 7.0)，0.1 mol/L NaAc，10 mmol/L EDTA。

(4)溴酚蓝甘油上样溶液(0.05%溴酚蓝-50%甘油溶液)的配置：先配制 0.1%溴酚蓝水溶液，然后取 1 份 0.1%溴酚蓝溶液与等体积的甘油混合即成。

(5)溴化乙锭溶液的配制：用 0.1 mol/L 乙酸胺配置浓度为 0.5 μg/mL 的溴化乙锭溶液备用。

(6)0.1% DEPC 水(1 000 mL 去离子水加 1 mL DEPC 混匀，室温放置过夜，121℃高压灭菌 30 min)。

(7)75%乙醇 (0.1% DEPC 配制)。

(8)液氮。

【操作步骤】

(一)植物 RNA 的提取

以葡萄果皮为例，利用改良 SDS-酚法制备其 RNA，具体步骤如下：

(1)将 400 g 葡萄果皮用研钵在液氮中研磨成粉末。

(2)加入 80℃预热的提取缓冲液 850 μL，充分混匀，冰浴 20 min。

(3)用匀浆器高速匀浆。

(4)4℃下，14 000*g* 离心 15 min。

(5)移上清液至一新离心管中，加入 1/3 体积 5 mol/L KAc (pH 4.8)，充分混匀，冰浴 20 min。

(6)4℃下，14 000*g* 离心 15 min。

(7)移上清液至一新离心管中，加入等体积的氯仿：异戊醇(24：1)，充分混匀，冰浴 30 min。

(8)移上清液至一新离心管中，加入等体积的预冷异丙醇，充分混匀，−20℃放置 2 h。

(9)4℃下，14 000*g* 离心 15 min。

(10)弃上清液，加入 600 μL 2 mol/L LiCl 和 50 mmol/LEDTA，重悬沉淀。

(11)4℃下，14 000*g* 离心 15 min，弃去上清液。

(12)75%乙醇清洗沉淀两次，室温下干燥。

(13)沉淀溶于 40 μL DEPC 水中，测定 RNA 浓度，并用电泳检测，−70℃保存。

(二)紫外分光光度法测定

提取出总 RNA 后，要对其质量和浓度进行测定。组成 RNA 的碱基在紫外光谱区都有一定的吸收值，最大吸收波长为 250～270 nm。碱基与磷酸或糖形成核苷酸后，其最大吸收波峰为 260 nm，吸收波谷为 230 nm，这就是分光光度计测定其浓度的原理。因此根据 RNA 溶液在 260 nm 下的 A 值就可计算出样品浓度，1A 值相当于 40 μg/mL，计算公式是：RNA 样品浓度(μg/mL)＝ A_{260}×40×稀释倍数。

由于蛋白质在 280 nm 下有吸收高峰，用 A_{260}/A_{280} 比值可以计算 RNA 的纯度。A_{260}/A_{280} 应为 1.7～2.1。低于 1.7，说明有蛋白质污染。A_{260}/A_{230} 应大于 2.0，低于该值，说明有糖、盐、胍等小分子污染。

紫外分光光度法测定 RNA 步骤如下：

(1)开启紫外分光光度计，预热稳定 30 min。

(2)用 DEPC 处理水校正零点。

(3)用 DEPC 处理水稀释 RNA 样品 30～50 倍，将稀释液转移到比色杯中。

(4)读取 230 nm、260 nm、280 nm 的 A 值。

(三)琼脂糖凝胶甲醛变性电泳

紫外分光光度计测定 A 值，只能计算出 RNA 的浓度和纯度，但不能得到完整性的信息，因此要用凝胶电泳来检测其完整性。以琼脂糖凝胶为支持介质的电泳广泛应用于核酸研究中，其操作简单、快速，是分离和鉴定 RNA 的标准方法。如前所述，总 RNA 含有 28S、18S、5S 等 rRNA，其中 28S、18S 最丰富，所占比例基本不变。在琼脂糖胶上 28S rRNA 亮度约为 18S rRNA 亮度的 1 倍，这样的结果说明 RNA 样品完整性好。如果亮度相同，说明已有不同程度的降解。严重降解的样品，就见不到 28S rRNA 的带，甚至 18S 的带也见不到。mRNA 在琼脂糖胶上会呈现出相对分子质量由大到小的连续分布，无明显条带出现，RNA 电泳可在变性和非变性胶上进行。胶的浓度应为 1.0%～1.5%。其操作步骤如下：

(1)制备 1.2%浓度的琼脂糖凝胶：称取 1.2 g 琼脂糖置于三角瓶中，加入 72 mL DEPC 处理水。然后加热至琼脂糖完全溶解，冷却至 60℃。在通风橱内加入 10×MOPS 电泳缓冲液 10 mL，甲醛(37%)18 mL，混匀后倒胶。

(2)制备样品：在一个洁净的小离心管中混合以下试剂：10×MOPS 电泳缓冲液 2 μL、甲醛 3.5 mL、甲酰胺(去离子)10 mL、RNA 样品 3.5 μL，混匀。置 60℃保温 10 min，冰上速冷。加入 3 μL 的上样缓冲液混匀。

(3)电泳槽内加入 1×MOPS 缓冲液，将样品加入上样孔。以 5 V/cm 的电压电泳 1.5～2 h。

(4)待溴酚蓝迁移至距凝胶底部 1～2 cm 处结束电泳。

(5)将凝胶置于溴化乙锭溶液中染色约 30 min。

(6)观察与鉴定：电泳结束后，取出凝胶板，在波长为 254 nm 的凝胶成像系统下，观察电泳图谱，如果电泳条带清晰，可看到荧光条带，将凝胶照相。

附注：

①溴化乙锭是一种很强的 DNA 诱变剂，接触含有该染料的凝胶或溶液时一定要戴上一次性塑料或者橡胶手套。

②电泳后的凝胶板，不能倒在下水道里，应做专门的处理。

【实验结果】

如图 8-1 所示，利用改良的 SDS-酚法提取葡萄皮总 RNA 后，进行琼脂糖凝胶变性电泳，结果显示不仅 28S 和 18S rRNA 带很清楚，而且小分子 rRNA 也有条带显示，说明提取过程中没有发生 RNA 的降解，RNA 的质量较好。

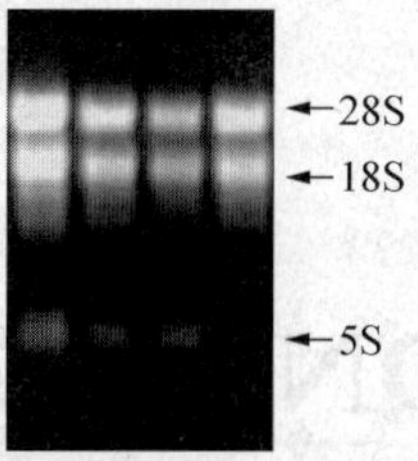

图 8-1　葡萄皮总 RNA 的琼脂糖凝胶甲醛变性电泳图

【问题与讨论】

RNA 提取实验中最大的挑战在于如何尽量地避免 RNA 分子的降解。由于 mRNA 分子大小不均一，并不能在电泳结果上将其显示出来，所以通常通过检测 rRNA 来反应提取的总 RNA 的质量。如图 8-2 所示，RNA 降解得比较厉害，说明提取的总 RNA 的质量并不是很好，主要是因为在提取的过程中没有很好避免内源及外源的 RNA 酶的作用。

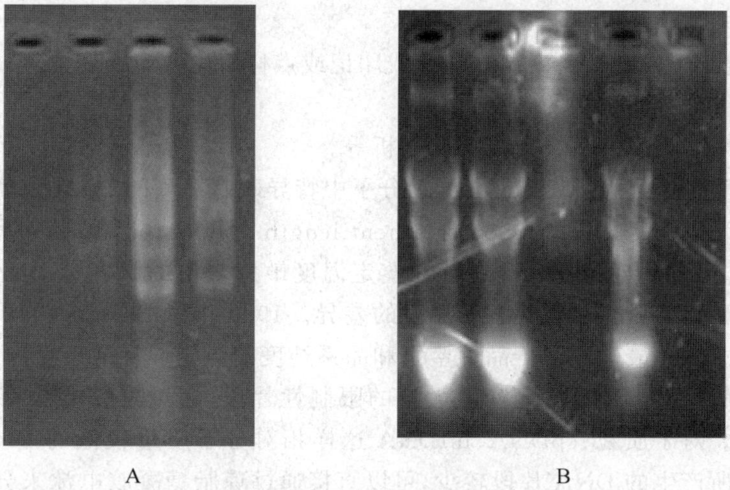

图 8-2　RNA 电泳图

A. 完全降解；B. 部分降解

（乌日娜　编写）

实验九

DNA的分子杂交

【概述】

DNA 分子杂交也叫 Southern 杂交(Southern blotting),是核酸分子生物学研究的主要技术和手段,也是近年发展起来的检测重组 DNA 分子的一种先进的技术。它具有灵敏度高(可检测 10^{-12} g 样品),特异性强(大至寄生虫基因组 DNA,小至可鉴别 20 个碱基对左右的同源序列)的特点。

DNA 分子杂交主要包括 4 个操作步骤:

第一步　用缺口平移(nick translation)或其他技术制备放射性同位素或其他材料标记的核酸分子探针;

第二步　待测样品的膜转移(高盐转移或印记或点样于膜或组织切片等);

第三步　探针与待测样品的杂交;

第四步　放射自显影分析或免疫杂交分析等。

限制性内切酶是一类能识别双链 DNA 分子中特异碱基序列的 DNA 水解酶,主要存在于原核细胞中。RFLP 是英文 restriction fragment length polymorphism 的缩写,意思是限制性片段长度多态性。1974 年,Grozdicker 等在鉴定温度敏感表型的腺病毒 DNA 突变体时利用了经限制性内切酶酶解后得到的 DNA 片段的差异。1980 年由 Bostein 再次提出,并于 1983 年由 Soller 和 Eckman 最先应用于品种鉴别和品系纯度的测定。RFLP 标记技术的原理是用限制性内切酶酶解样品 DNA,从而产生大量的限制性片段,通过凝胶电泳将 DNA 片段按照各自的长度分开。对于质粒、cpDNA、mtDNA 这样相对分子质量较低的 DNA 分子,限制性内切酶反应之后所产生的 DNA 片段较少,可以直接通过琼脂糖凝胶电泳来分析酶切片段,而真核生物的基因组很大,酶切之后会产生非常多的 DNA 片段,电泳后虽按片段长度分开,但这些片段的长度基本呈连续变化,不能通过琼脂糖凝胶电泳使它们分开,为了把多态片段检测出来,需要将凝胶上的 DNA 变性,通过 Southern 转移至硝酸纤维素滤膜或尼龙膜等支持膜上,使 DNA 单链与支持膜牢固结合,再用放射性同位素(如 32P)或非放射性物质(如生物素、地高辛等)标记的 DNA 作为探针,与膜上的酶切片段分子杂交(即 Southern blotting),若某一位置上的 DNA 酶切片段与探针序列相似,或者说同源程度较高,则标记好的探针就结合于这个位置上,后经放射自显影或酶学检测,即可显示出不同材料对该探针的限制性酶切片段多态性情况,即检出 RFLP。这种 DNA 分子水平上的差异,可能是由于内切酶识别序列的改变,也可能涉及部分片段的缺失,插入,异位,倒位等。RFLP 实际反映了 DNA 分子水平的差异,而且这种变异是可遗传的。当利用同一种限制性内切酶酶解不同品种或同一品种的不同个体时,由于目标 DNA 既有同源性又有变异,因而酶切片段长度就有差异,不同材料显示的杂交带位置也有差异,这种差异就是 RFLP。

限制性片段长度多态性(RFLP)分析在遗传学研究和动植物改良中有着广泛的应用,过去几年中,人们利用RFLP标记对多种动植物的基因组进行了深入的作图研究,这些标记饱和图谱可用于查找有农业应用价值的基因,分析控制数量性状、质量性状的基因,并可揭示物种间或基因组间的遗传关系。

探针的制备:

早期的杂交,探针是用放射性同位素标记的。但近年来非同位素标记的使用越来越广泛,其灵敏度可与同位素标记相当。非同位素标记物有生物素、地高辛、荧光素、过氧化物酶和碱性磷酸酶等,通过抗体发生免疫结合反应检测出杂交体。可用切口平移法、随机引物法、末端标记法、PCR标记法等进行标记。切口平移和随机引物标记为均一标记,而末端标记为非均一标记,只对末端核苷酸进行标记,可选用其中一种标记及检测试剂盒进行标记,下面分别讲述各种标记探针制备的原理。

1. 缺口平移法

制备同位素探针(α-^{32}PdCTP标记)。

利用大肠杆菌聚合酶Ⅰ的5′⟶3′外切酶活性及其5′⟶3′聚合酶活性。其基本原理是在合适温度(12～15℃)和反应条件下,DNA酶Ⅰ(DNaseⅠ)在DNA双链上制造缺口,在DNA聚合酶Ⅰ的5′⟶3′外切酶活性催化下,缺口一侧5′-末端的脱氧核苷酸被逐一水解下来,同时,在DNA聚合酶Ⅰ的5′⟶3′聚合酶活性催化下,反应系统中的相应的脱氧核苷酸将逐一结合到缺口另一侧的3′-OH上,这样水解和聚合同时进行,缺口沿5′⟶3′方向不断移动,反应系统中的脱氧核苷酸将替代DNA链中原有的核苷酸,如果反应系统中加入的是放射同位素标记的脱氧三磷酸核苷酸,即α-^{32}PdNTP,就可得到放射比强度很高的DNA探针。

几点说明:

①^{3}H,^{32}P,^{35}S标记的脱氧三磷酸核苷都可使用,但在Southern印迹杂交、克隆及噬菌斑原位杂交中通常使用^{32}P标记的核苷酸。

②α-^{32}PdCTP和dTTP比dATP、dGTP更为稳定,α-^{32}PdCTP一般在－70℃保存,半衰期为15 d。

③DNaseⅠ的活力影响探针的比活性和标记分子质量的大小,DNaseⅠ稀释50 000×,探针分子质量＜5 kb,稀释500 000,探针分子质量≥20 kb左右。

④0.5 μg DNA作为Southern印迹法杂交的Probe已足够,DNA量和反应体积可扩大或缩小。

⑤Probe标记完毕,在反应液中加入NH_4Ac,使终浓度为0.5 mol/L,加入2×体积冷无水乙醇回收探针,同时在沉淀时,加入一些RNA或所谓运载(Carrier)DNA可提高沉淀率,提高回收率。

2. 核酸的^{125}Ⅰ化学标记制备Probe

该方法在20世纪70年代已被广泛采用。由于其标记的比活性低,半衰期短,用它标记病毒DNA或RNA做探针,标记方法简单而且效果很好。

主要原理是将双链DNA变性成单链,或RNA,而放射性的碘离子在三氧化二铊的催化下产生IOH。IOH与核酸中的胞嘧啶或尿嘧啶反应在其C-5位碘化。

3. 非同位素标记探针的制备

(1)生物素标记探针制备。基本原理依据是生物素探针及其间接ABC(生物素结合蛋白-

生物素-酶复合物)显示系统。

①缺口平移法:以生物素标记的 Dutp(Bio-11-dUTP)为底物,代替 dTTP 进行缺口平移反应,通过酶促合成,得到由生物标记的双链 DNA。

$$\text{已知双链 DNA} \xrightarrow{\text{DNase I}} \text{缺口双链 DNA} \xrightarrow[\text{Bio-11-dUTP, dGTP, dCTP, dATP}]{\text{DNA 聚合酶 I}} \text{B-DNA}$$

②光促生物标记法:光敏生物素是将生物素通过一个碳链,连接一个光敏集团,该集团在强光照射下活化与 DNA(单链或双链),RNA 或蛋白反应,使之与生物素结合。

(2)DIG(地高辛)标记探针制备。用^{32}P 标记探针是一种通用的方法,然而^{32}P 保存时间有限,同时需要特殊的防护装置、废液处理装置,因此限制了它的使用,目前在许多实验中已改用非同位素标记替代^{32}P,如用 DIG-11-dUTP 标记对植物 DNA 进行分析,目前已经成功用到了水稻、马铃薯、番茄、烟草、玉米和小麦等生物方面的研究。

采用地高辛标记的随机引物与已知 DNA 片段变性退火,在 Klenow 的聚合酶活性作用下,将 dNTP(其中 DIG-11-dUTP)逐个连接上去,从而完成 DNA 的标记。

表 9-1 是同位素与非同位素探针比较。

表 9-1 同位素与非同位素探针比较

项目	同位素探针	非同位素探针
安全性	环境污染	无污染
稳定性	具半衰期	长期使用(至少一年),−70℃保存,每次使用时 68℃加热,实验安排更为方便,不受同位素衰减时间限制
重复性与标记数目	一次使用	可标记多个、大量探针以备日后之需。可多次使用,与同位素检测方法相比更为经济
灵敏性	高	不如同位素
结果显示	X-光片自显影,很麻烦	一般直接显示在杂交膜上,室温下曝光即可,无需使用增感屏或−80℃冰箱。曝光时间短(几小时),即一张膜每 3 d 即可重新杂交一次

DNA 探针的末端标记的方法有三种:3′-凹端 Klenow 法补平法,末端转移酶法,T_4-DNA Polymerase 法(置换合成法)。

当基因组 DNA 酶切片段被转移到尼龙膜上,而且探针已制备好之后,就可进行 Southern 杂交了。

目前大都采用 E. M. Southern 于 1975 年首创的 Southern blotting(印记杂交技术)。Southern blotting 是指利用毛细现象将变性 DNA 片段从凝胶转移到硝酸纤维膜或尼龙膜上,加以固定后与已标记的某一 DNA(或 RNA)片段或合成一段寡聚核苷酸作为探针进行杂交,也就是说,用制备的 DNA 探针溶液与它相混合,充分接触,进行同源 DNA 杂交,如果有同源性则当 DNA 探针与待测的非标记单链 DNA(或 RNA)按碱基顺序互补结合时,会以氢键将 2 条单链连接而形成标记 DNA—DNA(或标记 DNA—RNA)的双链杂交分子,这样就可探测重组 DNA 分子中是否有 DNA 片段与探针发生同源性杂交,杂交后带有放射性的 DNA 留在硝酸纤维膜上,将未配对结合的探针洗去后用检测系统(放射自显影或酶检测等)检测杂交反应结果，在X射线底片上出现黑色区带，这就证实了该基因片段是从供体生物中获得的目的基因片段并可进一步计算基因片段的相对分子质量大小(在凝胶电泳时，将相对分质子质量标记作为对照电泳)。如果放射自显影后，没有出现黑色区带(或者仅有黑色假阳性点子)，则要进一步分析实验失败的原因。该方法最初是作为一种核酸转移技术提出来，用来对基因组DNA特定序列进行定位，稍微做改动就可用于质粒、噬菌体和黏粒DNA的酶解产物及PCR产物的转移和检测。由于DNA分子碱基互补的精确性，单链DNA探针仅与样品中变性处理的DNA单链出现配对杂交，由此决定了探针的特异性。

Southern blotting 这项技术自1975年由Southern建立以来只有在几个小的细节上发生了改动，一是固相支持介质发生了变化。起初主要用硝酸纤维素膜，现在已被尼龙膜代替。相比之下，尼龙膜更易于处理，更加牢固和耐用，核酸结合效率高，可进行多次洗膜和杂交，除去探针后，能重复使用数次，尤其是在低离子强度缓冲液中更是如此。此外，还有一个优点，转移至尼龙膜上的DNA可通过紫外线处理进行固定，仅需耗时几分钟，而采用80℃烘烤的方法进行固定则需2 h。二是对探针的标记和检测技术做了改进，这其中除了传统的放射性同位素标记意外，还可以用非同位素进行探针标记。三是对转移的装置做了改进。传统的方法是采用毛细管原理转移，转移时间很长，一般都要过夜(16 h以上)，对于大片段甚至20 h都不能完全转移。现在已发明了电转移装置，不仅转移速度快而且效率还高。当基因组DNA酶切片段被转移到尼龙膜上，而且探针已制备好之后，就可进行Southern杂交了;Southern杂交所获得的信号强度取决于若干因素，包括转移到膜上的基因组DNA的量、膜上固定的DNA与探针序列互补的比例、探针的大小及特异活性等。杂交信号的强度与探针的特异活性成正比而与其长度成反比。一般放射性标记探针在杂交中敏感度比非放射性探针更高些。

Southern blotting 的主要用途:一是鉴定和筛选重组质粒或病毒，建立限制性内切酶谱;二是用来检测各种有机体基因组中的特异性DNA的序列。现在Southern杂交已是分子生物学领域中最常用的基本技术之一，广泛用于基因克隆的筛选、品种鉴别、酶切图谱制作、基因组特定序列的定量和定性检测、基因家族及其成员数、基因突变分析等方面;DNA探针是利用同位素、生物素等标记的特定DNA片段，带有供反应后检测用的合适标记物，并仅与特异靶分子反应。

表9-2是硝酸纤维素膜与尼龙膜性能、特点比较。

表 9-2 硝酸纤维素膜与尼龙膜性能、特点比较

硝酸纤维素膜	尼龙膜
优点比较	
吸附RNA能力强	结合能力强，300～500 $\mu g/cm^2$
杂交本底弱	烘烤或紫外线照射RNA、DNA能力强于NC
吸附蛋白能力低	结合小分子(10 bp)能力强
高盐浓度下，容量80～100 μg DNA/cm^2	机械性能好，不易破坏
80℃烘烤。DNA/RNA靠疏水键结合于膜上	在低离子下转移好，可用电转移
缺点比较	
不能重复使用(因疏水键结合)	本底较高
机械强度低，易碎	
不适合电转移(因该膜需高盐转移，电热高)	
对小分子(小于150 bp)片段结合不好	

可根据各膜的特点、性能与实验所需结合选用。

【实验安排】

时间	内容	时间	内容
第 1 天	样品 DNA 的限制性内切酶消化	第 4 天	DNA 的固定，标记探针制备
第 2 天	琼脂糖凝胶电泳与限制性内切酶图谱	第 5 天	预杂交和杂交
第 3 天	DNA 的变性、转膜装置组装和转膜	第 6 天	洗膜与显色照相

【仪器、材料与试剂】

(一)仪器

(1)恒温烘箱。

(2)恒温水浴锅。

(3)低温台式离心机，台式微量离心机。

(4)4℃冰箱，−20℃冰箱，−80℃冰箱。

(5)灭菌锅。

(6)PCR 仪。

(7)移液器。

(8)电子天平。

(9)琼脂糖凝胶电泳装置。

(10)凝胶成像系统。

(11)恒温摇床。

(12)杂交恒温箱。

(13)增感屏、杂交管。

(14)放射性探测仪。

(二)药品、材料

(1)为了分析限制性内切酶片段的多态性，一般选用亲缘关系较密切的几种植物基因组总 DNA，待标记的 DNA 探针[选用^{32}P-DNA 探针或 DIG(地高辛)标记探针]。

(2)三羟甲基氨基甲烷-盐酸(Tris-HCl)。

(3)乙二胺四乙酸(EDTA)。

(4)氯化钠(NaCl)。

(5)氢氧化钠(NaOH)。

(6)Tris-硼酸。

(7)溴化乙锭。

(8)马来酸(maleic acid)。

(9)冰乙酸。

(10)十二烷基硫酸钠(SDS)。

(11)N-肌氨酸。

(12)Tween20。

(13)牛血清蛋白(BSA)。

(14)磷酸钠(Na_3PO_4)。

(15)磷酸二氢钠(NaH_2PO_4)。

(16)磷酸氢二钠(Na_2HPO_4)。

(17)无水碳酸钠。

(18)柠檬酸钠。

(19)无水亚硫酸钠。

(20)特异基因引物(上游引物1、下游引物2)。

(21)DNA分子质量标准。

(22)硫酸铝钾。

(23)对苯二酚。

(24)溴化钾。

(25)溴酚蓝。

(26)蔗糖。

(27)琼脂糖。

(28)限制性内切酶(常用内切酶:*Eco*RⅠ、*Bam*HⅠ、*Hin*dⅢ和*Xba*Ⅰ,根据情况选用)。

(29)DIG标记及检测试剂盒。

(30)塑料离心管:0.5 mL、1.5 mL、2 mL。

(31)搪瓷方盘或大培养皿、量筒、烧杯。

(32)吸头:1 mL、200 μL、10 μL。

(33)普通滤纸、吸水纸、硝酸纤维素膜或尼龙膜。

(34)托盘,杂交盒。

(35)平头镊子,剪刀。

(36)玻璃板。

(37)重物(约500 g)。

(38)X光片。

(三)试剂

(1)1×TE (10 mmol/L Tris-HCl,1 mmol/L EDTA,pH 8.0)。

(2)3 moL/L NaCl;10 mol/L NaOH。

(3)TAE电泳缓冲液,1×TBE电泳缓冲液(0.045 mol/L Tris-硼酸,0.001 mol/L EDTA)。

(4)加样缓冲液。

(5)0.5 μg/μL溴化乙锭溶液,溴化乙锭贮液(10 mg/mL)。

(6)10×TBE电泳缓冲液。

(7)0.25 mol/L HCl。

(8)变性液(1.5 mol/L NaCl,0.5 mol/L NaOH)。

(9)中和液(1.5 mol/L NaCl,0.5 mol/L Tris-Cl pH 7.4)。

(10)maleic acid buffer:0.1 mol/L maleic acid,0.15 mol/L NaCl,用固体NaOH调pH至7.5。

(11)washing buffer:0.1 mol/L maleic acid,0.15 mol/L NaCl,用固体NaOH调至pH

7.5，0.3%Tween20（体积分数）。

（12）detection buffer：0.1 mol/L Tris-Cl，0.1 mol/L NaCl，pH 9.5。

（13）blocking solution：用 maleic acid buffer 将 10×blocking solution 稀释 10 倍（见试剂盒）。

（14）antibody solution：在 blocking solution 中加入 1/5 000 anti-digoxigenin-AP。

（15）杂交液（5×SSC，0.5%SDS，0.1%N-肌氨酸），预杂交液（church buffer）：[终浓度为7%SDS、1% BSA、1 mmol/L EDTA（pH8.0）、配制 500 mL Na_3PO_4：取 70 mL 1 mol/L NaH_2PO_4、360 mL 0.5 mol/L Na_2HPO_4、70 mL H_2O]。

（16）洗膜液：不同种类的尼龙膜其所采用的转移缓冲液和洗膜液不同。

洗膜液Ⅰ：2×SSC（30 mmol/L 柠檬酸钠，0.3 mol/L NaCl，pH 7.0），0.1%SDS；

洗膜液Ⅱ：0.5×SSC，0.1% SDS；

洗膜液Ⅲ：0.1×SSC [0.1×SSC（1.5 mmol/L 柠檬酸钠，15 mmol/L NaCl，pH 7.0）]，0.1 %SDS。

（17）显色液：10 mL detection buffer 中加 200 mL NBT/BCIP 储液（现用现配，避光）。

（18）0.2%牛血清蛋白。

（19）0.8%琼脂糖凝胶（体积 200 mL）（1×TBE 配制）。

（20）探针洗脱液（0.2 mol/L NaOH，0.1%SDS）。

（21）10×PCR 反应缓冲液。

（22）10%SDS 溶液或 1%SDS、0.1%SDS 溶液、10×SSC 或 20×SSC 溶液。

（23）20×SSC（800 mL H_2O 溶解 175.3 g NaCl 和 88.2 g 柠檬酸钠，用几滴 14 mol/L HCl 或数滴 10 mol/L NaOH 调 pH 至 7.0，加水定容至 1 L。分装后高压灭菌，试剂终浓度为 3.0 mol/L NaCl 和 0.3 mol/L 柠檬酸钠）。

（24）10%（质量浓度）SDS（配制时 68℃加热助溶，浓盐酸调 pH 至 7.4，定容室温保存）。

（25）0.2 mol/L EDTA（pH 8.0）。

（26）TE-buffer（10 mmol/L Tris-HCl，1 mmol/L EDTA，pH 8.0）。

（27）限制性内切酶及其相应缓冲体系。

【操作步骤】

（一）样品 DNA 的限制性内切酶消化

酶切所需 DNA 的量为 20～60 μg，所需限制性内切酶量为 10 U 酶/1 μg DNA，可用不同的限制性内切酶对测试植物基因组 DNA 进行消化，既可以是单酶切，也可以是双酶切或多酶切。选酶的原则是酶切后应产生可以被检测的 DNA 片段，通过杂交能提供足够的所需信息。一般最好使用价格低的可识别 6 个碱基序列的内切酶，避免使用甲基化敏感酶，因可能会导致基因组酶切效果不好。检测某个基因在基因组中的拷贝数或外源基因在基因组中的整合情况时，选择该基因内部无位点的酶进行消化，杂交结果为一条带时，表明该基因为单拷贝或已整合到基因组中的一个位点上。

一般的植物基因组总 DNA 用量为 20～60 μg，本体系以棉花基因组为例。由于植物 DNA 纯度往往不高，因此常用 5～10 倍的限制性内切酶（一般为 *Eco*RⅠ、*Bam*HⅠ、*Hin*dⅢ和 *Xba*Ⅰ这几种内切酶）对基因组 DNA 进行酶切。反应体积可根据 DNA 的含量、所加酶的体积而定。在 1 mL的 Eppendorf 管中，加入下列溶液，总体积为 100 μL。具体操作步骤如下：

(1)DNA 稀释并加入 10×buffer 后,于 4℃放置 4 h。

(2)用枪头尖或温和地搅拌该 DNA 溶液。

(3)加入限制性内切酶后,轻弹使其混匀。

(4)37℃酶解,适当延长酶解时间以保证充分完全酶切,一般都酶解过夜,约需 12 h,65℃加热 10 min 终止酶切反应,在整个操作期间尽量不要剧烈振荡混合,以免 DNA 发生剪切。

DNA(0.7 μg/mL)	30 μL
10×buffer	10 μL
100×BSA	10 μL(有些内切酶需要加 BSA,根据说明书而定)
限制性内切酶	10 μL(20 U/mL)
ddH_2O	40 μL
总	100 μL

(二)琼脂糖凝胶电泳与限制性内切酶图谱

在酶切结束后,如果是检测重组质粒或病毒,则 DNA 用量为 μg 数量级,检测高等生物基因组中的单拷贝基因,则 DNA 用量为 2~8 μg,可采用荧光定量法测定浓度,本体系中取 5 μL 即可。

配置 0.8%的琼脂糖凝胶,在凝胶冷却到 60℃时,加入溴化乙锭(EB)摇匀,作为荧光染色标记物[比例是每 10 mL 凝胶加 0.5 μL 溴化乙锭贮藏液(终浓度为 500 ng/mL),也可以在电泳结束后采用溴化乙锭染色后直接在紫外灯下进行观察],再取 5 μL 的酶切消化产物进行点样,在样品外侧 1~2 个泳道加上 DNA 标准相对分子质量(DNA marker,其大小应包含所有待检测片段的大小),同时还要设置阳性对照和阴性对照,以便于对转膜、杂交等过程进行监测,凝胶和电泳缓冲液最好用 0.5×TBE 或 1×TAE,凝胶最好在 4℃缓慢电泳(原则上<1 V/cm),以防止 DNA 片段出现弥散,一般选择 25 V 开始电泳并过夜,以检测其酶切是否完全。当 DNA 样品蓝色标记线迁移至凝胶全长的 2/3~3/4 处时,结束电泳。然后在紫外灯下拍照。由于 DNA 在凝胶中会扩散,因而最好不要将凝胶放置超过 1 d。如果样品酶切是很完全的,则其产物在泳道应呈现均匀的弥散状,电泳看不到主带,表示酶切已完全,如果酶切彻底,就向酶切体系中加入 2 倍体积无水乙醇－70℃沉淀 30 min,离心倒去乙醇,吹干沉淀,加 TE 溶解,4℃溶解 2 d,消化产物于－20℃保存备用。其中在电泳检测时还经常可见一些明亮条带,这是重复序列而不是电泳假象。如果靠近点样孔附近有一条明显亮带,说明酶切不完全。如果泳道的边缘较亮,表明点样过大。如果泳道中间变宽,下段前沿变细小,则是由于电压较高造成的结果。如果出现上述不正常的情况,则随后的实验应改变酶切系统或电泳条件或重新提取并纯化待测样品 DNA。酶切效果如图 9-1 所示。

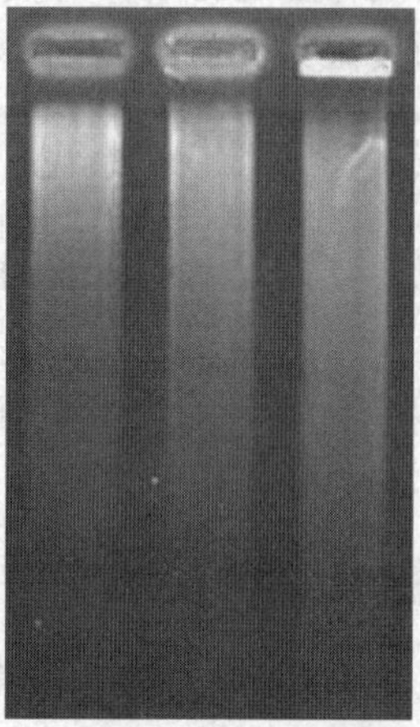

图 9-1　植物 DNA 酶切图谱

(三)DNA 的变性、转膜装置组装和转膜

采用毛细管转移法可将酶切好的 DNA 片段从琼脂糖凝胶中转移至尼龙膜上,转移速率取决于 DNA 片段的大小和凝胶的浓度。小片段 DNA(<1 kb)在 1 h 内将能从 0.7%凝胶中几乎定量转移,而较大的片段转移缓慢而且效率低,如 15 kb 以上的片段至少需要 18 h 以上的转移。一般地,先用弱酸进行部分

脱嘌呤，随后用强碱水解脱嘌呤部位的磷酸二酯主链，产生小片段 DNA（约 1 kb），然后可进行高效快速的转移。但重要的是要防止过度脱嘌呤，否则 DNA 片段太小不能有效结合到尼龙膜上，同时导致放射性自显影片上出现模糊条带。因此，建议只有当预知靶片段长度大于 15 kb 时才进行脱嘌呤处理。毛细管转移中常用的转移缓冲液为高盐溶液和碱溶液，本实验主要介绍高盐转移，即用 20×SSC 或 20×SSPE 作为转移缓冲液在中性条件下的转移。具体实验操作步骤如下：

(1)将酶切好的基因组 DNA 依次加于 0.8%的琼脂糖凝胶（不加 EB）上，36 V 左右电泳过夜，当溴酚蓝跑至凝胶的 3/4 处时，停止电泳，在紧靠相对分子质量标准（Marker）泳道放一把紫外照相专用标尺。用刀切去凝胶多余的部分（如未用的泳道，加样孔以上边缘部分），记录凝胶的长与宽，在凝胶左下方切去一角，作为凝胶方向的标记（这有助于在后续操作中辨认凝胶的方向）。切胶时不要在紫外灯上直接操作，否则极易划伤石英玻璃。

(2)对于大于 15 kb 的条带，可采用将凝胶放置在 500 mL 0.25 mol/L 的 HCl 中浸泡 2 次，每次 8 min，期间不停地摇动，直到溴酚蓝变黄，二甲苯青变成黄色/绿色后，迅速将 HCl 倒入废液缸。因为强酸会导致 DNA 脱嘌呤碱基，使其适合于分离待测片段大于 2 kb 的 DNA，更利于转膜。但是，过度脱嘌呤会导致 DNA 断裂成较小片段。

(3)用超纯水冲洗凝胶 3 次，完后将凝胶浸入 500 mL 的碱性变性液中（0.5 mol/L NaOH，1.5 mol/L NaCl，在摇床上缓慢摇动 45 min，对 DNA 进行变性处理。

(4)倒掉变性液，用超纯水冲洗凝胶 2 次，加入数倍体积的中和液（0.5 mol/L Tris-HCl，用 20×SSC 配制，pH 5.5；20×SSC：3 mol/L NaCl，0.3 mol/L 柠檬酸三钠盐，pH 7.6），轻轻摇动 30 min，更换新鲜中和液，重复一次。

(5)在上一步中和凝胶的同时，搭建的转移装置如图 9-2 所示，在一瓷盘内放置一个比凝胶长且宽的支持平台，在平台上铺放 3～4 张 3 mm 左右厚度的滤纸，用变性液浸湿滤纸，滤纸两端垂入盘内的转移缓冲液中，剪一块比凝胶大 2 mm 的尼龙膜，将膜漂浮在超纯水上，使从底部开始完全湿润，然后转移至盛有 10×SSC 的转移缓冲溶液平盘中，浸泡至少 5 min，用干净的解剖刀切下膜的一角，与凝胶所切下的角一致。在瓷盘内加入适当的转移缓冲液，直到液面几乎与支持物平台表面平齐，但转移缓冲液液面要低于平台，当平台上的滤纸完全浸湿后，用玻璃棒赶走滤纸下的气泡（注意：需戴一次性 PE 手套和钝头镊子，沾有油污的膜不易浸湿，膜的浸湿完全与否，对 DNA 的转移至关重要）。

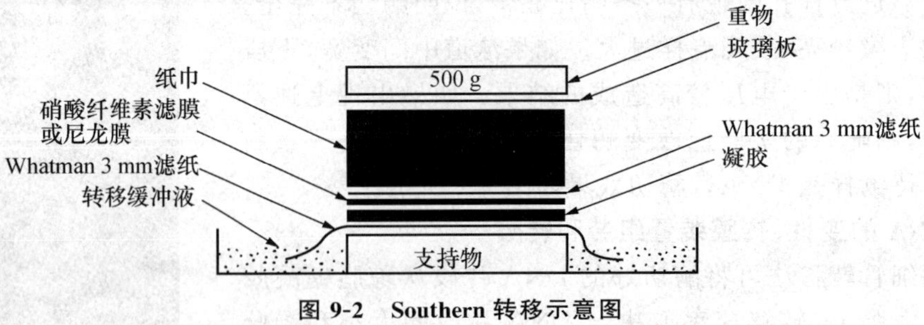

图 9-2 Southern 转移示意图

(6)将凝胶从中和液中取出，倒转使原来的底面向上，置于转移平台的滤纸中央，用玻璃棒赶走凝胶与吸水纸间的气泡，用 parafilm 膜围绕凝胶四周进行封闭，但不能覆盖凝胶，以屏蔽转移缓冲液从凝胶周围短路流入吸水纸。

(7)用适当的转移缓冲溶液将凝胶湿润。将湿润的尼龙膜放置于凝胶上并使两者的切角相互重叠,为避免产生气泡,应该先让膜的一角与凝胶接触再缓慢地将膜放到凝胶上,膜的一边应恰好超过凝胶上部加样孔一线的边缘,膜一旦放在凝胶上就不要再移动了,如在膜和凝胶之间还有气泡应及时用玻璃棒赶走气泡。

(8)把三张预先用 10×SSC 浸泡的与胶大小相同 3 mm 厚的滤纸覆盖于胶上,对齐,用玻璃棒赶净两者间的气泡。

(9)切一叠略小于滤纸的纸巾(5～8 cm 厚),将纸巾放在滤纸之上,在纸巾顶部放一块玻璃板然后用一个 500 g 左右的重物压实。

(10)在进行基因组 DNA 的 Southern 印迹时最好是转膜过夜(因为 15 kb 左右的大片段需要 15 h 才能转移完全,但如果是转移小片段 DNA,如质粒消化产物,只要定时更换吸水纸,转移过程即可加快至在几小时内完成),转印进行 12～24 h。在纸巾湿透后更换一次或数次新的纸巾,定期注意观察,盘内必须有足够的转移液,保证转移系统连续工作。在整个操作过程中最好戴上一次性的塑料手套,防止接触到膜。

(11)转移结束后,弃去凝胶上的纸巾和滤纸,翻转纤维素膜(尼龙膜)和与之接触的凝胶,凝胶朝上平放于干燥的吸水纸上,用极软的铅笔或圆珠笔在纤维素膜(尼龙膜)上标记加样孔位置,将凝胶从膜上剥离,为了估计 DNA 转移效率,把凝胶置于 0.5 μg/L 溴化乙锭溶液中重新染色 20～45 min,紫外成像检测凝胶上 DNA 的残留量,检查转移是否安全,原则上凝胶上的 DNA 均转移到了尼龙膜上,凝胶在紫外灯下不再产生荧光。

(四)DNA 的固定

1. 带正电荷的尼龙膜的碱性转移

碱性缓冲溶液会使 DNA 共价结合于带正电荷的尼龙膜上,因而不需要固定,直接将膜浸入 2×SSC 的中和缓冲液,室温 20 min,浸泡以除去黏在膜上的琼脂糖凝胶碎片,同时使膜中和。取出尼龙膜,置于一张干滤纸上,室温干燥 30 min,然后将尼龙膜夹在两张干滤纸中间,80℃烘烤固定 2 h。

2. 不带电荷的中性尼龙膜的中性转移

(1)将 Southern 膜浸入 6×SSC,室温放置 10 min,以除去黏附在膜上的凝胶碎片。

(2)真空烘烤固定:将膜从 6×SSC 中取出,并使多余的液体流净。将膜放在滤纸上室温下晾干后,于 80℃(用铝箔纸包裹)真空炉烘烤尼龙膜 2 h,将 DNA 固定在膜上。

(3)紫外照射交联:将潮湿的膜放在一张干燥的滤纸上,用 254 nm 的紫外线照射使 DNA 交联到膜上,一般照射 5 min(其原理是紫外线照射使 DNA 中的一小部分胸腺嘧啶残基与膜表面带正电荷的氨基基团之间形成共价交联,但过量照射将导致大部分的胸腺嘧啶共价结合而降低杂交信号。同时,紫外线照射可能增强某些带正电荷的尼龙膜的杂交信号背景,因而应当使膜上带有 DNA 的一面朝向紫外。建议对潮湿的膜采用总量 1.5 J/cm^2,干燥的膜采用 0.15 J/cm^2)。

(4)如果不立即用于杂交,滤膜都应该固定 DNA 并充分干燥,完后可放入封口塑料袋(或用保鲜膜包好)于 4℃或−20℃保存数月。采用 Southern 法转移的膜制备好以后,就可用于杂交了,用放射性或非同位素标记的探针都可以。

(五)标记探针制备

为了减少探针的非特异性扩增,最好不要以基因组 DNA 为模板直接合成探针。需要对合成探针的片段进行 PCR 扩增并用胶回收目的片段,回收后浓度一般为 20~40 ng,可作为探针合成模板使用。

1. 非同位素 DIG 标记探针

(1)将扩增回收好的 DNA 片段(500 ng 以上)稀释倒 16 μL,用 parafilm 膜封口后在沸水中加热 10 min,迅速置于碎冰中 2 min 以上。

(2)4℃短暂离心后,置碎冰中加入 DIG-High Prime (试剂盒第 1 管)4 μL。用吸头反复吹吸混匀,37℃温浴至少 16~20 h。

(3)反应结束后加入 2 μL 0.2 mol/L EDTA(pH 8.0)以终止反应。

(4)标好的探针用 QIAGEN(德国)的 QIAquick Nucleotide Removal Kit 进行纯化。

2. 放射性同位素标记

随机引物标记的原理是模板 DNA 变性成单链后与寡核苷酸随机引物杂交,形成局部的双链区,在 DNA 聚合酶Ⅰ的 Klenow 片段催化下,链从 5′向 3′聚合延伸,随着标记的核苷酸的掺入,互补链得到标记。随机引物标记的探针一般长 400~600 bp。具体实验步骤如下:

(1)模板 DNA 片段的制备。通过 PCR、质粒酶解等,分离纯化模板 DNA,总量应达 1 μg。

(2)建立标记反应。在微量离心管中加入下列溶液,混匀。

模板 DNA	25~1 000 ng
随机引物	2 μL
加水至	5 μL

95℃变性 5 min,迅速置于冰上,放置 5 min。瞬时离心后,加入以下溶液:

10×缓冲液	2.5 μL
dNTP 混合物(各 5 mmoL/L)	2.5 μL
用于标记的 dCTP(50 μg)	5 μL
Klenow 酶(5 U)	1 μL
加水至终体积	25 μL

(3)混匀后,瞬时离心,于 37℃下反应 30~60 min。

(4)65℃加热 10 min 使酶失活。

(5)探针的纯化。制备好的探针由于大量标记的核苷酸被掺入,可直接用于杂交。但由于游离的未标记前体的存在,往往使杂交背景很高,因此有必要对探针进行纯化。可用乙醇和醋酸氨选择性沉淀,除去未掺入的 dNTP。

(六)预杂交和杂交

在此介绍用 DIG-Labeling Probe 进行杂交的方法:

DNA 的分子杂交实质上是变性了的双链 DNA 分子与其同源序列的复性过程。影响复性的因素有 DNA 的浓度、相对分子质量和复杂度、温度、离子强度等。DNA 浓度越大复性越快,相对分子质量高而且越复杂复性越慢。温度越高越有利于变性而不利于复性,温度太低也难以复性。标准杂交液的杂交温度在 65~68℃,加有 50%的甲酰胺的杂交液或高 SDS Buffer 的杂交温度为 37~42℃。

杂交和滤膜洗涤溶液盐浓度的高低取决于探针与样品 DNA 之间同源性的大小,如探针

DNA和样品DNA来源于同种生物，应该使用低盐浓度，如0.1×SSC，此时洗涤效果为高强度。反之，如果探针DNA与样品DNA来源于不同种类，则应采用高盐浓度洗涤液，此时洗涤效果为低强度。在杂交液中加入甲酰胺可降低杂交温度，但甲酰胺价格较贵且具有毒性，不用或用时注意。具体实验步骤如下：

1. 预杂交

预杂交是用非特异性DNA分子(鲑鱼精DNA或小牛胸腺DNA)或其他高分子化合物(聚蔗糖400和牛血清蛋白等)将尼龙膜上的非特异性位点封闭，避免了探针与尼龙膜本身及其与非特异性核酸的结合。

(1)准备好适量的杂交液(10 mL/100 cm^2 膜)，预热至杂交温度65℃。

(2)用5×SSC溶液浸洗Southern膜两次。

(3)膜转至一个装有每张膜至少40 mL不含有Probe杂交液的平底塑料盒中(一次最多可同时杂交10张膜)。

(4)65℃保温1.5 h，小心赶尽气泡，轻微振荡(8～15 r/min)，进行预杂交，30 min至6 h。

2. 探针的变性

将纯化好的探针在100℃下加热10 min变性探针(如果用量少可在PCR仪中操作)，然后迅速放在冰上骤冷5 min。

3. 杂交

将膜放入可加热封口的塑料袋中(或杂交箱中)，每个塑料袋放一张膜，加入40 mL含有变性探针(20 ng/mL)的新鲜杂交液。小心，不要将杂交液直接加到膜上，赶尽气泡后封口，杂交袋恒温65℃轻轻摇晃，杂交过夜。在预杂交、杂交和洗涤的过程当中，不要使杂交膜干涸，取杂交膜时需戴一次性手套。

(七)洗膜与显色照相

杂交后的洗膜是用不同离子浓度的溶液依次漂洗杂交膜，以除去游离的及非特异性结合的探针。洗膜液的温度、离子强度和时间影响洗膜效果。洗膜温度应该是能解离非特异性杂交体而保留特异性杂交体。采用(0.1～2)×SSC的洗膜液，同时加入0.1%SDS以促进非特异性杂交体解离。离子强度越低，洗膜越严紧。以下程序可用于在同一平底塑料盒中同时处理1～10张膜，取膜时应使用两把平头镊子，杂交完毕后需按下列程序洗膜与显色。

(1)准备好足量的洗膜液。

(2)杂交结束后，若是用杂交箱则做好标记取出并放入洗膜液，若用塑料袋则剪去杂交袋一角，倒尽杂交液，用过的杂交液可置于4℃或−20℃长期保存并可用于该探针的重复再杂交，也可弃杂交液至废液缸中。沿3条边缘剪开杂交袋，取出膜并立即浸入一个装有数毫升洗膜液Ⅰ(2×SSC，0.1% SDS，每张膜需120 mL)的浅盘中，37℃下在水浴摇床或杂交箱中轻微振荡保温漂洗2次，每次10 min，切忌将膜干燥。

(3)将膜转移至另一个装有足量洗膜液Ⅱ(0.5×SSC，0.1% SDS，每张膜需120 mL)的平底塑料盒中，预热到68℃，在水浴摇床或杂交箱中轻微振荡保温漂洗两次，每次30 min。

(4)室温下，用0.1×SSC洗去膜上的泡沫。

(5)37℃下用washing buffer漂洗1～5 min后于100 mL blocking solution中浸泡30 min。blocking solution的使用效果与鲱(鲑)鱼精DNA的作用类似，都用于饱和探针DNA结合位点以外的其他部位，可降低背景干扰。

(6)在适量 antibody solution(20 mL/膜)中,37℃下浸 30 min。

(7)用大体积的 washing buffer,其量能够满足覆盖到整张膜的表面,约 100 mL,37℃下洗膜 2 次,每次 15 min。

(8)用 detection buffer 平衡 2～5 min,然后将膜置于 10 mL 显色液中,37℃下避光显色 3～6 h,不能震荡,反应液现用现配,避光保存,在室温下可稳定 6 h。

(9)当颜色(粉红色或蓝色)达到所要的深度,用 TE 或用 50 mL 超纯水冲洗 5 min 以终止反应。

(10)将膜取出,扫描或照相作为记录。当膜干燥时颜色可能会变浅,但是再弄湿又可以显示杂交带。

【实验结果】

如果样品 DNA 酶切完全,即可用于不同样品间的酶切图谱比较分析,或进行下一个实验,即琼脂糖凝胶电泳及 Southern 转移,经显色反应后,分子杂交的实验结果可反映出探针与基因组 DNA 酶切片段杂交情况。例如,为了确定 *GhWDR* 基因在棉花基因组中的拷贝数,用 *Xba* Ⅰ、*Bam*HⅠ和 *Xho* Ⅰ完全酶切陆地棉 TM-1 基因组 DNA,经毛细管作用转移到 Hybond N+ 尼龙膜上,用地高辛标记的 GhWDRcDNA 片段做探针进行杂交。杂交结果表明,用 *Bam*HⅠ和 *Xho* Ⅰ酶切后显示两条清晰的带,用 *Xba* Ⅰ酶切有一条强带和一条弱带(图 9-3),这说明 *GhWDR* 在陆地棉基因组中有两个拷贝。

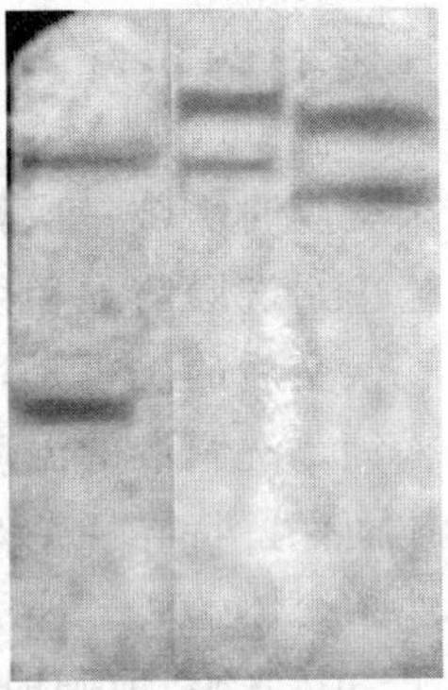

图 9-3 *GhWDR* 基因的 Southern 杂交分析

【问题与讨论】

(1)在转膜结束后,经紫外光检测,凝胶中仍有溴化乙锭发出的荧光信号,这可能是由于:①转移时间不够长;②脱嘌呤处理不完全;③吸水纸用量不够,毛细管作用不足以把 DNA 吸到膜上;④凝胶四周的封口没有封好,使溶液不经凝胶直接吸入吸水纸中。

(2)在 Southern 杂交过程中,放置玻璃板的目的就是吸水纸保持平整,并且受力均匀,可以采用多次更换已经湿润的吸水纸,缩短转膜时间。玻璃板与滤纸间以及滤纸与滤纸如果出现气泡,可能就会阻断毛细管作用,影响转膜的效果,因此实验中可采用干净的玻璃棒来回挤压去除气泡,使得滤纸、膜和凝胶紧密地接触。

(3)没有出现预期的条带,可能有如下几种原因:样品中探针的目标 DNA 量不足;探针和目标基因的特异性差,建议重新核查探针;洗脱时出现了问题,因为洗脱条件、时间和温度都可能影响到结果。

(4)酶解不一定要过夜,不过反应时间越长所用的酶量就越少。

(5)DNA 样品经消化后在各泳道中条带的亮度应一致,否则表明各样品浓度不一致,或表明酶切不完全。DNA 浓度通常难以精确测定,可以通过调节加样体积来调节 DNA 的加样量。

(6)选用的 DNA 相对分子质量其涵盖的相对分子质量范围要大。

(7)由于紫外线照射会降低 DNA 互补杂交的能力,因此应尽量缩短凝胶在紫外灯下的暴露时间。

(8)转移时吸水纸上的重物不可太重,因为转移靠的是毛细管作用。重物过重会将胶压扁并且导致杂交条带变宽。

(9)封口膜封边时，一定要紧密，转膜缓冲液只能从凝胶部分直接到达吸水纸，不能出现短路现象。

(10)回收的杂交液重复使用前应煮沸 10 min。

(11)在操作过程中不可在操作场所抽烟、饮食或喝水，在处理试剂或检验时要戴一次性手套。

(12)放射性废物不得随意丢弃，应统一回收，主要采用放置法，放射物质应在指定地点并采用适当的屏蔽物加以防护，待其自然衰变后，当作非放射性废物处理即可。放射性药品在使用过程中除注意公众防护外，还应注意工作人员全身的防护，尽量减少对工作人员的辐射剂量，防止污染环境。

(王有武　编写)

实验十 RNA的分子杂交

【概述】

RNA 的分子杂交，也叫 Northern 杂交(Northern blotting)，是利用 DNA 或 RNA 探针可以与膜上的 RNA 进行分子杂交来检测特异性 RNA 的技术。1975 年，英国人 Edwin Southern 发明了 DNA 杂交检测技术，科学界以发明者的名字将其命名为 Southern 杂交(Southern blotting)。之后，美国斯坦福大学的 James Alwine,David Kemp 和 George Stark 于 1977 年在 PNAS 上发表文章，提出了类似于 Southern blotting，但却是用来检测 RNA 的技术。由于跟 Southern blotting 比较相近，于是便有了 Northern blotting 这个名称。

Northern blotting 与 Southern blotting 比较容易混淆，两种技术最关键的区别在于待检测核酸的属性，如果被检测的是 DNA，则该技术就是 Southern blotting，其探针可以是 DNA 也可以是 RNA；类似地，如果被检测的是 RNA，不管探针是 RNA 还是 DNA，该方法都叫 Northern blotting。Northern blotting 的原理是在变性条件下将待检的 RNA 样品进行琼脂糖凝胶电泳，继而按照同 Southern blotting 相同的原理进行转膜和用探针进行杂交检测(图 10-1)。Northern blotting 的操作步骤较繁琐，且对 RNase 污染非常敏感，任一步操作不当都会严重影响实验结果。

进行 Northern blotting 的样品可以是细胞总 RNA，也可以是通过 Oligo-dT 色谱柱纯化得到的 mRNA。同 Southern blotting 不同的是，RNA 样品不需要酶切即可直接进行琼脂糖凝胶电泳。其电泳需在变性条件下进行，以去除 RNA 中的二级结构，保证 RNA 完全按分子大小分离。由于碱性溶液可使 RNA 水解，因此 RNA 通常不进行碱变性，而是采用甲醛等进行变性电泳。电泳后的琼脂糖凝胶用与 Southern blotting 转移相同的方法将 RNA 转移到硝酸纤维素滤膜或尼龙膜上，然后与探针杂交。探针的序列需要和检测目的基因序列互补配对，探针可以是 RNA、DNA 或者其他的寡聚核苷酸，但最小的长度必须大于 25 bp。探针可以采用地高辛(digoxinenin)或者放射性同位素来进行标记。

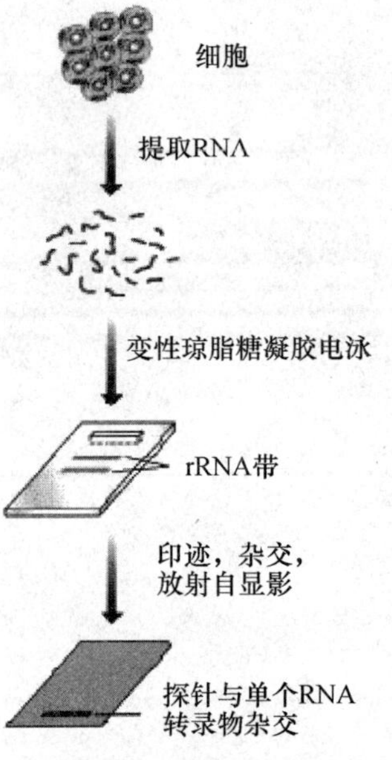

图 10-1 RNA 分子杂交技术原理示意图

地高辛标记探针是目前应用最广泛的非放射性标记探针之一。地高辛是一种来自毛地黄属植物花与叶的类固醇类半抗原，其通过一个 11 个碳原子的连接臂与尿嘧啶核苷酸嘧啶环上的第 5 个碳原子相连，形成地高辛标记的尿苷酸(DIG-11-UTP)。本实验通过体外转录法将 DIG-11-UTP 掺入到 RNA 分子探针中。

地高辛标记的 RNA 探针与膜上的 mRNA 分子杂交后，带有地高辛分子的杂交子通过酶联免疫反应和化学发光底物 CDP-Star 进行化学发光检测。CDP-Star 在碱性磷酸酶的作用下产生激发光，其最大吸收波长在 465 nm，激发光可用 X 光片进行记录。

Northern blotting 是检测、定量 mRNA 大小及在组织中表达水平的标准方法，既能直接提供有关 RNA 完整性、不同的剪接信息及 mRNA 大小等信息，也是在同一张膜上直接比较同一信息在不同样品中表达丰度的首选方法。

【实验安排】

时间	内 容
第 1 天	准备工作：配制实验所需各种缓冲液并灭菌；清洗 RNA 电泳装置，准备转膜装置
第 2 天	RNA 甲醛变性胶电泳；转膜过夜
第 3 天	制备杂交探针；杂交过夜
第 4 天	免疫显色

【仪器、材料与试剂】

(一)仪器

(1)电子天平。

(2)琼脂糖凝胶电泳装置。

(3)凝胶成像系统。

(4)移液器。

(5)微波炉。

(6)恒温水浴箱。

(7)真空炉。

(8)杂交炉。

(9)脱色摇床。

(10)离心机。

(11)紫外分光光度计。

(二)药品、材料

(1)总 RNA 样品或 mRNA 样品为待检测样品。

(2)探针模板 DNA。

(3)罗氏公司(Roche)的 DIG Northern Starter Kit。

(4)三羟甲基氨基甲烷-盐酸(Tris-HCl)。

(5)乙二胺四乙酸(EDTA)。

(6)吗啉代丙磺酸(MOPS)。

(7)甲醛。

(8)乙酸钠(NaAc)。

(9)甲酰胺。

(10)甘油。

(11)溴酚蓝。

(12)焦碳酸二乙酯(DEPC)。

(13)柠檬酸三钠。

(14)氯化钠(NaCl)。

(15)马来酸。

(16)Tween 20。

(17)十二烷基硫酸钠(SDS)。

(18)琼脂糖。

(19)溴化乙锭(EB)。

(20)3MM 滤纸。

(21)带正电的尼龙膜。

(22)Parafilm 膜。

(23)纸巾。

(24)塑料盒。

(25)托盘。

(26)有机玻璃板。

(27)玻璃棒。

(28)500 g 重物。

(29)X-光片。

(30)吸头:1 mL、200 μL、10 μL。

(三)试剂

(1)罗氏公司(Roche)的 DIG Northern Starter Kit(包含 5×Labeling Mix、5×转录缓冲液、RNA 聚合酶、DNase Ⅰ、DIG Easy Hyb 缓冲液、10×blocking solution、抗地高辛抗体、CDP-star)。

(2)10×甲醛凝胶电泳缓冲液:0.2 mol/L MOPS[3-(N-吗啉代)丙烷磺酸,3-(N-morpholino)propane sulfonic acid],50 mmol/L NaAc,10 mmol/L EDTA。

(3)5×甲醛凝胶加样缓冲液:在 15 mL 灭菌离心管中,依次加入以下各种成分:4.0 mL 10×甲醛凝胶电泳缓冲液,3.1 mL 甲酰胺,2.0 mL 100%的甘油,720 μL 37%的甲醛,80 μL 0.5 mol/L EDTA(pH 8.0),16 μL 水饱和的溴酚蓝,100 μL DEPC 水,混匀,分装,−20℃保存。

(4)20×SSC:NaCl 175.3 g、柠檬酸三钠 88.2 g,加 ddH_2O 至 800 mL,调 pH 至 7.0,定容至 1 000 mL。高压灭菌。

(5)马来酸缓冲液:0.1 mol/L 马来酸,0.15 mol/L NaCl,pH 7.5。

(6)洗涤溶液:马来酸缓冲液,0.3%(体积分数) Tween 20。

(7)封闭溶液:用马来酸缓冲液按照 1∶10 的比例将 10×blocking solution 稀释成 1×工作溶液。

(8)抗体溶液:用封闭溶液按照 1∶10 000(75 mU/mL)的比例稀释抗地高辛抗体。

(9)检测溶液:0.1 mol/L Tris-HCl,0.1 mol/L NaCl,pH 9.5。

(10)琼脂糖凝胶(1.2%)。

(11)DEPC(焦碳酸二乙酯)(0.1%)。

(12)甲醛(2%)。

(13)溴化乙锭(1.0 mg/mL)。

(14)NaOH(0.1 mol/L)。

(15)EDTA(pH 8.0)。

(16)SDS(0.1%)。

【操作步骤】

(一)RNA 变性胶电泳

注意:RNA 变性胶电泳前需首先彻底清洗电泳装置:先用去污剂将电泳槽清洗干净,100%酒精擦洗,干燥,3% H_2O_2 溶液浸泡 5 min,用无 DEPC 水冲洗 3~4 遍。

(1)称取琼脂糖 0.9 g,加入 DEPC 水 63.45 mL,10×甲醛凝胶电泳缓冲液 7.5 mL,配制成 1.2%的琼脂糖凝胶,加热熔化。

(2)将融化的凝胶置于 55℃水浴中保温 20~30 min,加入 37%甲醛 4.05 mL(甲醛终浓度为 2%),混匀后倒胶(甲醛气体为有毒物质,配制甲醛凝胶及进行电泳分析时均应在通风橱中操作)。

(3)将制备好的凝胶放入电泳槽中(加样孔一侧靠近阴极),加入 1×甲醛凝胶电泳缓冲液至高于胶面 1~2 mm,接通电极,预电泳 5 min。

(4)4 倍体积的总 RNA 样品(约 20 μg)中,加入 1 倍体积的 5×甲醛凝胶加样缓冲液,再加入 0.5~1 μL 溴化乙锭(浓度 1.0 mg/mL),混匀,65℃温浴 10 min,冰浴 5 min(在 RNA 样品中加入溴化乙锭,而不在凝胶中加,电泳成像时背景较低。65℃温浴可打开 RNA 分子中的二级结构)。

(5)上样,50 V 电泳(电泳时间 5 h 左右)(低电压长时间电泳可使不同分子质量的 mRNA 分子充分分开)。

(6)电泳结束后,紫外凝胶成像检测 RNA 的完整性,记录 18S、28S 条带的位置。

(二)转膜(采用毛细管洗脱法)

毛细管洗脱法转膜装置如图 10-2 所示。

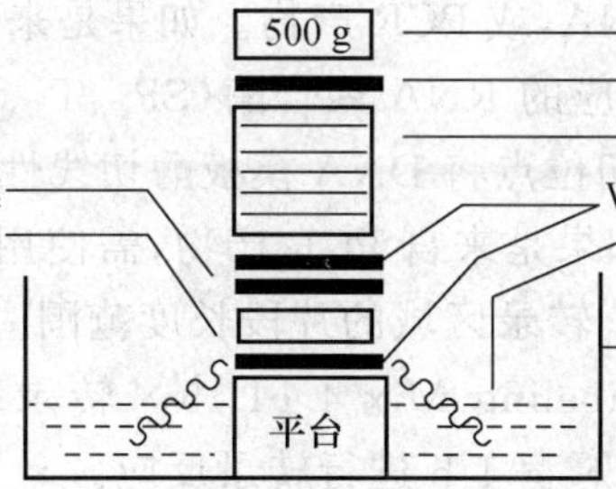

图 10-2 毛细管洗脱法转膜装置

(1)取一张 Whatman 3 MM 滤纸(搭盐桥用),用 0.1 mol/L NaOH,1 mmol/L EDTA 浸泡 10 min,再用 DEPC 水冲洗 3 次备用。

(2)按胶块大小剪取尼龙膜一张,先用 DEPC 水浸泡 5~10 min,再置于 20×SSC 中浸泡 5 min。剪去膜一角。

(3)将胶块凝胶点样孔以上的部分切除，并用刀片修平整，在正面右上角切去一角作标记。将凝胶置于 20×SSC 中浸泡 20 min，以去甲醛。

(4)用长和宽均大于凝胶的一块有机玻璃板作为平台，放在托盘上，上面放一张经第 1 步处理过的滤纸，倒入 20×SSC 使液面略低于平台表面，当平台上方的 3 mm 滤纸湿透后，用玻棒赶出所有气泡。

(5)将凝胶翻转后置于平台上湿润的滤纸中央，滤纸和凝胶之间不能滞留气泡。

(6)用 Parafilm 膜围绕凝胶四周，以此作为屏障，阻止液体从液池直接流至胶上方的纸巾。

(7)在凝胶上方放置预先已浸湿的尼龙膜，排出膜与凝胶之间的气泡。

(8)取与凝胶大小相同的滤纸用 DEPC 水浸湿后置于膜的上方，排出滤纸与滤膜之间的气泡。上面再放 5～7 层同样大小的滤纸。

(9)将一叠(5～8 cm 厚)略小于滤纸的吸水纸巾置于滤纸的上方，并在纸巾上方放一块玻璃板，然后用一个重约 500 g 的重物压在玻璃板上(目的是建立液体自液池经凝胶向膜上行流路，以洗脱凝胶中的 RNA 并使其聚集在膜上)。

(10)使上述 RNA 转移持续进行 16 h 左右。在转膜过程中，每当纸巾浸湿后，应更换新的纸巾。

(11)转移结束后，揭去凝胶上方的纸巾和滤纸。用铅笔标记凝胶加样孔，以尼龙膜与胶直接接触的一面为正面。

(12)将凝胶置紫外灯下，观察胶块上有无残留的 RNA。

(13)将尼龙膜夹在 2 层滤纸之间，置真空炉中 80℃，干烤 2 h。烤干后的膜用塑料袋密封，4℃保存备用。

(三)探针制备

采用体外转录法，以地高辛标记的 RNA 为本实验的探针。

Northern 杂交可以选用地高辛标记的 RNA 探针或 DNA 探针，但 RNA 探针显示更强的杂交信号和更低的非特异性背景，因此只要可能，可尽量选用 RNA 探针。

(1)在一个灭菌反应管中加 1 μg 模板 DNA，用 DEPC 水定容至 10 μL。

模板 DNA 可来自线性化质粒 DNA，或 PCR 产物。如果是来自线性化的质粒 DNA，需首先将待转录的目标片段克隆到含有相应的 RNA 聚合酶(SP_6、T_3、T_7)启动子序列的质粒载体上，再选择克隆子插入片段的下游酶切位点将 DNA 模板酶切线性化。线性化的质粒 DNA 需经酚抽提处理以避免 RNase 污染。如果是来自 PCR 产物，需使用含 RNA 聚合酶(T_3、T_7)启动子序列的引物进行常规 PCR 反应。转录区域的片段长度范围应在 200～1 000 bp。

(2)在反应管中依次加入 5×Labeling Mix 4 μL，5×转录缓冲液 4 μL，RNA 聚合酶 2 μL，混匀各组分，并短暂离心。42℃孵育 1 h 进行转录反应。

(3)加入 DNase Ⅰ 2 μL，37℃反应 15 min，以去除模板 DNA。

(4)加入 0.2 mol/L EDTA(pH 8.0)2 μL，终止反应。

(四)杂交

(1)将适量体积的 DIG Easy Hyb 缓冲液(10～15 mL/100 cm^2 膜)预热到 68℃。

(2)将尼龙膜放入杂交管中，加入预热的杂交缓冲液(DIG Easy Hyb)，在杂交炉内温和振荡(8～15 r/min)1 h，进行预杂交。

(3)取适量地高辛标记的 RNA 探针(在杂交液中的终浓度约为 100 ng/mL),将探针放入沸水浴中变性 5 min,立即置于冰浴中冷却。

注意:RNA 探针不能用碱处理(NaOH)的方法变性,否则将引起探针降解。

(4)将变性的地高辛标记探针加入到预热的 DIG Easy Hyb 缓冲液(3.5 mL/100 cm^2 膜)中,充分混匀。

(5)倒出预杂交液,在膜上加入含有变性探针的预热杂交液。

(6)68℃下温和振荡(8～15 r/min)孵育过夜。

(五)洗膜与曝光

(1)杂交完毕,从杂交管中取出杂交膜,放入装有 20 mL 的 2×SSC,0.1% SDS 溶液的平皿中,室温震荡洗涤 2 次,每次 5 min。

注意:洗膜时要将有 RNA 的一面向上。

(2)用 0.1×SSC,0.1% SDS 溶液于 68℃震荡洗涤 2 次,每次 15 min。

(3)平衡:将膜置于洗涤溶液中室温震荡 5 min。

(4)封闭:将膜置于盛有 30 mL 封闭溶液的培养皿中室温震荡 30 min(进行封闭的目的是防止发光底物 CDP-Star 与背景结合,增加"噪声")。

(5)将膜置于 20 mL 抗体溶液中,室温震荡 30 min。

(6)去除抗体溶液,用洗涤溶液洗膜 2 次,每次 15 min。

(7)去除洗涤缓冲液,在 20 mL 检测溶液中平衡 5 min,轻微震荡。

注意:在使用化学发光底物处理之前,膜必须保持湿润,哪怕是轻微的干燥也会产生很高的背景。

(8)用检测溶液稀释 CDP-Star 底物(1∶100),将膜置于干净的保鲜膜之间,用镊子抬起一角,从膜左边沿加入 1 mL 化学发光底物,让化学发光底物均匀扩散到膜的表面,然后将膜放平,排出气泡,使膜四周被液体封闭,室温黑暗条件下显色 5 min。

注意:暗中显色是产生荧光的过程。曝光过程中勿使膜干燥,否则将引起黑色背景。

(9)排去多余的底物溶液,用保鲜膜包裹,置暗盒中对 X 光片曝光,曝光时间为 1～60 min。

注意:化学发光的持续时间至少可达 24 h。在检测反应开始后的几个小时内,信号强度是不断增强的,并将达到一个阈值,因此可进行多次曝光以获得理想的信号强度。

【实验结果】

杂交结果如图 10-3 所示。

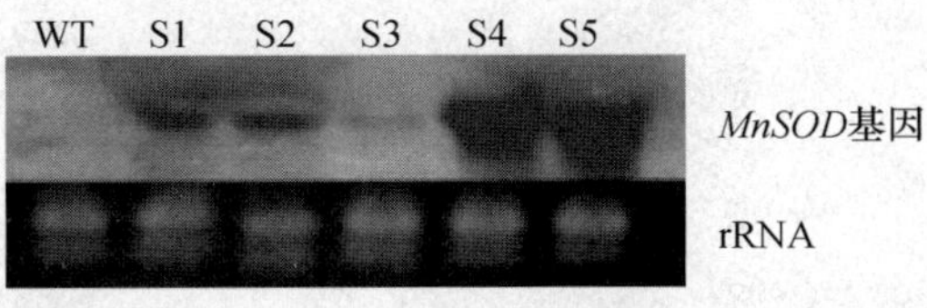

图 10-3 外源 *MnSOD* 基因在转基因白杨的表达

WT:野生型白杨植株;S1～S5:不同的转基因植株

【问题与讨论】

(1)Northern 杂交实验的成败与很多因素有关,如果最终结果未检测到任何杂交信号,需要从以下多个方面找原因:

①实验材料选择。基因的表达具有组织专一性及发育阶段的差别,选择的 RNA 样品有时不一定含有该基因的产物。因此,要尽可能多地收集各种发育时期及不同组织器官的 RNA,以免人为原因而遗漏。此外,不同基因的表达产物丰度差异很大,对低拷贝的表达产物要适当提高 RNA 的上样量。有些基因表达产物丰度极低,或表达时期短暂不易提取,此时要考虑其他检测方法。

②RNA 实验基本操作。RNA 易被 RNase 降解,实验操作过程中每一步都要进行检测以确保 RNA 的质量。如甲醛变性胶电泳观察是否有 28S 和 18S 的特异性条带;转膜之后在紫外灯下检查膜上确定有 RNA 条带才进行下一步的杂交操作。

③探针质量。地高辛标记的探针在应用前最好先进行浓度测定。浓度过低可能检测不到杂交信号,浓度过高则可能产生高背景。

④杂交液质量。杂交液配方不正确或杂交液过期都会影响杂交效果。

(2)检测到多个杂交条带,可能的原因有:

①基因的转录产物进行可变剪接时,由于连接的外显子不同,会产生好几条长度不一的杂交带。

②如果该基因是某一多基因家族的成员,也会出现多个信号。

③RNA 部分降解。RNA 实验需要非常严格的 RNase free 的环境,稍有不慎就可能造成部分 RNA 降解,于是分别杂交出了降解前和降解后的条带。

④非特异性结合。即探针的序列特异性不高,除了目的 RNA,也可能与其他近似序列的 RNA 杂交了。

(李强　编写)

实验十一

蛋白质的分子杂交

【概述】

蛋白质的分子杂交技术也称为蛋白质免疫印迹技术(Western blotting)。通俗地讲,就是一种用于检测蛋白质特异性的免疫印迹技术。它是分子生物学、生物化学和免疫遗传学中常用的一种实验方法。这项技术最初的发明者应该是美国斯坦福大学的乔治·斯塔克(George Stark),他于 1979 年 7 月将该成果发表在美国科学院刊上(PNAS)。同年哈瑞·托比(Harry Towbin)也发表了该技术,首次从 SDS-PAGE 凝胶电泳上将蛋白质转移到膜上,并使用抗体检测。尼尔·伯奈特(Neal Burnette)于 1981 年进一步发展改进该技术,并首次命名该技术为"Western blotting"。

该技术的基本原理是首先通过 SDS-PAGE 凝胶电泳分离某一组织中的蛋白质样品,利用电转移将凝胶中的蛋白转移到硝酸纤维膜上,使用特异性抗体对其中特异蛋白质进行结合,标记的二抗显色;通过分析着色的位置和着色深度,可获得特定蛋白质在所分析的细胞或组织中表达的信息。这是一种特殊的膜上进行的抗原、抗体反应,用于检测目的蛋白是否存在及大小,既可以定性分析,也可以半定量分析。尽管这种测定还依赖于蛋白质到硝酸纤维膜的转移效率,但该技术仍广泛应用于检测蛋白水平的表达。除此之外,还可以鉴定蛋白质的分子质量、亚基组成等;或将蛋白质从膜上经洗脱液洗脱下来以进行蛋白质的生化研究,如蛋白质的氨基酸序列分析等。基本过程如图 11-1 所示。

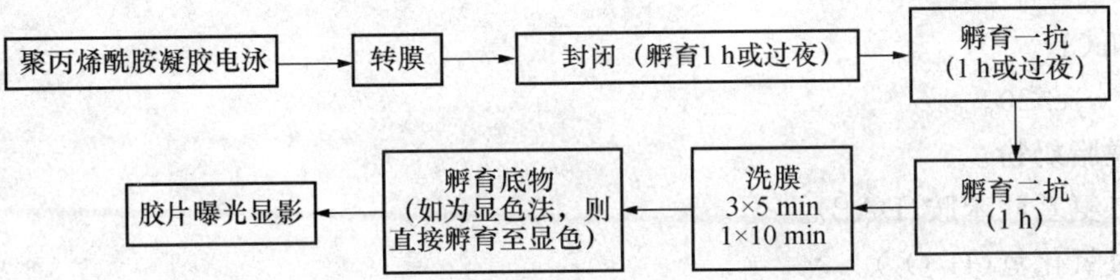

图 11-1 Western blotting 操作流程示意图

使用二抗的标记物有多种,如蛋白酶、同位素、生物素、荧光素和胶体金等,其中最常用的是蛋白酶,如碱性磷酸酶(alkaline phosphatese,AP)和辣根过氧化物酶(horseradish peroxidase,HRP)等。碱性磷酸酶可以将无色的底物 5-溴-4-氯-3-吲哚磷酸盐(BCIP)转化为蓝色的产物;而辣根过氧化物酶以 H_2O_2 为底物,将二氨基联苯胺(DAB)氧化成棕黄色产物。本实验指南主要介绍辣根过氧化物酶作为二抗标记的方法。

【实验安排】

时间	内容	时间	内容
第 1 天上午	蛋白样品制备	第 1 天晚上	蛋白转膜，与抗体杂交
第 1 天下午	SDS-PAGE 电泳分离蛋白	第 2 天	显色反应，观察结果

【仪器、材料与试剂】

(一)仪器

(1)DYCZ-24DN 迷你双垂直电泳仪(北京六一)。

(2)DYCZ-40D 迷你转印电泳仪。

(3)离心机。

(4)移液器。

(5)电子天平。

(二)药品、材料

(1)三羟甲基氨基甲烷-盐酸(Tris-HCl)。

(2)十二烷基硫酸钠(SDS)。

(3)β-巯基乙醇。

(4)Tris Base。

(5)甘氨酸。

(6)过硫酸铵(Aps)。

(7)丙烯酰胺(Acr)。

(8)N,N′-亚甲基双丙烯酰胺(Bis)。

(9)溴酚蓝。

(10)甘油。

(11)甲醇。

(12)NaCl。

(13)Tween20。

(14)脱脂奶粉。

(15)二氨基联苯胺(DAB)。

(16)过氧化氢(H_2O_2)。

(17)氯化钴($CoCl_2$)。

(18)氯化镍($NiCl_2$)。

(19)辣根过氧化物酶标记的第二抗体。

(20)硝酸纤维素膜(NC 膜)或 PVDF 膜。

(21)滤纸。

(22)吸头:1 mL、200 μL、10 μL。

(23)卷纸。

(三)试剂

(1)细胞组织匀浆缓冲液:1 mL 1 mol/L Tris-HCL(pH 6.8),6.0 mL 10% SDS,0.2 mL

β-巯基乙醇，2.8 mL ddH_2O。

(2)SDS-PAGE 电泳试剂：

10×电泳缓冲液：30.3 g (0.25 mol/L) Tris Base，144 g (1.92 mol/L) 甘氨酸，10 g (1%) SDS，补足 1 000 mL ddH_2O；使用时 1∶10 稀释备用(pH 8.3)。

10%过硫酸铵(10 g/100 mL)，储存于 4℃可使用 2 周左右，超过期限会失去催化作用。

Acr-Bis(29∶1)：称取 29 g Acr，1.0 g Bis 加 ddH_2O 至 100 mL 用 0.45 μm 滤膜过滤后置棕色瓶中，4℃贮存可用 1～2 个月。

2×SDS 上样缓冲液：125 mmol/L Tris-HCl(pH 6.8)，4% SDS(电泳级)，0.004%溴酚蓝，20% 甘油，10% β-巯基乙醇；小份(500 μL/份)分装后，于室温保存 1 个月左右(－20℃可保存较长时间)。其中 β-巯基乙醇应在使用前加入。

分离胶缓冲液(1.5 mol/L Tris-HCl，pH 8.8)：称取 18.2 g Tris 加入 50 mL ddH_2O，用 1 mol/L盐酸调 pH 8.8，最后用 ddH_2O 定容至 100 mL。

浓缩胶缓冲液(1.0 mol/L Tris-HCl，pH 6.8)：称取 12.1 g Tris，加入 50 mL ddH_2O，用 1 mol/L 盐酸调 pH 6.8，最后用 ddH_2O 定容至 100 mL。

(3)转膜缓冲液：2.9 g 甘氨酸；5.8 g Tris；0.37 g SDS；200 mL 甲醇；加 ddH_2O 定容至 1 000 mL。

(4)TBST 缓冲液(Western blotting 杂交膜清洗液)：10×TBS[24.23 g Tris-HCl(pH 8.0)，80.06 g NaCl，加 800 mL ddH_2O 定容至 1 000 mL，pH 7.6]。100 mL TBS＋900 mL ddH_2O＋1 mL Tween20；4℃保存备用。

(5)封闭缓冲液(Western 杂交用)：5 g 脱脂奶粉溶解于 100 mL TBST 缓冲液。4℃保存待用(本封闭液应现配现用)。

(6)DAB 显色液：6 mg DAB，1∶10(体积分数)30%的 H_2O_2，0.03% $CoCl_2$ 或 $NiCl_2$，10 mmol/L Tris-HCl(pH 7.6)；本试剂应现配现用。

(7)辣根过氧化物酶标记的第二抗体。

【操作步骤】

(一)蛋白样品的制备

细菌诱导表达后，可使用电泳上样缓冲液直接裂解细胞；真核细胞加匀浆缓冲液，机械或超声波室温匀浆 1 min。12 000 r/min，4℃下离心 20 min。取上清液作为样品。

(二)SDS-PAGE 电泳

(1)制备凝胶，配制 10%或 12%的 SDS-PAGE 分离胶 10 mL，配好后立即加入到制胶板中。上层加入去离子水(加去离子水可将胶面压平，也可以加快胶的凝聚)。待胶凝聚后，弃去上层去离子水，配制 5%的浓缩胶 2 mL，将浓缩胶加在分离胶上方，将制孔用的梳子插入，加入后注意补胶。

(2)上样：取所有蛋白样品，定量其浓度(Bradford 法蛋白定量)，取适量样品上样(每个泳道 20～40 μg)，并加入预染色的蛋白相对分子质量 Marker。

(3)电泳：样品在加样前，应置于含 50 mmol/L DTT 或等量的 β-巯基乙醇的 SDS 上样缓冲液中 5 min 或 95～100℃加热 5 min。上样完毕，开始电泳；样品在浓缩胶时，电压为 8 V/cm，当样品浸入分离胶时，调电压至 15 V/cm。当溴酚蓝到胶底部时停止电泳，立即进行转膜。

(三)转膜

蛋白结合 SDS 后带电荷，根据电转仪制造商的说明书进行转膜，转膜方式有半干和湿转两种，半干式转膜速度快，而湿式成功率高且适合大分子质量蛋白(＞100 ku)。

(1)膜的选择：PVDF 膜(正电荷尼龙膜)需浸泡甲醇中 1～2 min，再孵育于冰冷的电转缓冲液中 5 min，胶也需要在冰冷的电转缓冲液中平衡 3～5 min。PVDF 膜灵敏度和分辨率高，背景较低，可适用于多种检测方法，但价格较高。NC 膜同样也具有灵敏度和分辨率高，背景较低，但干的膜易脆，溶剂抗性差，价格较低。

(2)“三明治”的制作：湿转顺序排列为：海绵/滤纸/胶/NC 膜(PVDF 膜)/滤纸/海绵，紧密排列，胶和膜之间不能留有气泡，安放方向确认正确，负极方向为带负电的胶里蛋白，向正极(膜)电迁移。

半干式转膜顺序放置：滤纸/凝胶/NC 膜(PVDF 膜)/滤纸。

(3)转膜：将凝胶面与负极相连，NC 膜(PVDF 膜)与正极相连。将电泳槽置于冰水混合物中。恒流 100 mA 过夜，或 400 mA、4 h，或在 4℃下用湿式电转移仪 50 V 电压转移过夜或在室温下用半干式电转移仪转移 1～2 h。注意不同蛋白的要求不同[大蛋白(＞100 ku)适用于湿转，小蛋白(＜100 ku)可用干转]。

(四)膜的封闭

(1)将 NC 膜(PVDF 膜)放入 1×TBST 中清洗 3 次，每次 5 min。浸没于封闭液中 4℃下摇荡 1 h。必要时可先用 0.2%丽春红染色(2%丽春红溶于 30%三氯乙酸和 30%磺基水杨酸，稀释 10 倍)观察蛋白条带，再用去离子水和 TBST 将丽春红洗脱后封闭，如用预染的蛋白 Marker 则可省略此步。

(2)孵育一抗：

①按抗体说明书建议稀释倍数，用 TBST 稀释一抗。如果没有建议稀释倍数，一般推荐 1：(100～3 000)。

②将稀释好的抗体和膜一起孵育。一般采用 37℃，1 h，可根据抗体量和膜上抗原量适当延长或缩短时间，如果孵育过夜，应在 4℃下进行。

(3)二抗的孵育：

①用 1×TBST 清洗 3 次，每次 5 min 或更长。去除残留一抗，洗涤的效果直接影响结果背景的深浅。

②用 TBST 稀释二抗，常规稀释倍数 1：(1 000～20 000)室温孵育 1 h。采用 HRP 标记的二抗，稀释比例为 1：5 000。

注意：二抗的选择有多种，要根据一抗来选择抗兔、抗鼠或者抗羊的二抗以及根据后面的显色条件来选择 HRP、AP 或者 GOD(葡萄糖氧化酶)酶联的二抗或其他标记二抗。

③再洗涤。在 1×TBST 中清洗 3 次，每次 5 min。洗涤是为了洗去二抗的非特异性结合，洗涤的效果直接影响结果背景的深浅，所以洗涤一定要彻底。

(4)显色：二氨基联苯胺(DAB)是辣根过氧化物酶最敏感、最常用的显色底物，反应产物为不溶于水、二甲苯和醇的棕色沉淀物。DAB 灵敏度高，背景低，储存稳定，使用方便。适合于蛋白印迹、免疫组织化学和免疫细胞化学、斑点印迹和生物芯片等的染色和显色反应。按配方配制 DAB 显色液。将膜放入其中孵育，一旦显色，立即放入去离子水中终止反应。

注意:在 Western blot 显色中,增强化学发光法(enhanced chemiluminescence,ECL)灵敏度比 DAB 显色法高很多;对于 AP 标记的二抗,选用 BCIP 和 NBT 显色,它们在 AP 作用下反应,可生成一种不溶性黑紫色沉淀的强信号。

【实验结果】

图 11-2 为某一动物细胞组织中 Western blotting 杂交结果,图 11-2A 表示未杂交前细胞组织中总蛋白的 SDS-PAGE 凝胶电泳结果,图 11-2B 为目的蛋白的杂交结果。

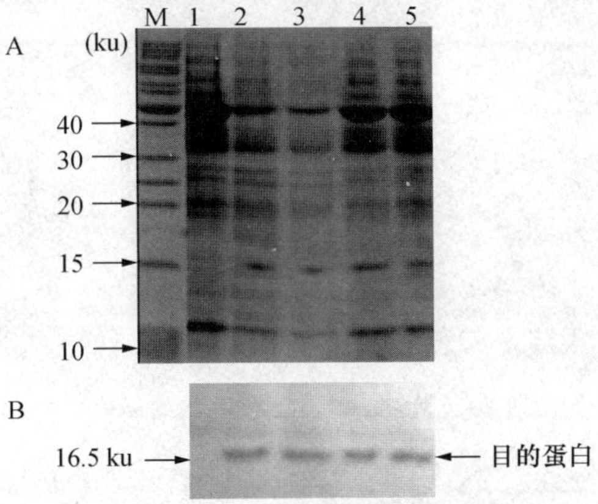

图 11-2 Western blotting 结果

【问题与讨论】

(1)Western blotting 是一个用于蛋白质分析的常规技术,它可以从蛋白混合物中检测出目的蛋白,从而半定量或定性地确定正常或实验条件下细胞或组织中目的蛋白的表达情况。

(2)Western blotting 实验结果的优化:Western blotting 实验步骤繁多,每一步都会给结果造成影响。首先样品制备时,需要对样品量进行定量,确定最佳上样量,如果少的话需通过组分分离、IP 等方法进行富集;过多会导致信号过强,分辨率降低。电泳时,应选择合适的胶浓度和电压电流参数,确保蛋白有效分离,条带清晰整齐。转膜时,应根据蛋白大小,选择合适的转膜体系及电流参数和时间。封闭时,根据实际情况,选择合适的封闭物和缓冲液,以及封闭液浓度和封闭时间,以降低非特异性反应。选择抗体时,有条件的话可以尝试多种抗体,不同稀释比例、反应温度和时间,以确定最佳组合。显色时,尝试不同灵敏度的显色液以及信号采集系统,获得分辨率、对比度和区分度最佳的结果。

(3)内参为内部参照,对于哺乳动物细胞表达来说一般是指由管家基因编码表达的蛋白,它们在各组织和细胞中的表达相对恒定,在检测蛋白的表达水平变化用作参照物,其作用是校正蛋白定量、上样过程中存在的实验误差,保证实验结果的准确性。常用内参如表 11-1 所示。

表 11-1 常用内参及实验参数

内参名称	分子质量大小/ku	适用范围
Beta-actin	43	胞浆和全细胞
GAPDH	30～40	胞浆和全细胞
TubuLin	55	胞浆和全细胞

续表11-1

内参名称	分子质量大小/ku	适用范围
VCDA1/Porin	31	线粒体
COXIV	16	线粒体
Lamin B1	66	细胞核
TBP	38	细胞核

（侯思宇　编写）

实验十二

RT-PCR

【概述】

RT-PCR 即反转录-聚合酶链反应（reverse transcription-polymerase chain reaction），是将 RNA 的反转录（RT）和 cDNA 的聚合酶链式扩增（PCR）相结合的，首先经依赖 RNA 的 DNA 聚合酶（反转录酶）的作用将 RNA 转录为互补 DNA（cDNA），再以 cDNA 为模板，扩增合成目的片段的技术。

1985 年，美国科学家 Kary Mullis 发明了 PCR 技术，并因此而获得 1993 年诺贝尔化学奖。在以后的几十年里，PCR 方法被不断改进：它从一种定性的分析方法发展到定量测定；从原先只能扩增几个 kb 的基因到目前已能扩增长达几十个 kb 的 DNA 片段。到目前为止，PCR 技术已有十几种之多，例如，将 PCR 与反转录酶结合，成为反转录 PCR。

RT-PCR 是聚合酶链式反应（PCR）的一种广泛应用的变形。原理是：提取组织或细胞中的总 RNA，以其中的 mRNA 作为模板，采用 Oligo（dT）或随机引物利用反转录酶反转录成互补 DNA（cDNA）。再以此 cDNA 为模板，以 4 种脱氧核苷三磷酸（dNTP）为材料，在引物的引导下进行 PCR 扩增，获得目的基因或检测基因表达。

RT-PCR 有两种做法：一步法和两步法。

一步法：利用同一缓冲液，在同一体系中加入反转录酶、引物、Taq 酶、4 种 dNTP 直接进行 RT 和 PCR 扩增。同一体系中直接以 mRNA 为模板进行反转录和其后 PCR 扩增，从而使 mRNA 的 PCR 步骤更为简化，并有助于减少残余污染，因为在 cDNA 合成和扩增之间不需要打开管盖。所需样品量减少到最低限度，临床小样品（如病毒、病原菌）的检测非常有利。用一步法扩增可以得到更高的灵敏度，可检测出总 RNA 中小于 1 ng 的低丰度 mRNA。该法可用于低丰度 mRNA 的 cDNA 文库的构建及特异 cDNA 的克隆，并有可能与 Taq 酶的测序技术相组合，使得自动反转录、基因扩增与基因转录产物的测序在单管中进行。

两步法：由于单管反应时 RT 和 PCR 都不能在最佳条件下进行并且容易相互干扰，通常只适宜用基因特异引物扩增较短的基因及定量 PCR。两步法则是将 RT 和 PCR 分别进行，这样使得两个反应充分发挥各自的特点，更为高效、灵活而且严谨，适合那些 GC 含量、二级结构严重的模板或者是未知模板，以及多个基因的 RT-PCR。cDNA 可长期保存。

RT-PCR 反应系统的组成主要包括：模板、引物、反转录酶、Taq DNA 聚合酶、4 种 dNTP、缓冲液。

1. 模板

作为模板的 RNA 可以是总 RNA、mRNA 或体外转录的 RNA 产物。无论使用何种 RNA，关键是确保 RNA 中无 RNA 酶和基因组 DNA 的污染。

2. 引物

(1)反转录的引物。用于反转录的引物根据实验的具体情况可选择随机引物、Oligo dT及基因特异引物的一种。对于短的不具有发卡结构的真核细胞 mRNA 三种都可。随机引物:适用于 rRNA、mRNA、tRNA 等所有 RNA 的转录反应,尤其适用于长的具有发卡结构的RNA。目的片段在 mRNA 任何位置都能使用,通常 mRNA 表达量分析最适,主要用于单一模板的 RT-PCR 反应;Oligo dT:适用于具有 PolyA 尾巴的 RNA(原核生物的 RNA、真核生物的 Oligo dT rRNA 和 tRNA 不具有 PolyA 尾巴)。由于 Oligo dT 要结合到 PolyA 尾巴上,所以对 RNA 样品的质量要求较高,即使有少量降解也会使全长 cDNA 合成量大大减少。目的片段在距 Poly(A) Tail 2 kb 以内适用。基因特异引物:与模板序列互补,适用于目的序列已知的情况。

(2)基因特异引物的设计及其原则(参考实验 6 基因的 PCR 扩增)。

①引物的特异性决定 PCR 反应特异性。因此引物设计是否合理对于整个实验有着至关重要的影响。在引物设计时要充分考虑到可能存在的同源序列,同种蛋白的不同亚型,不同的mRNA 剪切方式以及可能存在的 hnRNA 对引物的特异性的影响。尽量选择覆盖相连两个内含子的引物,也就是说上、下游引物最后设计两个离得远的外显子上,这样从基因组和 cDNA 上得到的片段长度不一样,可以一引两用。

②引物设计原则的把握。引物设计原则包括:

a. 引物长度:一般为 15～30 bp ,引物太短会影响 PCR 的特异性,引物太长 PCR 的最适延伸温度会超过 Taq 酶的最适温度,也影响反应的特异性。

b. 碱基分布:4 种碱基最好应随机分布,避免嘌呤或嘧啶的聚集存在,特别是连续出现 3 个以上的单一碱基。GC 含量(T_m 值):40%～60%,PCR 扩增的复性温度一般是较低 T_m 值减去 5～10℃。

c. 3′端要求:3′端必须与模板严格互补,不能进行任何修饰,也不能有形成任何二级结构的可能。末位碱基是 A 时错配的引发效率最低,G、C 居中间,因此引物的 3′端最好选用 A、G、C 而尽可能避免连续出现两个以上的 T。

d. 引物自身二级结构:引物自身不应存在互补序列,否则会自身折叠成发夹状结构或引物自身复性。

e. 引物之间的二级结构:两引物之间不应有多于 4 个连续碱基互补,3′端不应超过 2 个。

f. 同源序列:引物与非特异扩增序列的同源性应小于连续 8 个的互补碱基存在。

g. 5′端无严格限制:5′末端碱基可以游离,但最好是 G 或 C,使 PCR 产物的末端结合稳定。还可以进行特异修饰(标记、酶切位点等)等。

根据实验目的选择适当的引物。常用引物设计软件如 Primer5.0,Oligo6.0 等对于这些条件都可以自行设置。

3. 反转录酶

(1)目前商品化反转录酶有从禽成髓细胞瘤病毒纯化到禽类成髓细胞病毒(AMV)反转录酶和从表达克隆化的 Moloney 鼠白血病病毒反转录酶基因的大肠杆菌中分离到的鼠白血病病毒(MLV)反转录酶。AMV 反转录酶包括两个具有若干种酶活性的多肽亚基,这些活性包括依赖于 RNA 的 DNA 合成,依赖于 DNA 的 DNA 合成以及对 DNA:RNA 杂交体的 RNA 部分进行内切降解(RNA 酶 H 活性),最适温度 42℃。MLV 反转录酶只有单个多肽亚基,兼备依赖于 RNA 和依赖于 DNA 的 DNA 合成活性，但降解 RNA:DNA 杂交体中的 RNA 的能力较弱，且对热的稳定性较 AMV 反转录酶差，最适温度 37～42℃。

(2)普通反转录酶反应温度为 37～42℃，然而一些有丰富二级结构的复杂模板或者高 GC 含量的模板在常温下扩增困难，需要将反转录反应置于较高温度下进行改善扩增。对于较高的反应温度，建议使用 cMASTER-RT 酶，该酶在 37～60℃ 的温度范围内都能保持良好的活性，使用 cMASTER-RT 酶，可以增加反应产量，还可以增加反转录反应的特异性。因为，对于使用基因特异性引物(GSP)进行 cDNA 合成时，较高的反应温度允许使用 T_m 值较高的基因特异性引物。

RT-PCR 技术灵敏且用途广泛，可用于检测细胞/组织中基因表达水平和表达差异，细胞中 RNA 病毒的含量和直接克隆目的基因、构建 cDNA 文库、合成 cDNA 探针等。RT-PCR 广泛应用于许多遗传疾病的诊断。

【实验安排】

时间	内 容
第 1 天	准备好试剂及实验材料：试剂的配制(1‰DEPC 配制)和塑料制品及玻璃器皿的去 RNase 处理(1‰DEPC 浸泡或高温干烤)
第 2 天	总 RNA 的提取及质量和浓度测定
第 3 天	反转录反应、PCR 扩增及 PCR 产物的琼脂糖凝胶电泳检测

注意：为了保证实验质量，最好能将所有实验安排在连续的时间内进行。

【仪器、材料与试剂】

(一)仪器

(1)PCR 仪。

(2)微量离心机。

(3)冷冻离心机。

(4)琼脂糖凝胶电泳装置。

(5)移液器。

(6)凝胶成像系统。

(7)电子天平。

(二)药品、材料

(1)三羟甲基氨基甲烷 (Tris)。

(2)焦碳酸二乙酯(DEPC)。

(3)TRIzol。

(4)DNA marker。

(5)变性液。

(6)水饱和酚。

(7)乙酸钠。

(8)氯仿(分析纯，放入棕色瓶中)。

(9)异丙醇(分析纯，放入棕色瓶中)。

(10)模板 RNA。

(11)引物。

(12)dNTP。

(13)TaqDNA 聚合酶。

(14)Oligo(dT)。

(15)反转录酶。

(16)RNA 酶抑制蛋白(RNase inhibitor, RNasin)

(17)PCR 管。

(18)塑料离心管:2.0 mL、1.5 mL。

(19)吸头:1 mL、100 μL、10 μL。

(20)一次性 PE 手套。

(21)乳胶手套。

(三)试剂

(1)反转录合成缓冲液(RT buffer)。

(2)PCR 缓冲液。

(3)DEPC 水:吸出 1 mL 放在 1 000 mL 双蒸水中配成 1‰ DEPC 水,放在 1 000 mL 容量瓶中静置 4 h 备用。

(4)75%乙醇:用无水乙醇和 DEPC 水配,然后放 −20℃保存(其中 DEPC 水需先高压灭菌)。

(5)1.0%琼脂糖凝胶:1.0 g 琼脂糖 100 mL 电泳缓冲液,微波炉中火 30 s 至沸腾,熔化的琼脂物冷却至 60℃时加入 2.5 μL 10 mg/mL 溴化乙锭,充分混匀,将温热的凝胶倒入已置好梳子的胶膜中,在室温下放置 30~45 min 后进行电泳。1.5%琼脂糖凝胶的配制同 1.0%,只是将琼脂糖的量改为 1.5 g。

(6)5×TBE(贮存液)电泳缓冲液:

Tris(相对分子质量 121.14)54 g;

硼酸(相对分子质量 61.83) 27.5 g;

0.5 mol/L EDTA(相对分子质量 121.14)20 mL, pH 8.0;

蒸馏水补充至 1 000 mL。

(7)6×上样缓冲液:

0.25%溴酚蓝;

0.25%二甲苯青 FF;

30%甘油;

4℃保存。

注意:在实验中所用到的塑料制品(包括枪头、EP 管、匀浆管等)事先都需经过 0.1% DEPC 水浸泡处理,除去 RNA 酶,防止操作过程中 RNA 降解,然后经高压灭活(灭菌和灭活 DEPC)。玻璃制品(如量筒等)需要泡酸过夜,冲洗干净,蒙锡纸烤干备用(洗净后先泡 1‰ DEPC 过夜,再 150℃烤箱内烘干 6 h)。匀浆器(包括研钵、研棒、剪刀、镊子等)先洗净后,再高压(不需要泡 DEPC)。

【操作步骤】

(一)RNA 提取

RT-PCR 中从细胞或组织中分离的 RNA 的质量至关重要,包括 RNA 的纯度和完整性。RNA 分离的最关键因素是尽量减少 RNA 酶的污染。但 RNA 酶活性非常稳定,分布广泛,除细胞内源性 RNA 酶外,环境中也存在大量 RNA 酶。因此在提取 RNA 时,应尽量创造一个无 RNA 酶的环境,包括去除外源性 RNA 酶污染和抑制内源性 RNA 酶活性,主要是采用焦碳酸二乙酯(DEPC)去除外源性 RNA 酶,通过 RNA 酶的阻抑蛋白 RNasin 和强力的蛋白质变性剂如异硫氰酸胍抑制内源性 RNA 酶。总 RNA 的提取参考实验 8 植物总 RNA 的提取。

(二)RNA 质量及浓度检测

将得到的模板 RNA 用 DEPC 处理 ddH_2O 溶解后,用最新方法 Nanodrop 超微量核酸蛋白测定仪或分光光度计进行定量。下面介绍用分光光度计进行定量的方法:

(1)首先打开分光光度计,软件界面选择核酸测量,空白组用 DEPC 处理 ddH_2O,空白结束后,测量 RNA 含量。

(2)取 RNA 样品 40 μL ,用 DEPC 处理 ddH_2O 补齐至 4 000 μL ,即稀释 100 倍,测得实验数据,分别记录以下数据:230.0 nm;260.0 nm;280.0 nm;A_{260}/A_{230};A_{260}/A_{280}。

(3)RNA 纯度鉴定标准:

A_{260}/A_{280} 值在 1.9～2.1,RNA 的纯度较好;

A_{260}/A_{280} 值小于 1.8,表明蛋白杂质较多;

A_{260}/A_{280} 值大于 2.2,表明 RNA 已经降解。

(4)反转录 RNA 取样量的计算:

样品浓度(μg/μL)=A_{260} 数值×稀释倍数(100)× 40/1 000;

根据样品浓度计算反转录所需 RNA 量[根据实验经验,RNA 总量为 0.85 μg 时结果最佳。因此,由样品浓度(μg/μL)× 反转录所需 RNA 量(μL) = 0.85 μg]。

(三)反转录反应

1. 一步法

RNA	1 μL (500 ng～1 μg)
5× Buffer	4 μL
dNTP	2 μL (10 mmol/L)
RNasin	1 μL (20 U/μL)
AMV RTase	1 μL (10 U/μL)
Oligo(dT)$_{12\sim18}$	1 μL
ddH_2O	6 μL
加 ddH_2O 至	50 μL (最后加入)

总体积 20 μL,短暂离心后 42℃水浴 1 h,95℃水浴 10 min 灭活反转录酶。

2. 两步法

第一步:反转录反应

反转录体系的组成:

DEPC 处理水	8 μL

10 mmol/L dNTPs	2.5 μL
random primers	0.4 μL
RNasin	0.5 μL
总 RNA	0.5～1 μg

短暂离心后 PCR 仪上 70℃ 5 min，然后速置冰水中冷却。

在上述离心管中再加：

5×反转录 buffer	5 μL
反转录酶(M-MLV)	1 μL (200 U)
加水至	25 μL

短暂离心后 PCR 仪上 37℃ 60 min，90℃ 5 min，得到 cDNA，−20℃保存。

(四)PCR 扩增

(1)按以下顺序将各成分加入无菌 PCR 管中：

10×PCR buffer	5 μL
20 mmol/L Mg^{2+}	3 μL
10 mmol/L dNTPs	1 μL
sense primer	1 μL (1 μmol/L)
antisense primer	1 μL (1 μmol/L)
Taq 酶	0.8 μL(2.4 U)
cDNA 模板	x μL (最后加入)
加 ddH_2O 至	50 μL (最后加入)

注意：先计算除 cDNA 模板和 ddH_2O 之外所需各组分的总量(例如 3 管，各组分则×3.2 左右)，小心分装后，每管再添加 x μL 的 cDNA 模版，以及对应体积的 ddH_2O。

(2)短暂离心后 PCR 仪上反应：

94℃预变性 5 min，然后开始以下循环：

94℃变性 45 s；

退火温度(根据引物 T_m 值)45 s；

72℃延伸 1 min；

进行 30 个循环；

最后 72℃反应 7 min；

4℃保温。

(五)PCR 产物的电泳检测

根据产物长度制作适宜浓度的琼脂糖凝胶(不同长度产物所需凝胶浓度)。取适量 PCR 产物(1～10 μL)，加上样缓冲液充分轻轻混匀，点样于事先做好的琼脂糖凝胶点样孔中，10 V/cm(一般电流为 10 mA，电源 100 V)，电泳 30～60 min，成像系统成像分析 PCR 结果。

【实验结果】

RT-PCR 扩增结果如图 12-1 所示。

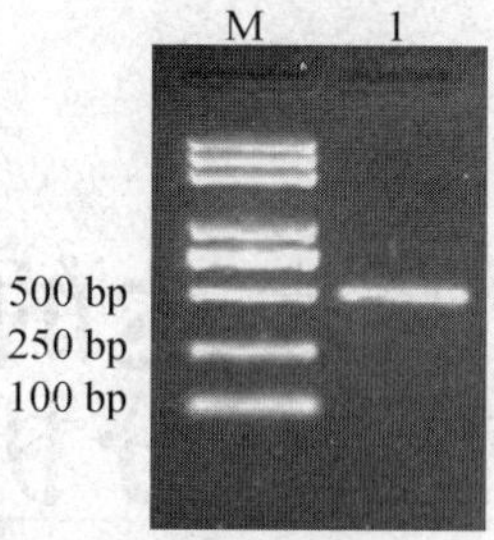

图 12-1 RT-PCR 扩增约 500 bp 的拟南芥 *miR828* 基因

M：Tans2KTM Plus Ⅱ DNA 相对分子质量；1：*At-pri-miR828* 基因

【问题与讨论】

(1)RT-PCR 没有产物或产物太少(图 12-2)。可能的原因有：RNA 降解或起始量少；RNA 提取后含抑制成分；cDNA 合成时引物退火不充分；PCR 失败；目的基因在组织中不表达或表达量低。建议解决办法：建立无 RNase 环境，以避免 RNA 的降解；分离无污染、高质量的 RNA，用 0.1～0.5 μg 乙酰 BSA 增加 RNA 的量；用 70%乙醇洗涤 RNA；确定退火温度适合实验中所用的引物；PCR 步骤中 cDNA 模板不能超过反应体积的 1/5；尝试其他组织。

(2)非特异性扩增(图 12-3)。可能的原因有：RNA 中有内源或外源 DNA 污染；引物和模板非特异性退火；基因特异性引物设计较差；形成引物二聚；镁离子浓度太大。建议解决办法：使用较好的 RNA 分离方法，如 Trizol Reagent；用没有 RNase 的 DNase 处理 RNA 样品，并使用抗气雾剂的吸头；设置没有反转录的对照反应检测 DNA 污染；cDNA 合成中使用基因特异性引物，使用递减 PCR；遵循用于扩增引物设计的同样原则；设计在 3′端没有互补序列的引物；优化镁离子浓度。

(3)产物弥散(图 12-4)。可能的原因有：cDNA 第一链产物的含量过高；DNase 降解 DNA 产生的寡核苷酸的非特异性扩增；PCR 反应中引物过多；循环数过多；退火温度过低。建议解决办法：常规 PCR 步骤中减少模板 cDNA 的量；提取高质量 RNA 防止被 DNA 污染；减少引物的用量；优化 PCR 反应条件，减少 PCR 的循环次数；提高退火温度，防止非特异性的起始及延伸。

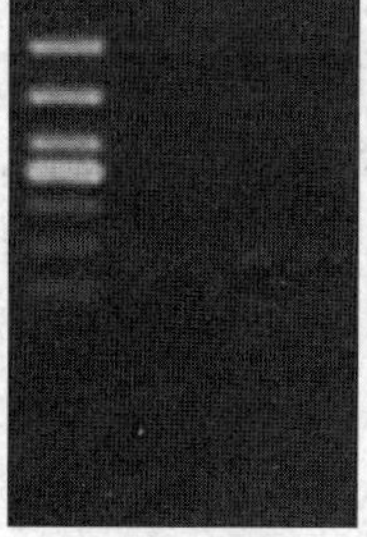

图 12-2 RT-PCR 产物电泳检测

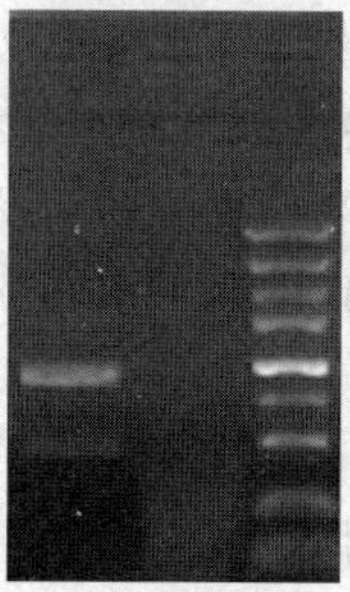

图 12-3 非特异性扩增

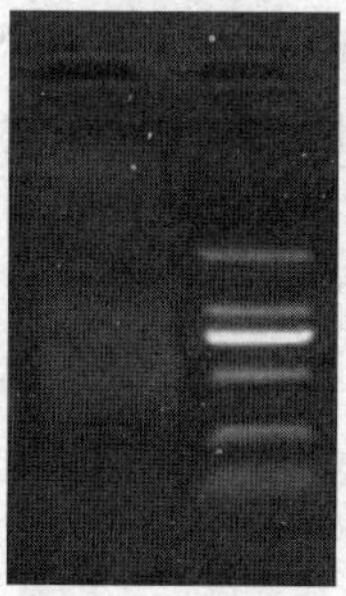

图 12-4 扩增产物弥散

(贾小云 编写)

实验十三 基因表达的荧光定量PCR分析

【概述】

所谓荧光定量 PCR 技术(real-time quantitative PCR),是指在 PCR 反应体系中加入荧光基团,对 PCR 指数扩增期间的荧光信号积累进行连续实时监测,最后通过特定的标准曲线对未知模板进行定量分析的方法。

实时荧光定量 PCR 技术于 1996 年由美国应用生物系统公司(applied biosystems,AB)首先推出,能够对 PCR 反应的全过程进行实时监控。荧光定量 PCR 技术实现了 PCR 从定性到定量的飞跃,它具有特异性强、灵敏度高、重复性好、定量准确、速度快等优点,所以该技术从产生到现在短短的十几年时间已成为分子生物学研究中的重要工具,在不同的研究领域都得到了广泛应用。例如,对各种 mRNA 表达进行定量分析、DNA 拷贝数的检测、基因突变和多态性分析、单核苷酸多态性及易位基因的检测等。

荧光定量检测系统由荧光定量 PCR 仪、实时荧光化学试剂、电脑、自动分析软件等构成。其原理为:PCR 反应产物随着 PCR 反应的进行不断积累,荧光信号强度也等比例增加。每经过一个 PCR 循环,荧光定量 PCR 仪的检测器便会自动收集一个荧光强度信号,这样我们就可以通过荧光强度变化间接监测 PCR 产物量变化,通过自动分析软件的运算从而得到一条荧光扩增曲线图。荧光扩增曲线通常分为 3 个阶段:荧光信号背景阶段(基线期)、指数扩增阶段和平台期。在荧光信号背景阶段,PCR 扩增导致的荧光信号强度增加值为荧光背景信号所掩盖,因此我们无法检测出 PCR 产物量的变化。而在平台期阶段,扩增产物不再呈指数级增长,产物浓度量与起始模板量之间也没有线性关系,因此也无法依据最终的 PCR 产物量来计算出起始的 PCR 模板拷贝数。显然,只有在荧光信号指数扩增阶段 PCR 产物量的对数值与起始模板量之间存在线性关系(即 PCR 理论方程只在指数期成立),我们需选择在这个阶段进行定量分析。图 13-1 是一个典型的荧光强度扩增曲线,其中包括的一些术语将在下文接着作详细介绍。

荧光定量 PCR 根据所使用的荧光化学物质可分为两种:荧光探针和荧光染料。荧光染料包括饱和荧光染料和非饱和荧光染料,其中非饱和荧光染料的典型代表即为现在使用最普遍的 SYBR Green Ⅰ,饱和荧光染料有 EvaGreen 和 LC Green 等;荧光探针包括 Beacon 技术(分子信标技术)、TaqMan 探针(以 AB 公司为代表)和 FRET 技术(以 Roche 公司为代表)等。本实验则以 SYBR Green Ⅰ法为例,对用荧光定量 PCR 进行基因的定量分析作重点介绍。SYBR Green Ⅰ是荧光定量 PCR 最常用的 DNA 结合染料,能非特异性地结合到双链 DNA 的小沟部位。SYBR Green Ⅰ的最大吸收波长约为 497 nm,发射波长最大约为 520 nm。游离的 SYBR Green Ⅰ几乎没有荧光信号,一旦与双链 DNA 结合后荧光信号能呈千倍地增加。因此 PCR 扩增的产物越多,SYBR Green Ⅰ则结合的越多,荧光信号也越强,一个反应发出的全部荧光信号与出现的双链 DNA 量成正比,荧光信号的增加与 PCR 产物的增加完全同步。由于

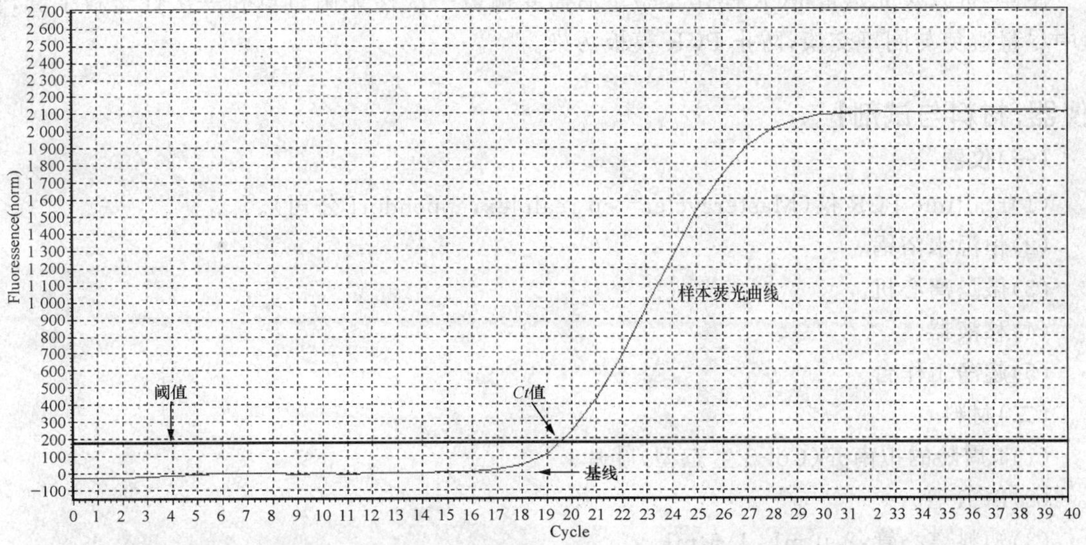

图 13-1 real-time PCR 的扩增曲线(Mastercycler® ep realplex 定量 PCR 仪,eppendorff 公司)

SYBR Green Ⅰ与 DNA 模板的结合没有选择性,因此它也能与 PCR 产生的非特异双链 DNA 结合(如引物二聚体等),使实验容易产生假阳性信号。非特异性的问题目前可通过熔解曲线分析得以解决,区分特异性和非特异性扩增。此外,消除非特异性荧光也取决于反应条件和 PCR 引物的设计优化。

从图 13-1 中我们可以知道,在荧光定量 PCR 技术中有两个重要的概念:①荧光阈值(threshold):为了便于对所检测样本进行比较,在荧光定量 PCR 反应的指数期,首先需设置一定的荧光信号阈值,它可以设定在荧光信号指数扩增阶段任意位置上,但一般荧光阈值定义为 3~15 个循环的荧光信号的标准偏差的 10 倍。②*Ct* 值:PCR 过程中,各样品扩增产物的荧光信号达到设定的阈值时,所经过的扩增循环数。研究表明,每个模板的 *Ct* 值与该模板的起始拷贝数的对数存在线性关系,起始拷贝数越多,*Ct* 值越小。利用已知起始拷贝数的标准品可作出标准曲线,其中横坐标代表起始拷贝数的对数,纵坐标代表 *Ct* 值。因此,只要获得未知样品的 *Ct* 值,即可从标准曲线上计算出该样品的起始拷贝数。通过这种计算方法可以对模板 DNA 进行绝对定量。

本实验以 SYBR Green Ⅰ荧光染料方法检测拟南芥叶片 ABA 应答基因 *RD29A* 对外源 ABA 的表达响应。

【实验安排】

时间	内 容
第 1 天	进行 ABA 处理拟南芥叶片;提取总 RNA;总 RNA 的提取及质量和浓度测定(具体操作步骤详见实验 8 和 12 或相关试剂盒使用说明书)
第 2 天	进行反转录反应(具体操作详见实验 8 和 12)
第 3 天	实时荧光定量 PCR 反应及结果分析

注意：进入荧光定量 PCR 操作实验室后需要佩戴一次性无菌口罩和一次性塑料手套，实验中尽量避免与同事交谈，防止 PCR 模板污染。

【仪器、材料与试剂】

(一)仪器

(1)realtime PCR 仪(Mastercycler® ep realplex，eppendorf 公司)。

(2)恒温水浴锅。

(3)微量离心机。

(4)移液器。

(5)超净工作台。

(二)材料

(1)4 周龄的拟南芥(Col-0 生态型)叶片。

(2)PCR 管。

(3)塑料离心管：2.0 mL、1.5 mL。

(4)吸头：1 mL、100 μL、10 μL。

(5)一次性 PE 手套。

(6)乳胶手套。

(三)试剂

(1)RNA 提取试剂(TRIpure 高纯总 RNA 快速提取试剂盒，北京百泰克生物技术有限公司)。

(2)反转录试剂盒(Supermo Ⅲ RT Kit cDNA 第一链合成试剂盒，北京百泰克生物技术有限公司)。

(3)SYBR Green 染料(SYBR® Premix Ex TaqTM，TaKaRa)。

(4)*RD29a* 基因引物上游序列：CAAAGCAATGAGCATGAGCAAGA；下游序列：AATCGGAAGACACGACAGGAAAC，由南京金斯瑞生物有限公司合成。

(5)*Actin2/7* 基因引物上游序列：TCGTTTCGCTTTCCTTAG；下游序列：CTTCACCATTCCAGTTCC，由南京金斯瑞生物有限公司合成。

(6)定量 PCR8 联排管(Axygen 公司)。

(7)ABA(Sigma 公司)。

【操作步骤】

(一)样品处理

取长势一致的拟南芥幼苗(4 周龄左右)剪下叶片，将大小一致的叶片浸泡于蒸馏水或 100 μmol/L ABA 溶液中。

(二)总 RNA 提取和反转录

处理 6 h 后进行取样，拟南芥叶片总 RNA 和反转录的具体操作步骤详见实验 8 和 12 或相关试剂盒的使用说明书。

(三)荧光定量 PCR

(1)扩增仪应预热，时间不少于 30 min。

(2)*RD29a* 和 *Actin2/7* 基因荧光定量 PCR 预混液的配制：全程操作均在超净工作台内进行，并需戴一次性塑料手套；每个反应管的总反应体系为 15 μL，依据样品个数和平行实验数目最终计算出所需预混液的总体积(无特殊要求，每样品每基因需做 3 个技术重复)，分装至每个 PCR 反应孔中。每个荧光定量 PCR 检测孔加入的预混液如下：

上游引物	0.25 μL
下游引物	0.25 μL
2×SYBR Green Ⅰ	7.5 μL
双蒸水	6.5 μL
合计	14.5 μL

(3)快速准确地将样品模版 cDNA 依次分别加入装有预混液的反应管内，每孔 0.5 μL，荧光定量 PCR 反应总体积最终为 15μL。

(4)盖紧排管盖子并做好标记(用防水笔书写)。

(5)严格按照荧光定量 PCR 仪的操作手册启动机器，设置实验扩增程序，保存文件；PCR 反应条件为：95℃ 2 min，95℃ 15 s，50℃ 15 s，65℃ 30 s，反应 40 个循环。

(6)将反应管置于荧光定量 PCR 仪上，盖上机器盖，开始运行程序。

(7)反应结束后停止实验程序。

(8)扩增结果分析时，对三孔平行的实验结果必须首先判断其是否可用(孔间 *Ct* 差异大于 0.5 时应考虑舍弃该孔数据)，依据 2-ΔΔ*Ct* 法计算出各处理下样品 *RD29a* 基因的相对表达。

【实验结果】

相对定量方法是用来确定经过不同处理的样品目标转录本之间的表达差异或是在不同时相的表达差异。2-ΔΔ*Ct* 法是实时定量 PCR 实验中分析基因表达相对变化的一种简便方法。相对定量方法需引入参照基因(本实验中选用的为 *Actin2/7*)，如，Δ*Ct*(对照样本)＝*Ct*(对照样本待测基因)－*Ct*(对照样本参照基因)；Δ*Ct*(处理样本)＝*Ct*(处理样本待测基因)－*Ct*(处理样本参照基因)；对照样本与处理样本的 Δ*Ct* 进行归一化：ΔΔ*CT*＝Δ*Ct*(处理样本)－Δ*Ct*(对照样本)；经过处理的样本相对于参考因子基因表达的倍数为 2-ΔΔ*Ct*。

本实验通过定量 PCR 的方法检测了盐胁迫下野生型体内胁迫应答基因 *RD29a* 转录水平的变化，样品技术重复为三次。结果显示，对照样本中 *Actin2/7* 和 *RD29A* 的平均值分别为 19.8 和 26.2；处理样品中 *Actin2/7* 和 *RD29A* 的平均值分别为 21.5 和 17.8。依据上述公式，经处理的样品中 *RD29A* 相对于参照基因 *Actin2/7* 的 ΔΔ*CT*＝(17.8－21.5)－(26.2－19.8)。这些结果说明，未经 ABA 处理组相比，ABA 处理 6 h 大幅诱导了野生型拟南芥叶片中 *RD29A* 的表达(上调了 210.1 倍，图 13-2A)。此外，熔解曲线的结果也表明，采用的 *RD29a* 和 *Actin2/7* 主峰单一(图 13-2B)，引物特异性高，可以使用。

【问题与讨论】

1. 无 *Ct* 值(信号)出现

可能的原因为：

(1)反应循环数不够：一般都要在 30 个循环以上，可根据实验情况增加循环，但高于 45 个

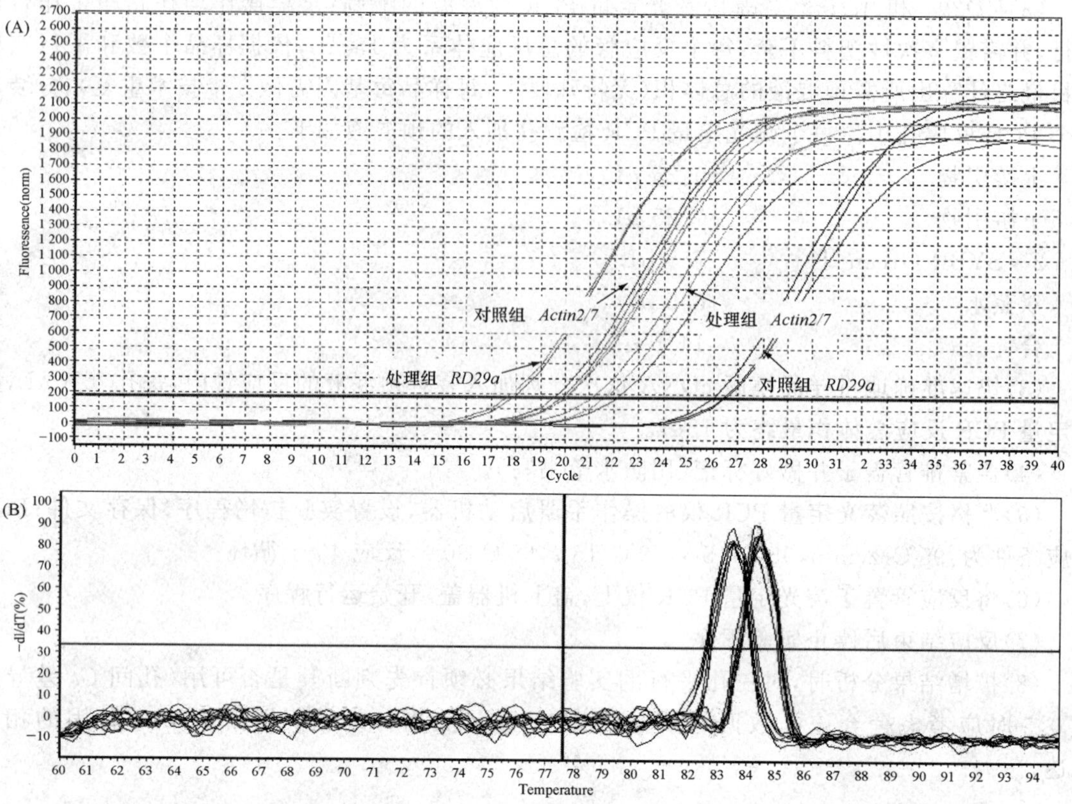

图 13-2 拟南芥叶片 ***RD29a*** 和 ***Actin2/7*** 的扩增曲线(A)和熔解曲线(B)

循环会增加过多的背景信号；

(2)检测荧光信号的步骤有误：SYBR Green 一般采用在 72℃时采集荧光信号；

(3)引物或探针降解：可通过 PAGE 检测其完整性；

(4)模板量不足：对未知浓度的样品应从系列稀释样品的最高浓度做起；

(5)模板降解：避免样品制备中杂质的引入及反复冻融的情况。

2. *Ct* 值出现过晚

可能的原因为：

(1)扩增效率低，反应条件不够优化：需设计更好的引物或探针、适当降低退火温度、增加镁离子浓度等；

(2)PCR 各种反应成分的降解或加样量不足：更换反应相关试剂；

(3)PCR 产物太长：一般采用 80～150 bp 的产物长度。

3. 熔解曲线不止一个主峰

可能的原因为：

(1)引物设计不够优化：应避免引物二聚体和发夹结构的出现；

(2)引物浓度不佳：适当降低引物的浓度，并注意上、下游引物的浓度配比；

(3)镁离子浓度过高：适当降低镁离子的浓度，或选择更适合的 Mix 试剂盒；

(4)模板有基因组的污染：RNA 提取过程中避免基因组 DNA 的引入，或通过引物设计避免非特异性扩增。

4. 实验重复性不好

可能的原因是：

(1)加样不准确；

(2)仪器在样品上温度条件有差异，即温度均一性不好；

(3)模板浓度低：样品初始浓度越低，重复性越差，应减少样品的稀释倍数。

5. 在实时荧光定量 PCR 中，还应注意变性、退火的温度和时间

一般大部分的双链 DNA 在 95℃就开始解链，有些情况下在 90～94℃都不能很好地变性 DNA。由于部分变性，参加反应的探针和引物相应地减少了，因此反应效率会下降。15～20 s 对于变性扩增是足够了，而较长产物的时间则需适当延长。SYBR Green Ⅰ一般采用在 72℃时采集信号，退火时间为 20～35 s。

（谢彦杰　编写）

实验十四　外源基因在原核细胞中的诱导表达

【概述】

基因表达是指结构基因在调控序列的作用下转录成 mRNA，经加工后在核糖体的协助下翻译出相应的蛋白质，在受体细胞中再经过修饰而具有生物学功能。基因工程的一个重要目的是获得有功能的蛋白质产品。这一目的的实现包括目的基因的克隆、复制、转录、翻译、加工等一系列复杂的过程。基因的克隆、复制、转录和翻译需要在一个合适的系统中完成，就是基因表达系统。根据受体细胞的不同分为原核细胞表达系统和真核细胞表达系统。原核细胞表达系统(gene expression in prokaryotic cells)是将克隆的目的基因导入到原核细胞中，使其在原核细胞中扩增和高效表达外源蛋白质的系统。用于基因克隆的载体主要有质粒和噬菌体载体，目的基因通过转化或转染的方式进入受体细胞，并在其中进行表达。受体细胞是目的基因最终表达的场所，主要有大肠杆菌、链霉菌和枯草杆菌等。

20 世纪 70 年代，Berg 等首次利用限制性内切酶 *Eco*R Ⅰ 切割猿猴病毒 40(SV 40)的 DNA，获得的 DNA 片段和噬菌体 DNA 连接，组成重组 DNA 分子，他成为实现体外 DNA 重组的第一人，标志着基因工程的诞生。1977 年，Itakura 和 Eoyer 用人工合成的生长激素释放抑制素(somatostatin，SMT)基因第一次实现了真核基因在原核细胞中的表达。1978 年，哈佛大学的 Gilbert 等将鼠胰岛素基因与大肠杆菌青霉素酶基因连接，转化大肠杆菌，生产出胰岛素，实现了基因工程的又一突破，产品在 1981 年投放市场。1980 年，瑞士 Biogen 公司第一次用细菌生产了人的干扰素。乙型肝炎病毒是全球性疾病，我国患者和带毒者高达 1 亿～2 亿人。乙肝病毒的第一代基因工程疫苗就是用大肠杆菌表达系统生产的。1980 年，美国首次成功用大肠杆菌表达了人的生长激素基因。我国武汉水生生物研究所表达了牛生长激素基因，苏联利用基因工程菌生产了苏氨酸，产量高达 60 g/L，日本东京大学利用大肠杆菌表达赛氏杆菌的凝乳酶基因制造干酪获得成功，我国复旦大学用大肠杆菌表达系统生产嗜热脂肪芽孢杆菌的耐热 α 淀粉酶，产量提高 200 倍。

目的基因必须在宿主细胞调节元件控制下才能正确表达并获得有效数量的功能蛋白质。在细菌中表达克隆基因，选择带有调控原核生物启动子的表达载体，以 pQE-30 载体为例(图 14-1)。载体装有以下元件：PT5：T5 启动子；lac O：lac 操纵子；RBS：核糖体结合位点；ATG：翻译起始密码子；6xHis：6 个组氨酸标签序列；MCS：多克隆位点；Stop Codons：终子密码子；Col E1：Col E1 复制起点；*Ampicillin*：氨苄青霉素抗性基因。

目的基因连接到载体的多克隆位点上，在 T5 启动子和乳糖操纵子的控制之下，用 IPTG 诱导表达目的基因产物。IPTG 是异丙基 *β-D-*硫代半乳糖苷，是 *β-*半乳糖苷酶底物的类似物，有很强的诱导力。在 IPTG 存在的条件下，诱导物与阻遏蛋白结合成复合物，使得阻遏蛋白构象发生改变而不能够和 *lac O* 基因结合，这时候 T5 RNA 聚合酶和 T5 启动子结合启动转录，

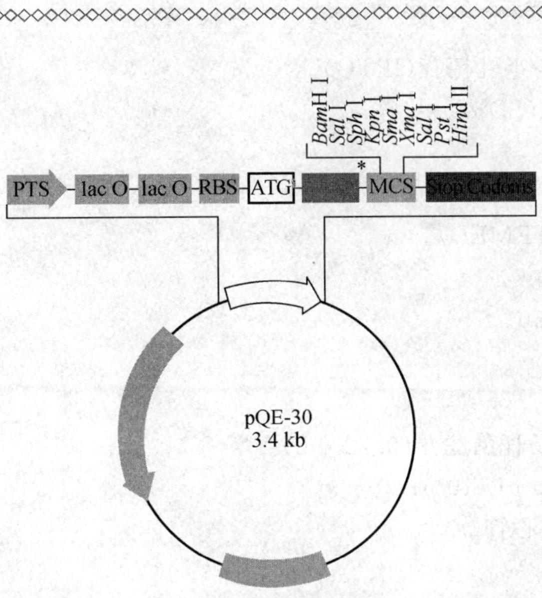

图 14-1　pQE-30 图谱

使得目的基因得到表达。

【实验安排】

时间	内　容
上午	重组大肠杆菌的诱导表达
下午	表达产物的 SDS-PAGE,考马斯亮蓝染色和脱色,分析实验结果

【仪器、材料与试剂】

(一)仪器

(1)恒温振荡培养箱。

(2)超声发生器。

(3)垂直板电泳仪。

(4)超净工作台。

(5)离心机。

(6)移液器。

(7)灭菌锅。

(8)pH 计。

(9)沸水水浴锅。

(10)脱色摇床。

(11)紫外分光光度计。

(12)电子天平。

(二)药品、材料

(1)三羟甲基氨基甲烷(Tris)。

(2)氨苄青霉素。

(3)异丙基硫代β-D-半乳糖苷(IPTG)。

(4)十二烷基硫酸钠(SDS)。

(5)丙烯酰胺。

(6)过硫酸铵。

(7)四甲基乙二胺(TEMED)。

(8)蛋白质 Marker。

(9)考马斯亮蓝 R-250。

(10)冰乙酸。

(11)甲醇。

(12)鉴定的重组大肠杆菌滤器(0.22 μm)。

(13)吸头:1 mL、200 μL、10 μL。

(14)1.5 mL 塑料离心管。

(15)量筒。

(16)洗瓶。

(17)纸巾。

(三)试剂

(1)氨苄青霉素(Amp)母液:100 mg/mL,过滤除菌,分装,-20℃保存。

(2)LB 固体培养基、LB 液体培养基。

(3)IPTG:取 2 g IPTG 溶于 8 mL 双蒸水中,再用双蒸水补充至 10 mL,用 0.22 μm 的滤膜过滤除菌,每份 1 mL,贮于-20℃。

(4)10% SDS。

(5)30%丙烯酰胺混合液。

(6)10% SDS 过硫酸铵。

【操作步骤】

(一)重组菌的诱导表达、样品制备

(1)取已经鉴定的重组大肠杆菌单菌落,pQE-30-X,*X* 为外源基因,活化,接种在含有抗生素氨苄青霉素的 LB 液体培养基中,37℃振荡培养,至 A_{600} 为 0.5~0.6。

(2)加入 IPTG 至终浓度为 1 mmol/L,继续培养。

(3)对重组菌和空载体对照菌在诱导前后的不同时间取样。诱导前取样品 2 mL(对照),诱导后 1 h,2 h,3 h,4 h,5 h,6 h 分别取样品 1 mL(为了保证取样的细胞数量大致相同,前期可以取 2 mL),置于 EP 管中,12 000 r/min 离心 30 s 分离菌体。

(4)弃上清,用预冷的 PBS 重悬细菌,用超声波(Φ2 mm 的探头)破碎细胞,4℃,12 000 r/min离心 5 min,除去沉淀。

(5)取上清,加入等体积的 1×SDS 凝胶上样缓冲液,煮沸 5 min,使蛋白质变性。

(二)SDS-聚丙烯酰胺凝胶的灌制

(1)按照厂商说明书安装玻璃板。

(2)确定凝胶模具的体积(厂商提供),根据分离的目标蛋白质的分子质量大小确定分离胶的浓度,配置分离胶,依次加入三角瓶或一次性塑料管中,水、30%丙烯酰胺混合液,

1.0 mol/L Tris(pH 6.8),10% SDS,10%过硫酸铵,TEMED,混匀。加入 TEMED 后聚合反应立即开始,迅速旋动混合物,并进行下一步。

(3)将配置好的胶灌至两块玻璃板中间的间隙中,留出积层胶的空间(再留出 1 cm 梳子的长度)。用巴氏吸管或移液器小心地在其表面覆盖一层去离子水或异丙醇,隔绝空气,防止氧气扩散到凝胶中抑制聚合作用。

(4)待聚合作用完成后(大约 30 min),倒掉覆盖液,用滤纸吸干残余液体。

(5)配置 5%的浓缩胶,混合,并立即灌胶。

(6)把浓缩胶直接覆盖在分离胶上,立即插入一块干净的梳子,避免气泡产生。

(7)当浓缩胶聚合完成,小心拔出梳子,用去离子水冲洗梳子孔,准备上样。

(三)电泳及检测

(1)依次上样蛋白质 Marker,样品 15~20 μL,空白的样品孔加入上样缓冲液。记录好上样顺序,和样品一一对应。

(2)上、下槽中加入 1×Tris-甘氨酸电泳缓冲溶液,高度以没过金属线为准。

(3)电压设置 8 V/cm,当溴酚蓝指示剂到达分离胶时电压上调至 15 V/cm,继续电泳直至指示剂到达胶底部,关闭电源。

(4)取下玻璃板,小心撬开,将胶小心取出。

(5)使用固定液固定 2~4 h。

(6)用染色液浸泡凝胶,在水平摇床上缓慢震荡 4 h 以上。

(7)用去离子水冲洗凝胶,加入脱色液,进行脱色,期间更换脱色液。

(8)脱好色的凝胶置于凝胶成像系统中拍照,保存图像,分析结果。

【实验结果】

与对照样品和蛋白质 Marker 相比,在我们预先计算好的外源蛋白的相对分子质量大小处有条带,而对照样品处(诱导前样品)没有条带出现(图 14-2)。诱导后 5 h 有外源蛋白条带出现,与预计大小 56 ku 一致,说明目的基因得到表达。

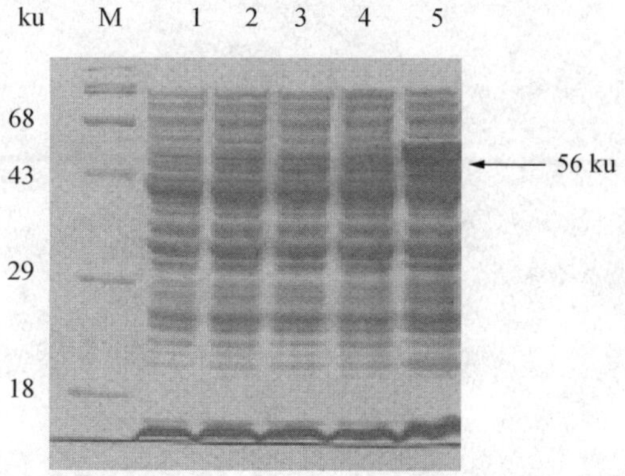

图 14-2 蛋白质凝胶电泳

M:蛋白质 Marker;1:空载体对照大肠杆菌诱导前;
2:重组 DNA 样品诱导前;3:诱导后 5 h 的空载体对照;
4:重组 DNA 样品诱导 2 h;5:重组 DNA 样品诱导 5 h

【问题与讨论】

(1)在诱导表达外源蛋白的过程中 IPTG 浓度和诱导前后的孵育温度对蛋白的表达产量和可溶性有显著影响，降低大肠杆菌的生长温度在某些时候有助于减少包涵体的形成。接种数量、诱导之前生长时间及诱导之后细菌的生长密度非常重要。如果天然蛋白不能够有效表达，应该对不同的培养温度(15～42℃)和 IPTG 浓度(0.01～5.0 mmol/L)进行优化。

(2)用超声波破碎细胞时，应把样品管置于冰上进行，为什么？在诱导表达外源蛋白质的过程中，明确表达量最大的时间非常必要，在这个时间终止表达，取得样品进行处理可以获得更多的目的蛋白并取得好的数据。另外，在样品处理过程中，将样品置于冰上，使得蛋白酶的活性降至最低，保证目的蛋白不被降解，获得更好的收率。

(3)为了检测目的蛋白表达情况，最简单的方法就是采用 SDS-PAGE，获得对照空载体大肠杆菌和重组大肠杆菌诱导前后的样品进行垂直板电泳，然后进行染色和脱色。配置好的凝胶和制备好样品是获得漂亮数据的基础。如何提高电泳的分辨率？解决的途径是要让聚丙烯酰胺凝胶充分聚合，凝胶在室温下凝固后，可在室温下放置一段时间再使用，切不可将凝胶置于 4℃冰箱中放置，这样可导致 SDS 结晶。一般，凝胶在室温下可以保存 4 d。

(4)电泳后常会出现各种带型影响数据的质量，比如“微笑”(两头翘中间凹)带型，“皱眉”(中间鼓起)带型，粗带型，纹理现象和拖尾现象等。怎么办？“微笑”主要是凝胶中间部分凝固不均匀造成的，多出现在较厚的凝胶中。因此，待凝胶充分凝固后再电泳。“皱眉”主要出现在蛋白质垂直板电泳槽中，两板之间的底部间隙气泡没有排除干净所致。因此，可在两板之间加入适量的缓冲溶液，排除气泡。电泳中条带很粗是常见的现象，原因是蛋白没有浓缩好，可适当增加浓缩胶的长度，保证浓缩胶的 pH 6.7，适当降低电压。纹理现象主要是样品不溶性颗粒引起的，因此，加样前离心，取上清电泳或加入适量的促溶剂。拖尾现象也是常见的，主要是样品融解效果不佳或分离胶浓度过大所致，可采用以下办法解决：加样前离心；选择适当的样品缓冲溶液；加入适量的样品促溶剂；电泳缓冲溶液时间过长，重新配置；降低凝胶浓度。

(余丽芸　编写)

实验十五 外源基因在洋葱表皮细胞中的瞬时表达

【概述】

瞬时表达系统(transient gene expression system)是不同于稳定遗传转化的有效转化方法。稳定的遗传转化是外源DNA整合到宿主染色体中得到稳定转染的同源细胞系，这种转化细胞经过诱导分化，再生成为转基因植株。通常瞬时表达系统外源DNA进入受体细胞后24～96 h内，即可检测基因的表达而无须获得再生植株。对于瞬时转染的检测：如果有报告基因，可以通过一些报告系统如绿色荧光蛋白GFP，β-半乳糖苷酶GUS等进行检测；没有报告基因，可以在24～96 h内收获细胞，通过RT-PCR和Western杂交来鉴定。瞬时基因表达方法为基因-蛋白质研究提供了一种快速、方便的方法。

在载体选用方面，瞬时表达可以不需要筛选标签，但使用稳定表达的载体亦可以用来进行瞬时表达。靶基因导入细胞的方法与稳定遗传转化体系类似，可以通过载体介导的方法，如农杆菌介导，也可以通过物理和化学刺激的方法，如细胞融合剂PEG处理、基因枪和电穿孔等基因转化技术。本实验主要学习农杆菌介导的洋葱表皮细胞的瞬时表达。

农杆菌介导的瞬时表达提供了一种快速分析基因功能的方法。通过将带有重组质粒的农杆菌，经诱导后通过抽真空渗透入植物叶片进而渗透入植物细胞，通过目的基因瞬时表达来检测植物中农杆菌介导的T-DNA转移的效率。随后人们又采用针管注射活体植株叶片，来进行农杆菌介导的基因瞬时表达检测。农杆菌介导的瞬时表达的主要原理是将目的基因插入共整合载体或双元载体，转化根癌农杆菌，通过真空渗透或针管注射进入植物叶片组织中，农杆菌在叶片内与植物细胞紧密接触。诱导处理在转录水平激活Vir区基因，真空渗透或注射使得农杆菌与植株叶片细胞接触，从而实现了T-DNA转移进入植物细胞核。大部分T-DNA并未整合入植物基因组而是暂时存在于核内并在植物细胞转录、翻译成分的协助下瞬时表达T-DNA基因，通常在数小时后即可检测到外源基因的表达，并在1～2 d内达到最高值。该项技术目前已广泛应用于亚细胞定位、基因沉默、启动子活性分析、转录因子转录活性分析等多植物分子生物学研究领域。

瞬时表达体系具有较多的优点。①简单快速：转化基因可在转化的1周内进行分析，避免了繁杂的组织培养过程；②表达水平高：T-DNA进入植物细胞后，许多未整合到植物基因组中的游离外源基因同样可以表达；③可定量分析：通过对报告基因产物如β-半乳糖苷酶和萤火虫荧光素酶的活性测定，还可以对瞬时表达的基因产物进行定量分析和比较；④安全有效：瞬时表达中的基因转移及其表达是一个独立的过程，不受植物生长发育过程的影响，不产生可遗传的后代，试验结果更为直观可靠，且不存在基因漂移的生态风险。

本实验的实验目的：用农杆菌介导法将“35S启动子：靶基因-GFP报告基因”及“35S启动子：GFP报告基因”两种表达质粒直接导入洋葱表皮细胞，采用荧光显微镜检测GFP的瞬时表达情况及定位情况。通过分析 GFP 荧光在洋葱表皮细胞中的分布，研究靶基因产物的亚细胞定位情况。

【实验安排】

时间	内容
第 1 周	从植物组织中分离靶基因，构建 pBⅠ121GFP-靶基因瞬时表达载体
第 2 周第 1 天	制备农杆菌感受态细胞
第 2 周第 2 天	冻融法转化农杆菌，划平板培养 2～3 d
第 2 周第 4 天	挑单克隆振荡培养 24 h，并撕下洋葱表皮，置于 MS 培养基上暗培养 24 h
第 2 周第 5 天	侵染洋葱表皮，置于 MS 培养基上 28℃培养 2 d
第 2 周第 7 天	激光共聚焦显微镜观察报告基因表达情况

【仪器、材料与试剂】

(一)仪器

(1)高速离心机。

(2)超净工作台。

(3)恒温振荡培养箱。

(4)激光共聚焦显微镜。

(5)移液器。

(二)药品、材料

(1)洋葱内表皮。

(2)植物表达载体 pBⅠ121GFP(图 15-1)。

(3)MS 培养基。

(4)牛肉膏。

(5)蛋白胨。

(6)酵母提取物。

(7)蔗糖。

(8)无水乙醇。

(9)硫酸镁($MgSO_4$)。

(10)氯化钙($CaCl_2$)。

(11)甘油。

(12)卡那霉素。

(13)链霉素。

(14)利福平。

(15)培养皿。

(16)塑料离心管：50 mL、1.5 mL、2 mL。

(17)三角瓶。

(18)滤纸。

(19)吸头：1 mL、200 μL、10 μL。

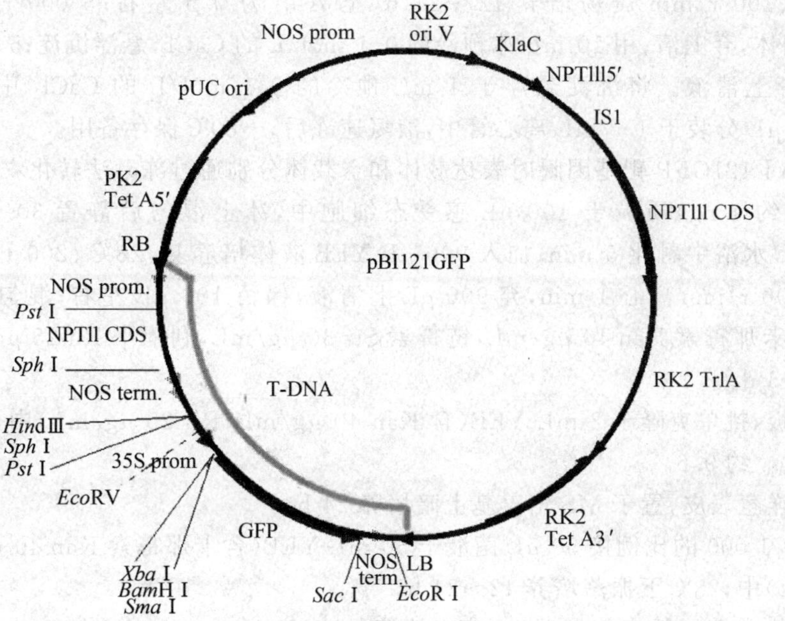

图 15-1　pBⅠ121GFP

(三)试剂

(1)MS 固体培养基(见附录)。

(2)YEB 液体培养基：牛肉膏(5 g/L)、蛋白胨(5 g/L)、酵母提取物(1 g/L)、蔗糖(5 g/L)、$MgSO_4$(0.5 g/L)、pH 7.0。

(3)0.1 mol/L $CaCl_2$：

$CaCl_2$	$CaCl_2 \cdot 2H_2O$	$CaCl_2 \cdot 6H_2O$	ddH_2O(补足)
1.11 g	—	—	100 mL
—	1.47 g	—	100 mL
—	—	2.19 g	100 mL

高压灭菌后，4℃保存。

(4)卡那霉素(Kan)母液：50 mg/mL，过滤除菌，分装，−20℃保存。

(5)链霉素(Str)母液：10 mg/mL，过滤除菌，分装，−20℃保存。

(6)利福平(Rif)：50 mg/mL，过滤除菌，分装，−20℃保存。

【操作步骤】

(1)靶基因瞬时表达载体构建。根据靶基因序列分别设计上、下游引物，通过 RT-PCR 的方法从植物组织 cDNA 中分离了包含完整 ORF 的靶基因(不包括终止密码子)，并将靶基因的 ORF 与 pBI121GFP 载体中的 GFP 报告基因 5′端融合，形成一个靶基因-GFP 的嵌合基因，酶切验证后构成 pBI121GFP-靶基因瞬时表达载体。

(2)农杆菌感受态细胞制备。取−80℃保存的 JM109 菌株，划线于 YEB 固体平板(含利福平 25 μg/mL)上，28℃下培养 36～48 h；接种单菌落于 3 mL YEB 液体培养基(含利福平

25 μg/mL)中，28℃、200 r/min 震荡培养 24 h；取上述菌液 5 μL，转接于 50 mL YEB 液体培养基中，28℃、200 r/min 震荡培养 12～24 h，至 A_{600} 为 0.5 左右；5 000 r/min，4℃离心 5 min，收集菌体，弃上清；用 10 mL 冰预冷的 0.1 mol/L 的 $CaCl_2$ 悬浮沉淀；5 000 r/min，4℃离心 5 min，弃上清液。将沉淀悬浮于 1 mL 预冷的 0.1 mol/L 的 $CaCl_2$ 中，加 60% 甘油 330 μL。100 μL 分装于 1.5 mL 离心管中，液氮速冻后，－80℃保存备用。

(3)将 pBⅠ121GFP 靶基因瞬时表达载体和空载体分别通过冻融法转化农杆菌。

加 1 μL(约 1 ng)质粒于 100 μL 感受态细胞中，冰上混匀后静置 30 min；液氮速冻 5 min，于 37℃水浴中融化 5 min；加入 900 μL YEB 液体培养基，28℃、200 r/min 震荡培养 5 h；室温 6 000 r/min 离心 1 min，弃 900 μL 上清液，保留 100 μL 左右；混匀，涂布 YEB 固体平板(包含卡那霉素 Kan 40 μg/mL，链霉素 Str 30 μg/mL，利福平 Rif 25 μg/mL)，28℃下倒置培养 2～3 d。

(4)划平板，挑单克隆于 2 mL YEB(含 Kan 40 μg/mL，Rif 25 μg/mL)中，28℃下振荡培养 24 h，至 A_{600} 约 0.6。

(5)撕下洋葱表皮，置于 MS 培养基上暗培养 24 h。

(6)按 1∶1 000 的比例接 50 μL 菌液于 50 mL YEB(含卡那霉素 Kan 40 μg/mL，利福平 Rif 25 μg/mL)中，28℃下振荡培养 12～24 h。

(7)4 000 r/min，4℃离心 10 min，弃上清液。

(8)加入 50 mL YEB 培养基，含有 $MgCl_2$ 10 mmol/L。将洋葱表皮放入菌液中浸泡 30 min。吸干表面菌液，置于 MS 培养基上 28℃下培养 2 d。

(9)在 Leica TCS SP2 型激光共聚焦显微镜观察报告基因表达情况。

【实验结果】

(1)瞬时表达载体构建。

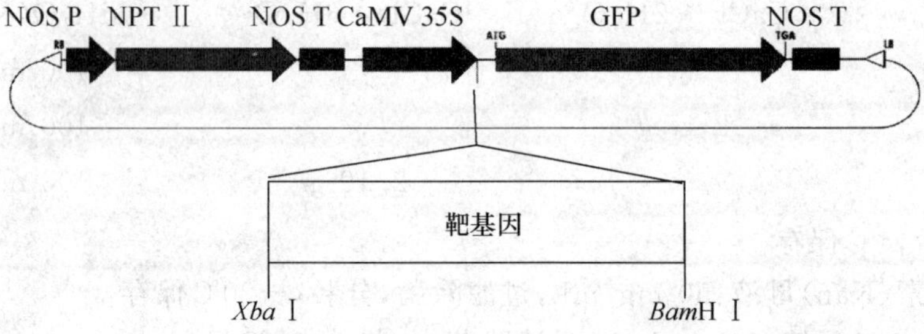

(2)121GFP 靶基因瞬时表达载体和空载体 pBI121GFP 通过农杆菌介导转化洋葱表皮细胞后，在 Leica TCS SP2 型激光共聚焦显微镜观察报告基因表达情况，发现靶基因与 GFP 融合基因的产物定位在细胞核，而单独的 GFP 蛋白在细胞各部分(包括细胞壁、细胞膜、细胞质和细胞核)中都表达(图 15-2)。

【问题与讨论】

(1)共聚焦显微镜观察报告基因表达情况时，有时发现很难找到表达报告基因的细胞或者信号比较弱，表明农杆菌介导转化的效率较低。因为农杆菌介导的瞬时表达同时有两个生物体参加这一过程，农杆菌的侵染力和植物生理状况的因素都会影响转化的效率。

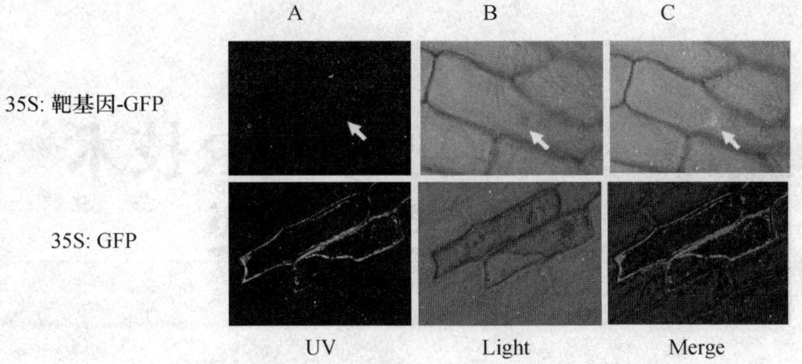

图 15-2　靶基因在洋葱表皮细胞中瞬时表达

A. UV 激发后的 GFP 荧光；B. 可见光视野下的细胞；

C. A 和 B 视野复合结果。箭头所示为细胞核的位置

(2)叶片的生理状况，比如本实验中洋葱表皮细胞的生理状况，在很大程度上也影响到瞬时表达的转化效率，通常幼嫩组织比老组织的转化效率高。

(3)很重要：悬液的 A_{600} 值小于 0.1，导致弱的转基因表达；而 A_{600} 值高于 1.0 悬液的渗透通常导致组织黄化或枯萎。

(4)化学因素在不同植物中也可以影响瞬时表达的效率，如有报道指出乙酰丁香酮对于转化效率的提高具有较大的影响，另外，渗透过程中 pH 也会影响转化效率。

（黄芳　编写）

实验十六

利用PCR技术定点突变

【概述】

定点突变是指通过聚合酶链式反应(PCR)等方法向目的DNA片段(可以是基因组,也可以是质粒)中引入所需变化(通常是表征有利方向的变化),包括碱基的添加、删除、点突变等。

传统的诱变方法是利用物理或化学的方法使生物体突变,再用适当的选择法选出需要的新的表型,获得突变体,最后将野生型的基因与突变体的基因进行序列分析。这种方法不仅耗时费力,而且突变频率相对低,对于那些在表型无显著差别的突变有局限性。

重组DNA技术的产生和发展改变了传统方法,逐渐创造出许多新的快捷高效的DNA定点诱变方法。对一段目的基因进行诱变,根据不同研究目的,有不同的实验方法。例如在特定位点插入、缺失或改变一个或几个核苷酸,通常用寡核苷酸介导的定点诱变法和利用聚合酶链式反应(PCR)的定点诱变法。此方法很适合用来研究DNA某一特异性的改变所产生的影响,也可用来增加或减少限制性酶切位点。若是进行大片段缺失、插入或大量随机核苷酸突变,另有一些方法在后面介绍。1992年Zoller和Smith发表了寡核苷酸诱导的定点突变方法。该法发表后的前几年,研究者以此方法为基础,改进了的定点突变方法,如雨后春笋相继产生。PCR技术为DNA重组和定点突变提供了一种快速简便的手段,可以在DNA区段的任何部位产生定点突变。这是因为引物通过PCR后要组合到PCR产物中去,因此可通过引物的人为改变来对扩增产物进行修饰。以PCR为基础的诱变方法可分为:①重组PCR定点诱变法。PCR技术为DNA重组和定点突变提供了一种快速简便的手段,可以在DNA区段的任何部位产生定点突变。这是因为引物通过PCR后要组合到PCR产物中去,因此可通过引物的人为改变来对扩增产物进行修饰。这种基于用PCR来完成的定点突变或DNA重组的方法叫重组PCR(recombination PCR)。②重叠延伸诱变法。利用重叠延伸技术可在体外进行DNA的重组和突变。这种方法十分简便,不需用限制性内切酶或连接酶,只用PCR就可完成体外重组或定点突变。本实验就是采用此种方法。③大引物诱变法。该方法的核心是以第一轮PCR扩增产物作为第二轮PCR扩增的大引物,只需三种扩增引物进行两轮PCR反应。第一次PCR反应在引物2和引物3之间扩增,引物2中含有突变的碱基,为突变引物。将第一次PCR扩增产物纯化,作为第二次PCR反应时的引物,可获得突变体DNA。

聚合酶链式反应(PCR)是用于在体外酶促扩增特定DNA片段的一种快速而有效方法,扩增的DNA大小为模板对应5′端引物和3′端引物之间的DNA大小。用PCR做定点诱变,诱变的核苷酸设计和合成在引物上,利用多次循环使之产生诱变的目的基因。

利用PCR做定点诱变,需设计4种引物,分别做两次PCR扩增,得到突变了的目的基因的5′段和3′段,再通过平末端连接或者再采用下述的顺序PCR法将两段DNA连接成一段完整的突变的基因。引物设计的基本要点同前。值得注意的是,突变点在目的基因中间的引物有 2 种引物处于突变点，设计时若是采用平末端连接，则 2 种引物的 DNA 序列应正好是连续的。若是采用顺序 PCR 方法则两个引物必须有一部分 DNA 序列重叠，相同的碱基数应达到 12 个以上。

顺序 PCR 引入点突变的基本步骤如图 16-1 所示，A、C 之间为初始 DNA，即待诱变的目的基因通过 PCR 引入点突变。M 为引入的点突变，将之设计入引物 2 和 3 中，2、3 引物存在一定的序列重叠，可以相互匹配。A 位点与 C 位点为目的基因的一首一尾，均含限制性内切酶位点。第一轮 PCR 分别以 2 和 1、3 和 4 为引物对目的基因 AC 扩增，结果形成 AM 和 MC 片段。第二轮 PCR 将 AM、MC 汇在一起，变性后由于 2 和 3 引物之间可以配对，所以形成新的 AMC 模板，再用 1 和 4 引物扩增，即可得含点突变 M 的目的基因 AMC，用限制性内切酶酶解后连接到适当的载体上，再转化到适当宿主，即可获得含点突变的质粒。利用 DNA 测序技术确定诱变后 DNA 的全序列。

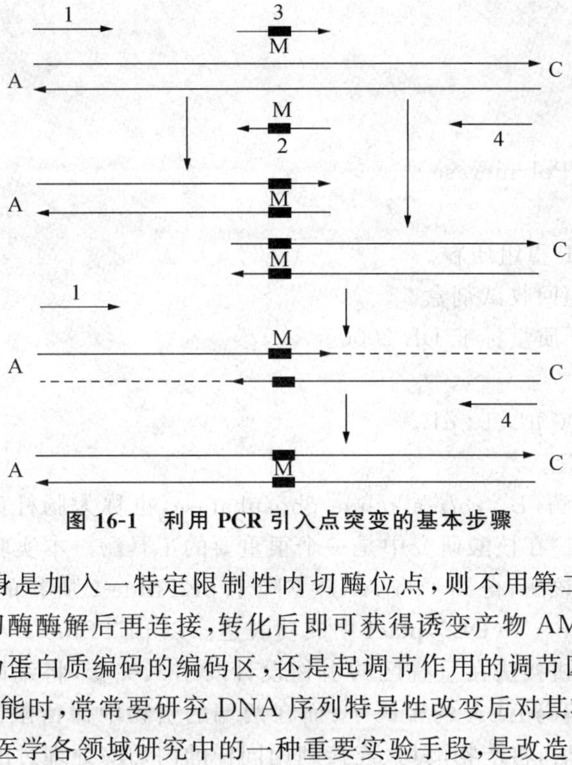

图 16-1 利用 PCR 引入点突变的基本步骤

如果突变位点本身是加入一特定限制性内切酶位点，则不用第二轮 PCR 扩增，直接将 AM、MC 分别用此内切酶酶解后再连接，转化后即可获得诱变产物 AMC。

DNA 中，无论是为蛋白质编码的编码区，还是起调节作用的调节区，以及其他遗传因子，我们在研究 DNA 的功能时，常常要研究 DNA 序列特异性改变后对其功能的影响。体外定点突变技术是当前生物、医学各领域研究中的一种重要实验手段，是改造、优化基因的便捷方案，是探索启动子调节位点的有效手段，也是研究蛋白质结构和功能之间的复杂关系的有力工具。定点突变法的应用不仅广泛用于基因工程技术领域，还可用于农业培育抗虫、抗病的良种，用于医学矫正遗传病、治疗癌症等。

【实验安排】

时间	内容	时间	内容
第 1 天上午	第一轮 PCR	第 2 天上午	第三轮 PCR
第 1 天下午	回收及第二轮 PCR	第 2 天下午	DNA 电泳

【仪器、材料与试剂】

(一)仪器

(1)PCR 仪。

(2)离心机。

(3)琼脂糖凝胶电泳装置。

(4)凝胶成像系统。

(5)移液器。

(6)电子天平。

(二)药品、材料

(1)三羟甲基氨基甲烷(Tris)。

(2)硼酸。

(3)EDTA。

(4)蔗糖。

(5)溴酚蓝。

(6)琼脂糖。

(7)Pyrobest DNA Polymerase。

(8)dNTP。

(9)pETBlue-2-AKP 重组质粒。

(10)DNA 片段快速回收试剂盒。

(11)DNA 相对分子质量标准 DL 2000。

(12)PCR 管。

(13)吸头:1 mL、200 μL、10 μL。

(14)一次性 PE 手套。

大肠杆菌碱性磷酸酶(*E. coli* alkaline phosphatase,也称大肠杆菌碱性磷酸酯酶,简称 AKP/ALP,EC. 3. 1. 3. 1)在核酸研究中是一个很重要的工具酶。本实验室在前面的重组实验中已经成功克隆表达了该酶,得到了将 AKP 克隆于 pETBlue-2 质粒的重组质粒 pETBlue-2-AKP,并于大肠杆菌 Tuner™(DE3)placI 中成功表达。以 pETBlue-2-AKP 为模板,利用前面介绍的重叠区扩增基因拼接法在重叠区的引物设计时引入突变,将编码 ASP_{327}(能与金属离子配位)的密码子改成编码 ALA 的密码子;而在两端的引物中保留限制性内切酶位点(在重组时引入)经两轮 PCR 后,将产物酶切、连接到用同样的内切酶处理过的 pETBlue-2 质粒。

附:扩增片段的全序列及扩增的引物对

①大肠杆菌 K_{12} 碱性磷酸酶的编码基因序列(1～1 482 bp)。

1	atgtcacggc	cgagacttat	agtcgctttg	tttttatttt	ttaatgtatt
51	tgtacatgga	gaaaataaag	tgaaacaaag	cactattgca	ctggcactct
101	taccgttact	gtttacccct	gtgacaaaag	cccggacacc	agaaatgcct
151	gttctggaaa	accgggctgc	tcagggcgat	attactgcac	ccggcggtgc
201	tcgccgttta	acgggtgatc	agactgccgc	tctgcgtgat	tctcttagcg
251	ataaacctgc	aaaaaatatt	atttgctga	ttggcgatgg	gatgggggac
301	tcggaaatta	ctgccgcacg	taattatgcc	gaaggtgcgg	gcggcttttt

351	taaaggtata	gatgccttac	cgcttaccgg	gcaatacact	cactatgcgc
401	tgaataaaaa	aaccggcaaa	ccggactacg	tcaccgactc	ggctgcatca
451	gcaaccgcct	ggtcaaccgg	tgtcaaaacc	tataacggcg	cgctgggcgt
501	cgatattcac	gaaaaagatc	acccaacgat	tctggaaatg	gcaaaagccg
551	caggtctggc	gaccggtaac	gtttctaccg	cagagttgca	ggatgccacg
601	cccgctgcgc	tggtggcaca	tgtgacctcg	cgcaaatgct	acggtccgag
651	cgcgaccagt	gaaaaatgtc	cgggtaacgc	tctggaaaaa	ggcggaaaag
701	gatcgattac	cgaacagctg	cttaacgctc	gtgccgacgt	tacgcttggc
751	ggcggcgcaa	aaacctttgc	tgaaacggca	accgctggtg	aatggcaggg
801	aaaaacgctg	cgtgaacagg	cacaggcgcg	tggttatcag	ttggtgagcg
851	atgctgcctc	actgaattcg	gtgacggaag	cgaatcagca	aaaacccctg
901	cttggcctgt	ttgctgacgg	caatatgcca	gtgcgctggc	taggaccgaa
951	agcaacgtac	catggcaata	tcgataagcc	cgcagtcacc	tgtacgccaa
1001	atccgcaacg	taatgacagt	gtaccaaccc	tggcgcagat	gaccgacaaa
1051	gccattgaat	tgttgagtaa	aaatgagaaa	ggctttttcc	tgcaagttga
1101	aggtgcgtca	atcgataaac	aggatcatgc	tgcgaatcct	tgtgggcaaa
1151	ttggcgagac	ggtcgatctc	gatgaagccg	tacaacgggc	gctggaattc
1201	gctaaaaagg	agggtaacac	gctggtcata	gtcaccgctg	atcacgccca
1251	cgccagccag	attgttgcgc	cggataccaa	agctccgggc	ctcacccagg
1301	cgctaaatac	caaagatggc	gcagtgatgg	tgatgagtta	cgggaactcc
1351	gaagaggatt	cacaagaaca	taccggcagt	cagttgcgta	ttgcggcgta
1401	tggcccgcat	gccgccaatg	ttgttggact	gaccgaccag	accgatctct
1451	tctacaccat	gaaagccgct	ctggggctga	aataaaaccg	cgcccggcag
1501	tgaattttcg	ctgccgggtg			

引物对：sense：　5′GTCGCGGATCCGATGTCACGGCCGAGAC3′(*Bam* HⅠ)

anti-sense：　5′GCGACAAGCTTTATTTCAGCCCCAGAGCG3′(*Hin*dⅢ)

②引物。根据上述碱性磷酸酶的序列用 Primer5.0 软件设计如下引物进行基因突变：

引物 1　5′GTCGCGG*ATCC*GATGTCACGGCCGAGAC 3′(*Bam* HⅠ，斜体)

模板(CDS)　5′AGCTGTCATAAAGTTGTCACGGCCGAGACTTATAGTCGCT……

……………………………………………………………………………………

模板(CDS)　TTGAAGGTGCGTCAATCGATAAACAGGATCATGCTGCGA………

引物 2　3′CCACGCAGTTAGCGATTTG TCCTAGTAC5′

引物 3　5′GGTGCGTCAATCGCTAAACAGGATCATG3′(与引物 2 互补)

……………………………………………………………………………………

模板(CDS)　CATGAAAGCCGCTCTGGGGCTGAAATAAAACCGCGCCCGG3′

引物 4　3′GAGACCCCGACTTTAT*TTCGAA*CAGCG 5′(*Hin*dⅢ，斜体)

(三)试剂

(1)10×dNTP(各 2.5 mmol/L)。

(2)Pyrobest DNA Polymerase(5 U/μL，Takara 公司)。

(3)10×TBE 电泳缓冲液：称取 54.0 g Tris 溶于 300 mL 的蒸馏水中，加入 27.5 g 硼酸，加入 20 mL 0.5 mol/L EDTA(pH 8.0)，加单蒸馏水定容至 500 mL。琼脂糖电泳时使用 0.5×TBE；聚丙烯酰胺胶电泳时用 1×TBE。

(4)溴酚蓝指示剂(0.25%溴酚蓝，40%(质量浓度)蔗糖水溶液)：称取溴酚蓝 250 mg，加蒸馏水 80 mL，溶解后，再称取蔗糖 40 g，加入溴酚蓝溶液中，溶解后，加蒸馏水定容至 100 mL。贮存于 4℃。

(5)EB(10 mg/mL)。

【操作步骤】

(一)PCR 扩增 1

质粒 DNA 的提取见实验一。第一次 PCR 扩增模板为含有 pETBlue-2-AKP 质粒 DNA，在两个不同的 PCR 管中分别使用引物 1 和引物 2、引物 3 和引物 4，扩增带有重叠区的两个片段。

试剂	管 1	管 2
2.5 mmol/L dNTP Mixture	2 μL	2 μL
10×Pyrobest buffer	2.5 μL	2.5 μL
10 μmol/L 引物(1 和 2)	2 μL	0 μL
10 μmol/L 引物(3 和 4)	0 μL	2 μL
模板 DNA	1 μL	1 μL
ddH_2O	17.3 μL	17.3 μL
Pyrobest DNA Polymerase(5 U/μL)	0.2 μL(1U)	0.2 μL(1U)
总体积	25 μL	25 μL

94℃预变性 5 min，(94℃变性 1 min，55℃复性 1 min，72℃延伸 2 min)30 个循环，最后 72℃继续延伸 7 min。

(二)PCR 产物的回收及定量

PCR 产物的回收按 Takara 公司 DNA 片段快速回收试剂盒的说明进行。DNA 回收片段的定量可用微量紫外分光光度计测定或用 λDNA(10 ng/μL)经凝胶电泳后定量，稀释后使其 OD_{A260} 在 0.18 左右，模板浓度保持在 10 ng/μL 左右。

(三)PCR 扩增 2

按下表进行第二轮 PCR 反应：

试剂	反应	试剂	反应
2.5 mmol/L dNTP Mixture	2 μL	模板 DNA(回收片段 2)(10 ng/μL)	1 μL
10×Pyrobest Buffer	2.5 μL	ddH_2O	18.4 μL
模板 DNA(回收片段 1)(10 ng/μL)	1 μL	Pyrobest DNA Polymerase(5 U/μL)	0.1 μL(1U)
总体积	25 μL		

扩增条件为：94℃预变性 5 min，(94℃变性 1 min，55℃复性 1 min，72℃延伸 2 min)5～10个循环，最后 72℃继续延伸 7 min。

(四)PCR 扩增 3

取(第三步)扩增产物 1 μL 作为模板，加入引物 1 及 4 进行 PCR 扩增出具有突变的全基因。按下表进行第三轮 PCR：

试剂	反应
2.5 mmol/L dNTP Mixture	2 μL
10×Pyrobest Buffer	2.5 μL
10 μmol/L 引物 1	1 μL
10 μmol/L 引物 4	1 μL
模板 DNA	1 μL
ddH_2O	17.3 μL
Pyrobest DNA Polymerase(5 U/μL)	0.2 μL(1U)
总体积	25 μL

扩增条件为：94℃预变性 5 min，(94℃变性 1 min，55℃复性 1 min，72℃延伸 2 min)30 个循环，最后 72℃继续延伸 7 min。

得到全长的扩增基因后，通过电泳及测序检测突变的结果。

【实验结果】

电泳结果显示第一次 PCR 扩增 AKP 的两个片段的大小约为 900 和 800 bp，与预期的大小相符(图 16-2)；第二次 PCR 后，扩增的片段与野生型的 AKP 的碱基数相同，说明获得了全长的突变后碱性磷酸酶基因(图 16-3)。由于其余结果图与前面相关实验中的相同，在此不再列出。

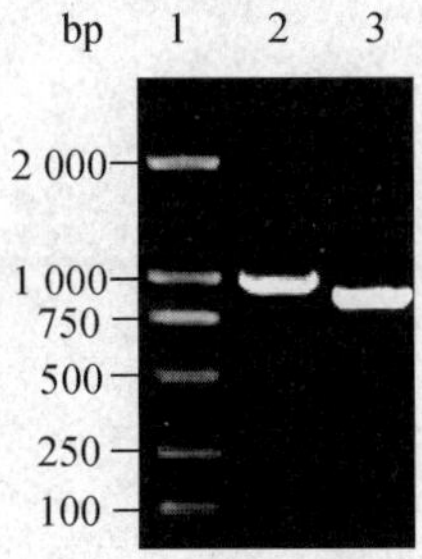

结果照片图

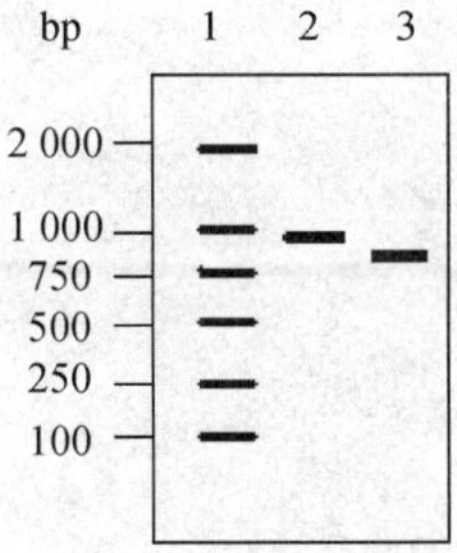

结果示意图

图 16-2 第一次 PCR 结果图

1 为 Marker DL2000；2 和 3 分别为第一次 PCR 扩增 AKP 的两个片段

【问题与讨论】

(1)引物设计。重叠延伸 PCR 技术成功的关键是重叠互补引物的设计。重叠延伸 PCR 技术采用互补引物，使 PCR 产物之间形成了重叠链，从而在随后的扩增反应中通过重叠链的

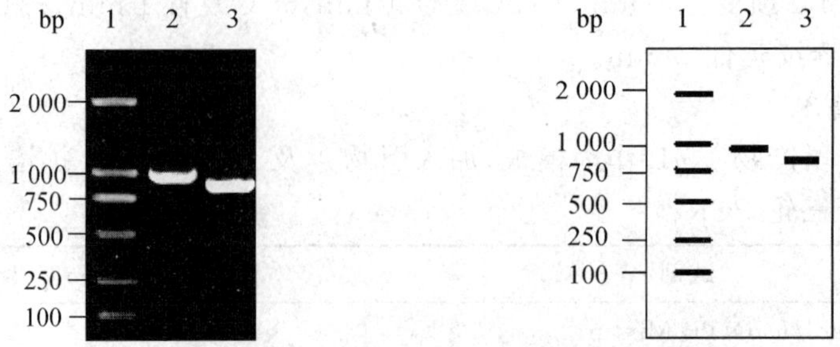

结果照片图　　　　结果示意图

图 16-3　第二次 PCR 结果图

1 为 DNA Marker DL2000；2 为野生型 AKP 基因；3 为突变后全长 AKP 基因阳性重组子测序的序列与预期的序列完全一致

延伸将不同来源的扩增片段拼接起来。

(2)使用高保真 Pyrobest DNA 聚合酶。普通的 Taq 酶缺少 3′—5′外切核酸酶，没有校正功能，容易掺入错误的碱基。而使用 Pyrobest DNA 聚合酶，可扩增出的具有较高的保真度全长 AKP 基因。

(3)控制模板浓度。在第 2 轮 PCR 反应时，回收的 2 种 PCR 产物应等浓度混合，纯度测定 A_{260} 在 0.2 左右，按 1A 的双链 DNA 为 50 ng/μL 计算，模板浓度范围保持在 10 ng/μL 左右，该条件下扩增效果较好。

(4)PCR 产物需纯化。野生型模板以及剩余的突变引物会影响随后突变序列的退火，故 PCR 模板必须经过琼脂糖凝胶电泳回收纯化才能用于下一步的扩增，这样不仅保证扩增条带的特异性而且有利于后续阳性克隆的筛选。另外，在试验操作中，为了减少错配的几率，一般选择 25 个循环为宜。

（胡汉桥　编写）

实验十七　农杆菌介导的烟草遗传转化

【概述】

转基因技术就是利用 DNA 重组技术，将克隆到的外源优良 DNA 导入到植物体细胞基因组中，改变作物的遗传性状，使其朝着人们理想的方向发展。

农杆菌是普遍存在于土壤中的一种革兰氏阴性细菌，它能在自然条件下趋化性地感染大多数双子叶植物的受伤部位，并诱导产生冠瘿瘤或发状根。根癌农杆菌和发根农杆菌的细胞中分别含有 Ti 质粒和 Ri 质粒，其上有一段 T-DNA，农杆菌通过侵染植物伤口进入细胞后，可将 T-DNA 插入到植物基因组中。因此，农杆菌是一种天然的植物遗传转化体系。人们将目的基因插入到经过改造的 T-DNA 区，借助农杆菌的感染实现外源基因向植物细胞的转移与整合，然后通过细胞和组织培养技术，再生出转基因植株，这个过程就称之为农杆菌介导转化法。

从 1983 年第一例转基因植物——烟草问世以来，转基因技术发展迅猛，至 2005 年转基因植物已经在 21 个国家进行种植。2009 年，全球种植转基因作物达 1.34 亿 hm^2。转基因技术方法主要有基因枪法、电激法、PEG 法、花粉管介导法和农杆菌介导法。农杆菌介导转化法具有转化的外源基因结构完整、整合位点较稳定、转基因低拷贝、基因沉默几率低、遗传稳定以及能够转化大片段的 DNA(可达 50 kb)等突出优点，成为目前应用最多的转基因技术。

烟草是植物转基因研究初期获得突破的植物之一。1985 年，Horsch 等用烟草叶片作为根癌农杆菌转染对象，获得转基因的烟草植株，并首创了简单高效，且易于采纳的叶盘法。之后，转基因植物的研究逐步展开，农杆菌介导(agrobacteriun-mediated)的间接转化方法已成为目前主要的转基因技术，烟草也成为植物遗传转化研究的模式植物。

烟草作为植物组织培养的模式植物和转基因的良好受体而被广泛应用于植物基因工程和分子生物学的研究。仅从 1994—2003 年的中文期刊检索就有 290 多篇文章涉及烟草的遗传转化，包括各种新基因、功能片段、二价载体以及某些抗性基因功能鉴定等研究。

农杆菌转化系统是一种天然的基因转化系统。农杆菌分为根瘤农杆菌和发根农杆菌。根瘤农杆菌中含有肿瘤诱导(Ti)质粒，Ti 质粒上含有可转移 DNA(T-DNA)区、毒性区(Vir 区)以及冠瘿碱代谢基因编码区。T-DNA 两端是两个 25 bp 的重复序列，分别称为左边界和右边界，两个边界序列之间是生长素和细胞分裂素合成基因以及冠瘿碱合成基因。Vir 区中也含有多个基因段，如 *VirA*、*VirB*、*VirC*、*VirD*、*VirE*、*VirG*、*VirH* 等，每个基因段都含有多个基因。当植物受到伤害时，分泌含有酚类化合物的汁液，这些酚类化合物一方面通过染色体毒性基因(*chvA*、*chvB*)等介导的趋化性促使农杆菌向植物受伤部位移动并附着于植物细胞表面；另一方面则被 Ti 质粒上由 VirA 和 VirG 组成的双组分调节系统识别，从而诱导其他 Vir 的表达。VirD1 和 VirD2 共同作用，由 T-DNA 右边界开始向左边界切割产生一条 T-DNA 单链，并与 Vir 其他表达蛋白结合成复合体转移到农杆菌外，然后进入细胞到达细胞核内并整合到细胞染色体上。T-DNA 的转移只与两个边界序列有关，尤其右边界对 T-DNA 的准确转移是不可缺少的，而边界序列之间含有什么基因并不影响 T-DNA 的转移。因此，可以用外源基因代替 T-DNA 区内的基因，进而利用农杆菌将这个改造后的 T-DNA 转移到植物基因组中，这样就可以获得所希望得到的转基因植株。随着对农杆菌转化系统的了解不断深入，人们对 Ti 质粒进行了多种方式的改造，使载体系统不断更新，转化效率逐渐成熟，应用范围越来越广泛。

pBⅠ121 载体是常用的植物表达载体，载体的骨架是 pUC18，以 CaMV35S 启动子驱动的新霉素磷酸转移酶基因 NPTⅡ为卡那霉素(Kan)抗性选择标记基因，含有卡那霉素抗性基因作为筛选基因。β-葡萄糖苷酶 *gus* 基因作为报告基因，转化获得的转基因细胞、组织或植株，具有抗卡那霉素的特性，经组织化学染色呈蓝色。

农杆菌介导转化法是一种方便、高效的植物转基因方法，多用于转化双子叶植物，经过改进后也逐渐用于单子叶植物(水稻)的转化。该技术提供了一种新的改良植物的方法，它可以直接地改变植物的基因型。有两种策略可以应用。

(1)基因附加：通过添加 1 个或多个基因改变植物的性状。

(2)基因扣除：使一个或多个植物已经存在的基因失活。

【实验安排】

时间	内容
第 1 天	农杆菌感受态的制备
第 2、3 天	农杆菌感受态细胞的冻融法转化及鉴定
第 4～6 天	农杆菌活化、侵染及共培养
每隔 3～4 周	筛选培养至外植体长出大量丛生芽
后续	生根培养、检测，获得转基因植株

【仪器、材料与试剂】

(一)仪器

(1)摇床。

(2)超净工作台。

(3)高压灭菌锅。

(4)人工培养箱。

(5)小型离心机。

(6)移液器。

(7)紫外分光光度计。

(二)药品、材料

(1)烟草无菌苗。

(2)农杆菌 LBA4404。

(3)载体 pBI 121。

(4)卡那霉素。

(5)头孢霉素。

(6)利福平。

(7)牛肉膏。

(8)蛋白胨。

(9)酵母提取物。

(10)蔗糖。

(11)硫酸镁($MgSO_4$)。

(12)MS培养基药品。

(13)氯化钠(NaCl)。

(14)氯化钙($CaCl_2$)。

(15)镊子。

(16)手术刀。

(17)酒精灯。

(18)棉球。

(19)培养皿。

(20)三角瓶。

(21)滤纸。

(22)牛皮纸。

(23)牙签。

(24)吸头:1 mL、200 μL、10 μL。

(25)塑料离心管:50 mL、1.5 mL、2 mL。

(三)试剂

(1)卡那霉素(Kan)母液:50 mg/mL,过滤除菌,分装,－20℃保存。

(2)头孢霉素(Cef)母液:300 mg/mL,过滤除菌,分装,－20℃保存。

(3)利福平(Rif):50 mg/mL,过滤除菌,分装,－20℃保存。

(4)YEB培养基:牛肉膏(5 g/L)、蛋白胨(5 g/L)、酵母提取物(1 g/L)、蔗糖(5 g/L)、$MgSO_4$(0.5 g/L)、pH 7.0。

(5)烟草分化培养基:MS＋2 mg/L 6-BA＋0.5 mg/L IAA。

(6)烟草生根培养基:MS＋0.5 mg/L IAA。

(7)0.15 mol/L NaCl/0.1 mol/L $CaCl_2$。

(8)20 mmol/L $CaCl_2$。

【操作步骤】

(一)农杆菌感受态的制备

(1)接菌于5 mL YEB液体培养基(Rif 50 mg/L)中,28℃,200 r/min,培养1～2 d。

(2)取1 mL活化的菌液接种于50 mL YEB液体培养基中,同样条件下培养至A_{600}值为0.4～0.6。

(3)将菌液倒入50 mL的离心管中,冰浴20 min。

(4)4℃,5 000 r/min 离心 10 min,收集菌体。

(5)用 0.15 mol/L NaCl/0.1 mol/L $CaCl_2$ 中悬浮细胞。

(6)5 000 r/min 离心 5 min,去上清液。

(7)用冰预冷 20 mmol/L $CaCl_2$ 重悬沉淀,如不是马上使用,加入甘油分装,液氮速冻后,-70℃保存。

(二)农杆菌感受态细胞的冻融法转化

(1)取 200 μL 感受态细胞于 Eppendorf 管。

(2)加入 1 μg 质粒 DNA,混匀,冰浴 30 min。

(3)立即放入液氮中冰冻 5 min。

(4)取出 Eppendorf 管,立即放入 37℃水浴 5 min。

(5)加入 YEB 培养基 1 mL,28℃,150 r/min 摇床培养 2~3 h。

(6)离心 1 min,悬浮细胞在 100 μL YEB 培养基中。

(7)在 YEB 固体培养基(Kan 50 mg/L,Rif 50 mg/L)涂板。

(8)28℃下暗培养 2~3 d。

(9)挑单菌落,提取质粒,酶切,电泳检查。

(10)取转化菌株培养液于 1.5 mL 的离心管中,加 15%的无菌甘油,贮存在-70℃长期保存。

(三)农杆菌活化

(1)挑取携带植物表达载体质粒的农杆菌单菌落,接种在 3~5 mL 含 50 mg/L Rif 和 50 mg/L Kan 的 YEB 液体培养基中,28℃,180 r/min 振荡培养过夜,直至对数生长 A_{600} 为 0.6~0.8。

(2)活化过夜的农杆菌按 1∶(50~100)的比例接种在相同的 20~50 mL YEB 液体培养基中,继续培养至对数生长期。

(四)外植体的侵染及共培养

(1)取烟草无菌叶片,切成约 0.5 m^2 放到无菌瓶中,加入农杆菌菌液,感染 10 min,期间轻微振荡,取出外植体用无菌滤纸吸去附着的菌液。

(2)将浸染过的外植体接种在分化培养基上,暗培养 2~4 d。

(五)筛选培养

将共培养的外植体转移到含 Cef 300 mg/L 和 50 mg/L Kan 分化培养基上,25℃,光照培养。每隔 3~4 周继代一次,待转化后的外植体长出大量丛生芽。

(六)生根培养

培养筛选的抗性芽长 1~1.5 cm 时,从基部将芽切下,并转入含有 300 mg/L Cef 和 50 mg/L Kan 的生根培养基上诱导生根,检测后获得具有卡那霉素抗性的转基因植株。

【实验结果】

实验过程和结果如图 17-1 和图 17-2 所示。

【问题与讨论】

1. 影响烟草转化效率的因素

(1)菌株染色体背景。不同农杆菌株的类型的 *chv* 基因决定了其对受体细胞的识别和附

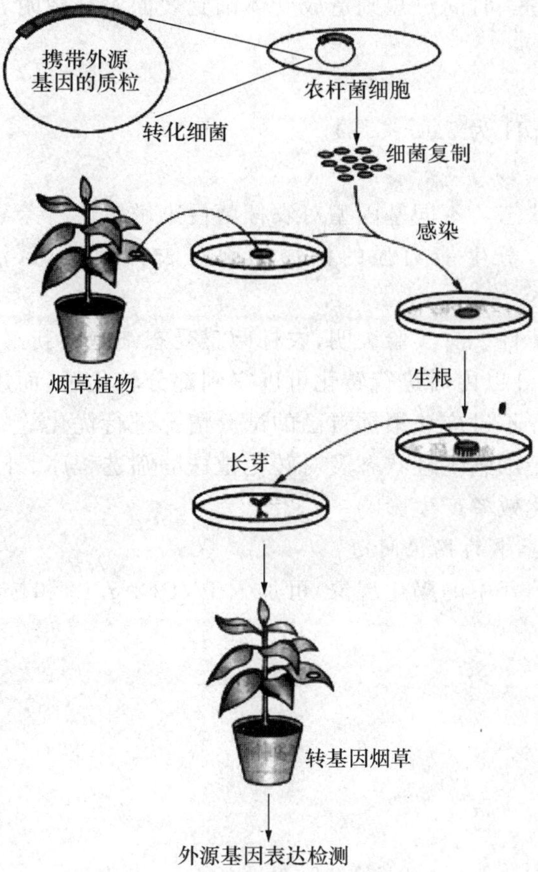

图 17-1 转基因烟草实验过程

（引自 Weaver，2005）

着能力的差异。根癌农杆菌的胭脂碱型和琥珀碱型生长快、不结球，转化易于操作，但共培养时菌体附着能力较差；章鱼碱型则生长慢、易结球，转化难以操作，但共培养时菌体附着后不易洗去。

图 17-2 转基因烟草植株（左）和野生型烟草植株（右）

（2）共培养方式。农杆菌转化的共培养介质可以是细菌培养基或植物受体培养基。烟草等对农杆菌侵染比较敏感的植物的共培养时间一般较短，液体细菌培养基介质应用较多。许多单子叶植物等不敏感植物受体与农杆菌共培养时间一般较长，用细菌培养介质容易造成农杆菌过度繁殖，导致植物外植体呼吸作用抑制和细菌分泌物毒害，因此多采用液体植物培养基作为共培养介质。

（3）侵染浓度和时间。农杆菌适宜的侵染浓度和时间因外植体对侵染的敏感性不同而有很大差异。浓度过高、时间过长会引起农杆菌细胞间的竞争性抑制，而且过度增殖会抑制受体细胞的呼吸作用；浓度过底、时间过短则造成受体细胞表面农杆菌附着不足。

（4）共培养条件。

①培养温度。

②共培养 pH（一般 pH 为 5.0～5.8）。

③诱导物和抑制物。

④受体类型和生理状态。不同基因型对农杆菌侵染敏感性有差异（视植物组织而定）。分生组织是较通用的受体，分生能力强的植物细胞对农杆菌敏感，活跃的细胞分裂促进了 T-DNA的整合。

⑤感受态细胞保存条件。有实验表明，农杆菌感受态细胞以新鲜制备时效果较好，农杆菌感受态细胞在 4℃保存 7 d 以内时进行转化可以得到部分转化子，而用甘油保存置于－20℃感受态细胞转化效率较低。不过应该根据自己的试验情况进行优化。

另外，植物基因型、靶细胞生理状态及对转化植株的筛选程序、外植体处理、合适的再生筛选体系等因素也会对转化效率产生影响。

2. 如何解决继代培养中的褐化问题

为了解决烟草继代培养中的褐化现象，可加入 PVP（2 g/L）和柠檬酸（8 mg/L）对烟草愈伤组织褐化的抑制效果。

（张继星　编写）

实验十八 转化烟草植株的GUS表达鉴定

【概述】

早在1961年Stoeber就研究了β-葡糖苷酸酶(β-glucuronidase,GUS)的特性,该酶是一种水解酶,催化各种类型的β-葡糖苷酸裂解。大肠杆菌的β-葡糖苷酸酶的单体相对分子质量为68 200 u,一般情况下以四聚体形式存在。它十分稳定,抗多种去垢剂,在环境条件变化较大的情况下仍然具有活性,如在巯醇类还原剂β-巯基乙醇或DTT(二硫苏糖醇)存在时表现出极高的活性。GUS不需要辅酶因子和阳离子。一些二价重金属离子如Cu^{2+}、Zn^{2+}抑制其活性,但在少量的螯合剂EDTA(乙二胺四乙酸)存在的条件下维持其活性,并可进行分析。GUS的适宜pH为5.2～8.0,pH 4.3和pH 8.5时其活性丧失50%,其抗热半衰期为50℃ 2 h。

利用基因融合来研究现代分子生物学的问题,如基因表达、调控等是非常有效的,特别是植物分子生物学领域。较好的基因融合系统要求生物体内GUS的内源酶活性低或根本没有该酶产生;易于定量分析及定位;具有高度的敏感性;可与其他蛋白质基因融合;并要求其酶催化反应具有足够的特异性,不受或很少受正常细胞代谢影响。*GUS*基因作为基因融合的标记,最初应用于大肠杆菌。后来发现几乎所有的高等植物,特别是已研究的烟草、矮牵牛及拟南芥等,都很少或几乎没有GUS活性,同时许多真菌、细菌、酵母菌及果蝇的胚胎、幼虫和蛹都很少或完全检测不出GUS活性。因此,*GUS*基因融合系统已广泛地应用于基因表达、调控等分子遗传学研究,该系统是有效的基因融合系统。

*GUS*基因是目前常用的一种报告基因,其最大优点是它能测定外源基因表达的具体细胞和组织部位,这是其他报告基因所不能及的。根据*GUS*基因检测所用的底物不同,可以选择三种检测方法:组织化学法、分光光度法和荧光法(灵敏度为分光光度检测法最高),其中最为常用的是组织化学法。组织化学法检测以5-溴-4-氯-3-吲哚-β-葡萄糖苷酸酯(X-Gluc)作为反应底物,将被检材料用含有底物的缓冲液浸泡。若组织细胞发生了*GUS*基因的转化,并表达出GUS,在适宜的条件下,该酶就可将X-Gluc水解生成蓝色产物。这是由其初始产物经氧化二聚作用形成的靛蓝染料,它使具GUS活性的部位或位点呈现蓝色,用肉眼或在显微镜下可看到,且在一定程度下根据染色深浅可反映出GUS活性。因此利用该方法可观察到外源基因在特定器官、组织,甚至单个细胞内的表达情况。

【实验安排】

时间	内容
第1天	浸在染色液中37℃恒温条件下保温过夜
第2天	脱色、观察、拍照

【仪器、材料与试剂】

(一)仪器

(1)人工培养箱。
(2)移液器。
(3)离心机。
(4)显微镜。
(5)摇床。

(二)药品、材料

(1)转化烟草的幼苗,非转化的相同材料(阴性对照)。
(2)乙二胺四乙酸(EDTA)。
(3)磷酸一氢钠(Na_2HPO_4)。
(4)磷酸二氢钠(NaH_2PO_4)。
(5)铁氰化钾。
(6)亚铁氰化钾。
(7)聚乙二醇辛基苯基醚(Triton X)。
(8)X-Gluc。
(9)二甲基亚砜(DMSO)。
(10)N,N-二甲基甲酰胺。
(11)甲醛。
(12)甘露醇。
(13)2-吗啉乙磺酸(MES)。
(14)磷酸钠。
(15)FAA。
(16)乙酸。
(17)乙醇。
(18)吐温-20(Tween-20)。
(19)吸头:1 mL、200 μL、10 μL。
(20)镊子。
(21)手术刀。
(22)酒精灯。
(23)棉球。
(24)培养皿。
(25)三角瓶。
(26)滤纸。
(27)牛皮纸。

(三)试剂

(1)5-溴-4-氯-3-吲哚-β-葡萄糖苷酸酯(X-Gluc)染色液的配制。

母液	加入体积	终浓度
0.2 mol/L Na_2HPO_4/NaH_2PO_4(pH 7.0)	50 mL	100 mmol/L
0.5 mol/L EDTA(pH 7.0)	0.2 mL	1 mmol/L
铁氰化钾	0.016 4 g	0.05 mmol/L
亚铁氰化钾	0.021 2 g	0.05 mmol/L
Triton X-100	0.1 mL	0.1%
无菌水	49.7 mL	
总体积	100 mL	

注:121℃灭菌,母液2周内使用有效,最好现用现配。

(2)X-Gluc 反应液:1 mg X-Gluc 用 20 DMSO(二甲基亚砜)或 N,N-二甲基甲酰胺(DMF)溶解后,加 4 mL 染色液母液,所得 X-Gluc 的浓度为 2 mmol/L。

(3)一般固定液:1%甲醛,50 mmol/L 磷酸钠缓冲液,0.05% Triton X-100(Tween-20)。

(4)原生质体固定液:1%甲醛,0.3～0.6 mol/L 甘露醇,10 mmol/L MES(甲基乙烷磺酸)pH 5.6。

(5)FAA 固定液:5%甲醛,5%乙酸,5%乙醇。

【操作步骤】

(一)材料的准备

瞬时表达检测取侵染后 1～5 d 的材料,稳定表达检测取转化后处理 6 周的材料;叶片、幼根等制成徒手切片(小块、小片);悬浮细胞、原生质体低速离心收集,用无菌水等渗液洗涤;清洁的愈伤组织可直接使用。

(二)染色

1. 直接染色法

(1)将准备好的试材浸泡在染液中,于 25～37℃保温过夜。

(2)叶片等绿色材料转入 70%乙醇中脱色 2～3 次,至阴性对照材料呈白色。

(3)肉眼或显微镜下观察,白色背景上的蓝色小点即为 GUS 表达位点;实验结果拍照记录。

2. 固定染色法

(1)将材料浸入固定液,必要时抽真空 1 min,室温下轻摇 30～60 min。

(2)取出材料,用磷酸钠缓冲液漂洗 3～4 次。

(3)将试材放入 1.5 mL 无菌离心管中,加入染色液,浸没材料,盖上管盖,于 37℃水浴中保温几分钟至过夜。

(4)取出材料,用 75%的乙醇漂洗,或放入 FAA 固定液中处理 20 min。

(5)先后用 20%、50%乙醇各浸泡 20 min 以上。

(6)显微镜下观察,白色背景上的蓝色斑点即为 GUS 表达位点;实验结果拍照记录。

(7)染色后的材料可浸入含 80%乙醇的 FAA 固定液中保存。

(三)注意事项

(1)实验要设阴性对照,阴性对照应无蓝色出现,如产生蓝色即为本底。其原因可能有:

a. 试材或试剂的污染，尤其是材料的内生菌；b. 染色时间过长，时间越长，假阳性率增加。

(2)在需要进行较长时间染色时染色液中应加入 0.02% NaN_3 或 100 μg/mL 的氯霉素，以便抑制细菌生长，减少本底。

(3)叶绿素含量高的试材染色后一定要进行脱色。

(4)含多酚、木质素多的试材染色过程中会发生褐化，样品呈现褐色而掩盖 GUS 着色。可将染色后的材料放到 75%乳酸水溶液中，在重物压力下加热 15 min，此法对烟草、马铃薯有效。

【实验结果】

GUS 在不同组织中的表达结果如图 18-1 和图 18-2 所示。

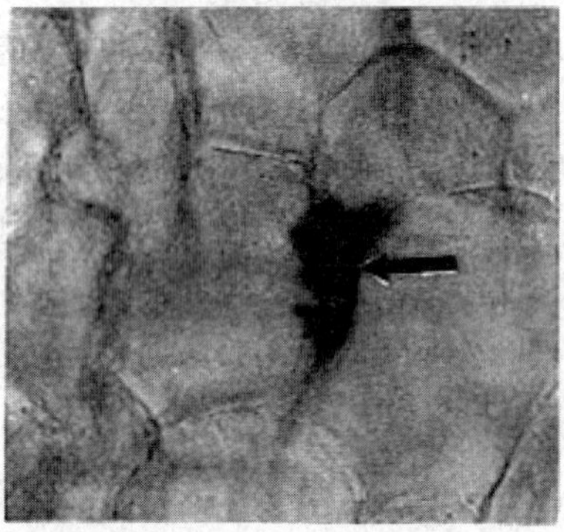

图 18-1　茎段切片(放大倍数 5×20)

箭头表示 GUS 基因表达产物蓝色斑点

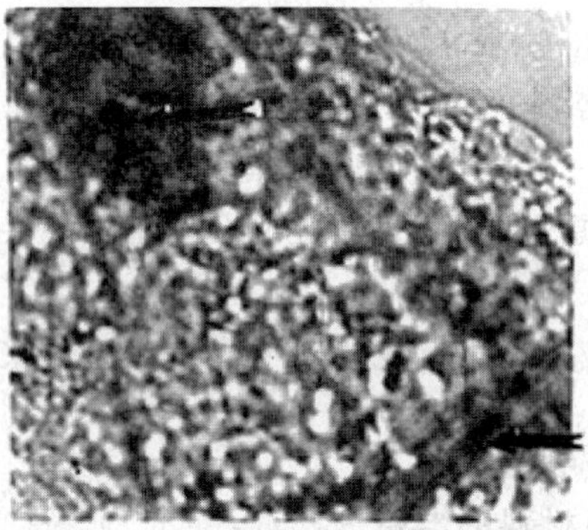

图 18-2　叶子切片(放大倍数 5×10)

箭头表示 GUS 基因表达产物蓝色斑点

【问题与讨论】

(1)GUS 活性的检测时效果不明显、GUS 酶定位不明确的原因。

出现此种现象的时候可以在染色液中加入二价离子，如 Fe^{2+}。Gus 酶水解 X-Gluc 产生吲哚基二聚体而不扩散，形成不溶性的蓝色沉淀，使 GUS 酶定位更明确。

(2)GUS 活性的检测时对照植株也有显色反应。

造成此种现象的原因主要有：第一，实验材料受到细菌污染，因为大部分细菌线粒体中都有 GUS；第二，实验试剂受到污染；第三，实验材料本身具有内源性 GUS 活性或者类 GUS 活性。

(张继星　编写)

参考文献

1. Clark M S. 植物分子生物学——实验手册[M]. 顾红雅，瞿礼良主译. 北京：高等教育出版社，2001.
2. 陈宏. 基因工程原理与应用[M]. 北京：中国农业出版社，2004.
3. 陈宏. 基因工程实验技术[M]. 北京：中国农业出版社，2005.
4. Ehrenberg M. 绿色荧光蛋白——发现、表达和发展[J]. 生物物理学报，2008，24(6)：422-429.
5. Robert E. Farrell Jr. RNA 分离与鉴定实验指南：RNA 研究方法[M]. 3 版. 金由辛，刘建华，金言，等译. 北京：化学工业出版社，2008.
6. 巩子英，宋雪，陈功友，等. 苜蓿膜联蛋白 MtAnn3 基因的鉴定及其在根毛发育中的功能[J]. 科学通报，2012，57(6)：431-437.
7. 郭善利，刘林德. 遗传学实验教程[M]. 北京：科学出版社，2010.
8. 何华刚，朱姗颖. 分子生物学与基因工程实验教程[M]. 北京：中国轻工业出版社，2011.
9. 蒋彦婕. 一个棉花蔗糖合酶基因的克隆、鉴定与功能研究[D]：博士论文. 南京：南京农业大学，2010.
10. 李雅轩，赵昕. 遗传学综合实验[M]. 北京：科学出版社，2006.
11. 李玉花. 现代分子生物学模块实验指南[M]. 北京：高等教育出版社，2007.
12. 刘进元，常智杰，赵光荣，等. 分子生物学实验指导[M]. 北京：清华大学出版社，2004.
13. 刘维全，高士争，王吉贵. 精编分子生物学实验指导[M]. 北京：化学工业出版社(生物·医药出版分社)，2009.
14. 刘箭. 分子生物学及基因工程实验教程[M]. 2 版. 北京：科学出版社，2012.
15. 楼士林，杨盛昌，龙敏南，等. 基因工程[M]. 北京：科学出版社，2002.
16. 李庆章. 生物化学实验指导[M]. 北京：中国农业出版社，2011.
17. Sambrook J，Russell D W. 分子克隆实验指南(精装版)[M]. 黄培堂主译. 北京：化学工业出版社，2008.
18. 萨姆布鲁克·J，拉塞尔·D·W[美]. 分子克隆实验指南[M]. 3 版. 黄培堂，等译. 北京：科学出版社，2002.
19. 滕利荣，孟庆繁. 生物学基础实验教程Ⅱ：遗传学实验、生物化学实验、分子生物学实验[M]. 北京：科学出版社，2008.
20. 王小利，张改生，李红霞. 植物分子细胞遗传学实验[M]. 上海：上海科学技术出版社，2010.
21. 王建波，方呈祥，鄢慧民，等. 遗传学实验教程[M]. 武汉：武汉大学出版社，2004.
22. 王有武. 小麦谷蛋白亚基和醇溶蛋白谱带的遗传及其与品质性状相关性的分析[D]：硕士论文. 石河子：石河子大学，2004.
23. 王关林，方宏筠. 植物基因工程原理与技术. 2 版[M]. 北京：科学出版社，2002.

24. 魏群. 分子生物学实验指导. 2 版[M]. 北京:高等教育出版社，2007.
25. 杨安钢,毛积芳,等. 生物化学与分子生物学实验技术[M]. 北京,高等教育出版社，2001.
26. 张大勇. 陆地棉突变体纤维发育比较及两个纤维伸长相关基因的克隆与功能分析[D]. 南京:南京农业大学，2009.
27. 郑晓飞. RNA 实验技术手册[M]. 北京:科学出版社，2004.
28. 周俊宜. 分子生物学基本技能和策略[M]. 北京:科学出版社，2003.
29. 朱玉贤,李毅,郑晓峰. 现代分子生物学[M]. 3 版. 北京:高等教育出版社，2007.
30. 朱旭芬. 基因工程实验指导[M]. 北京:高等教育出版社，2010.
31. Alwine J, Kemp D, Stark G. Method for detection of specific RNAs in agarose gels by transfer to diazobenzyloxymethyl-paper and hybridization with DNA probes. Proc. Natl. Acad. Sci., 1977, 74 (12):5350-5354.
32. Blanco C, Ritzenthaler P, Mata-Gilsinger M. Cloning and endonuclease restriction analysis of uidA and uidR genes in *Escherichia* coli K-12:determination of transcription direction for the uidA gene. Journal of Bacteriology, 1982,149 (2):587-594.
33. Bolt M W, Mahoney P A. High-efficiency blotting of proteins of diverse sizes following sodium dodecylsulfate-polyacrylamide, gel electrophoresis. Analytical Biochemistry, 1997, 247:185-192.
34. Brown T A. Genomes. 2nd edition. Oxford:Wiley-Liss, 2002.
35. Chomczynski P, Sacchi N. Single step method of RNA isolation by acid guanidinium thiocyanate-phenol-chloroform extraction [J]. Anal Biochem, 1987, 162:156-159.
36. Gerard G F, Fox D K, Nathan M, *et al*. Reverse transcriptase. The use of cloned Moloney murine leukemia virus reverse transcriptase to synthesize DNA form RNA. Mol Biotechnol, 1997, 8:61-77.
37. Ginzinger D G. Gene quantification using real-time quantitative PCR:an emerging technology hits the mainstream. Experimental Hematology, 2002, 30:503-512.
38. Grillo M, Margolis F L. Use of reverse transcriptase polymerase chain reaction to monitor expression of intron-less genes. Biotechniques, 1990, 9:266-268.
39. Gu Z, Ma B, Jiang Y, *et al*. Expression analysis of the calcineurin B-like gene family in rice (*Oryza sativa* L.)under environmental stresses [J]. Gene, 2008, 415 (1-2):1-12.
40. Harlow E D, Lane D. Using Antibodies. Cold Spring Harbor, New York:Cold Spring Harbor Laboratory Press, 1999.
41. Hames B D, Rickwood D. Gel electrophoresis of proteins:A practical approach. 3rd edition. The Practical Approach Series, Oxiford University Press, 1998.
42. Horsh R B, Fry J E, Hoffman N1, *et al* . A simple and general method for transferring genes into plants [J] . Science, 1985, 227 :1229-1231.
43. Jefferson R A, Kavanagh T A, Bevan MW. GUS fusions:beta-glucuronidase as a sensitive and versatile gene fusion marker, in higher plants. The EMBO Journal, 1987, 6 (13):3901-3907.
44. Lee C C, Caskey T. cDNA cloning using degenerate primers. In PCR protocols:A guide

to methods and applications (ed. MA Innis et al.), Academic Press, San Diego, California, 1990, 46-53.

45. Livak K J, Schmittgen T D. Analysis of relative gene expression data using real-time quantitative PCRE and the 2(-delta delta C(T))method. Methods, 2001, 25:402-408.

46. Primrose S B, Twyman R M, Principles of gene manipulation and genomics, Seventh Edition[M]. Blackwell Publishing, 2006.

47. Ramesh S, Nagalhara D, Reddy V D, *et al*. Production of transgenicindica rice resistant to yellow stem borer and sap-suckinginsects, using super-binary vectors of *Agrobacterium tumefaciens* [J]. Plant Science, 2004, 166:1077-1085.

48. Schmittgen T D, Livak K J. Analyzing real-time PCR data by the comparative C(T) method. Nature Protocols, 2008, 3:1101-1108.

49. Ohta S, Mita S, Hattori T, *et al*. Construction and expression in tobacco of a *β-Glucuronidase*(GUS)reporter gene containing an intron within the coding sequence. Plant & Cell Physiology, 1990, 31 (6):805-813.

50. Symons G M, Davies C, Shavrukov Y, *et al*. Grapes on steroids. brassinosteroids are involved in grape berry ripening [J]. Plant Physiology, 2006, 140:2150-2158.

51. Xiong L, Ishitani M, Zhu J K. Interaction of osmotic stress, temperature, and abscisic acid in the regulation of gene expression in *Arabidopsis*. Plant Physiology, 1999, 119: 205-212.

52. Wang Y C, Qu G Z, Li H Y, *et al*. Enhanced salt tolerance of transgenic poplar plants expressing a manganese superoxide dismutase from *Tamarix androssowii*. Mol Biol Rep, 2010, 37:1119-1127.

附录1 分子生物学常用软件及数据库介绍

1.1 常用软件

随着越来越多的核酸序列和蛋白质序列被测定，研究人员面对的数据越来越复杂，计算机成为储存和分析这些信息不可缺少的工具。最初用于简单序列编辑的小程序已经不能满足分子生物学研究人员的需求，越来越多的公司和厂商开发出各种各样的软件包用于个人计算机(PC)上辅助研究人员进行数据分析，包括用于 DNA 分析的常用的序列编辑、绘制限制性酶切图谱、搜寻开放阅读框架、翻译蛋白序列、对比序列、设计引物、搜索数据库和画遗传图谱；包括用于蛋白分析常用的同源性搜索、亲水性图谱绘制、二级结构预测、蛋白酶解消化和图谱、氨基酸分析和序列查找等。根据用途和使用环境不同，它们可以在 Windows、Macintosh、Unix、Dos 等不同的操作系统下运行。分子生物学研究中常用的软件包括：

- 核酸序列分析：DNAMAN
- 引物设计：Primer Premier
- 蛋白质序列分析：ANTHEPROT
- 质粒图谱：Winplas
- 综合软件包：Lasergene

其他还有：

- 序列转换：ForCon
- 查看蛋白质三维结构：RasMol
- RNA 二级结构预测：RNAStructure
- 凝胶图谱分析：Bandscan

下面对这些软件的运行环境、功能和使用方法作一简单的介绍。

1.1.1 DNAMAN

适用于操作系统：Windows 9x/ME；Windows 2000/NT；Macintosh。

DNAMAN 是 Lynnon Biosoft 公司设计的用于核酸序列分析的专用软件，具有分子生物学研究需要用到的多序列比对、引物设计、限制性酶切位点分析等常用功能。附图 1-1 是 DNAMAN 的主界面：

DNAMAN 的主要功能包括：

- 序列的编辑：包括新建一个序列，打开一个序列以及不同格式序列间的转换。
- 序列搜索：核酸特定序列的搜索，从核酸序列 6 个阅读框架翻译到蛋白进行氨基酸特定序列搜索，自动搜索重复序列，发夹结构序列搜索。
- 核酸序列比较：二序列比对和多序列比对，分析序列间同源性关系，根据同源性比对结

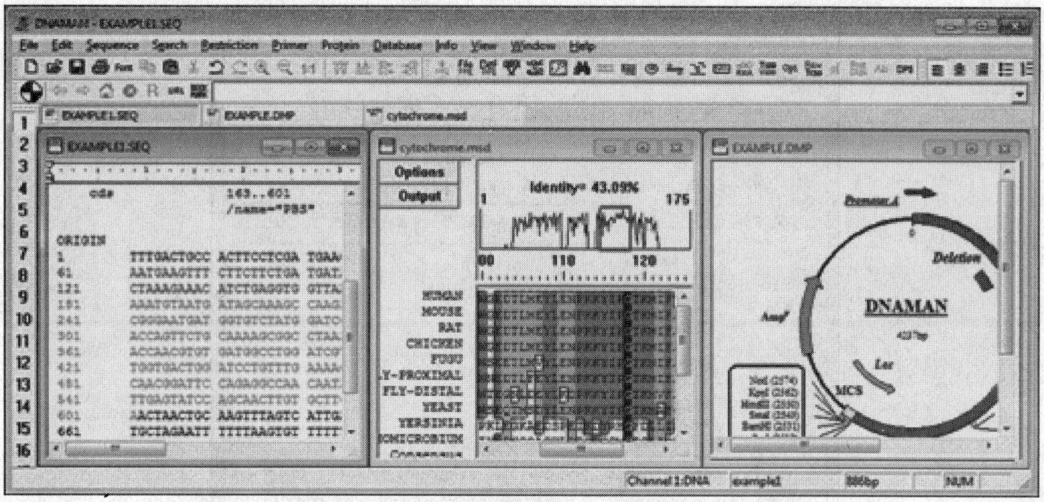

附图 1-1 DNAMAN 的主界面

果画进化树。

• 点阵分析：可以用于在 2 条不同的核酸或者蛋白序列中查找同源片断。

• 引物设计：可分析设计出引物的 T_m 值、GC 百分比、引物二聚体、引物错配等。

• 限制性内切酶位点分析：分析酶切位点并作出图谱，可在不改变氨基酸序列的前提下对 DNA 序列进行沉默突变设计，模拟电泳结果。

• 氨基酸序列分析：从核酸序列翻译到蛋白序列，从蛋白序列逆翻译到核酸序列，蛋白疏水/亲水残基分析，PI 值分析，二级结构预测等。

• 自建数据库：可对数据库进行查找 、修改管理。

下面以 DNAMAN 4.0 为例介绍多序列比对的使用方法：

(1)选择菜单 Sequence/Alignment/Multiple sequence alignment。

(2)弹出一个窗口，如附图 1-2 所示。

选择窗口下面部分的 Add File 按钮，选择需要比较的序列文件，支持的文件格式是. seq 和. msd，用户需要事先将自己的序列存成这两种格式。此外，DNAMAN 也支持从用户自建的数据库中载入数据，选择 Add DBase，这需要用户事先建立自己的数据库。用户可以通过 Remove Selected 清除不需要的序列或者通过 Remove All 清空全部载入的序列。

需要注意的是，窗口的左上半部分 Type 一栏需要指定输入的序列是蛋白序列还是 DNA 序列。

右上半部分 Alignment 可以选用 fast alignment 和 optimal alignment 两种方式，optimal alignment(Smith and Waterman ，1981. J. Mol. Biol，147：195-197)可允许用户对 alignment 的一些参数做适合自己的调整，选择自己偏爱的最佳的 alignment 方式；fast alignment(Wilbur and Lipman，1983. Proc. Natl. Acad. Sci. USA，80：726-730)提供 2 种 fast alignment 比对方式：fast alignment 和 fast alignment Ⅱ，两种方式采用了不同的算法，比对结果可能会有所不同，用户可以自由选择。

(3)选择确定按钮得到比对结果如附图 1-3 所示。

(4)选择左上角的 Options 可以改变比对结果颜色等参数；Output 按钮可以选择 Tree 选

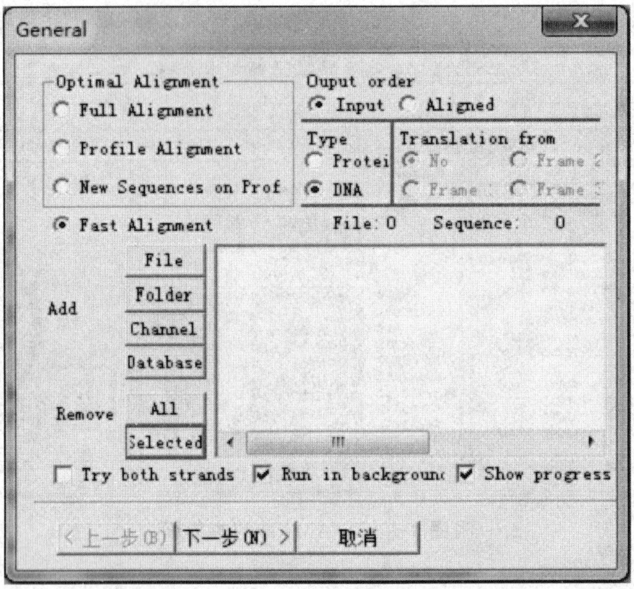

附图 1-2　DNAMAN4.0 序列比对窗口

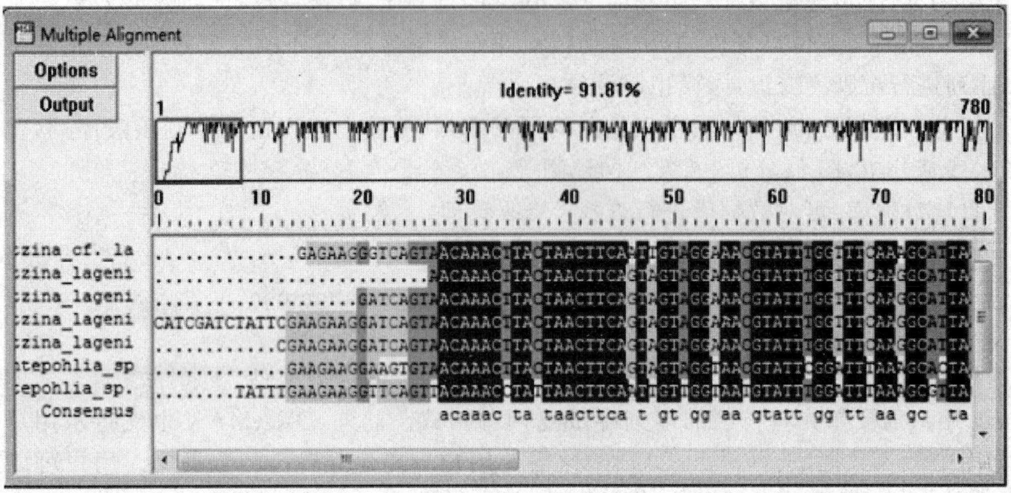

附图 1-3　核酸比对结果界面

项画进化树，结果如附图 1-4 所示。

如果载入的序列是蛋白序列，用户也可以选择 Output 中 Hydrophobic/Hydrophilic 分析氨基酸残基的疏水/亲水性，分析结果如附图 1-5 所示。

DNAMAN 目前最新版本是 5.0，下载网址：http://www.Lynnon.com/

1.1.2　Primer Premier

适用于操作系统：Windows NT/98/2000/ME/XP；Mac OS 9 & OS X (10.1)

Primer Premier 是由美国的 PREMIER Biosoft International(http://www.premierbiosoft.com/)公司开发的专业用于 PCR 或测序引物以及杂交探针的设计和评估的软件。该软件能按用户的要求自动完成引物设计，并具有许多高级功能，可满足不同水平用户的需求，是引物

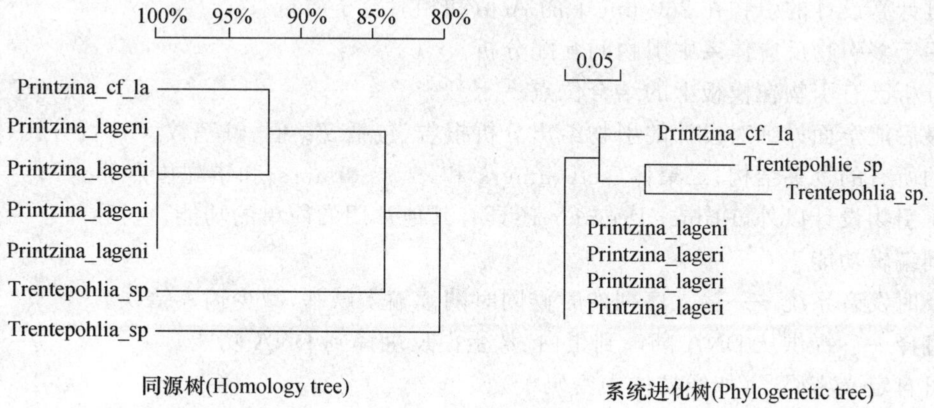

附图 1-4　系列进化树

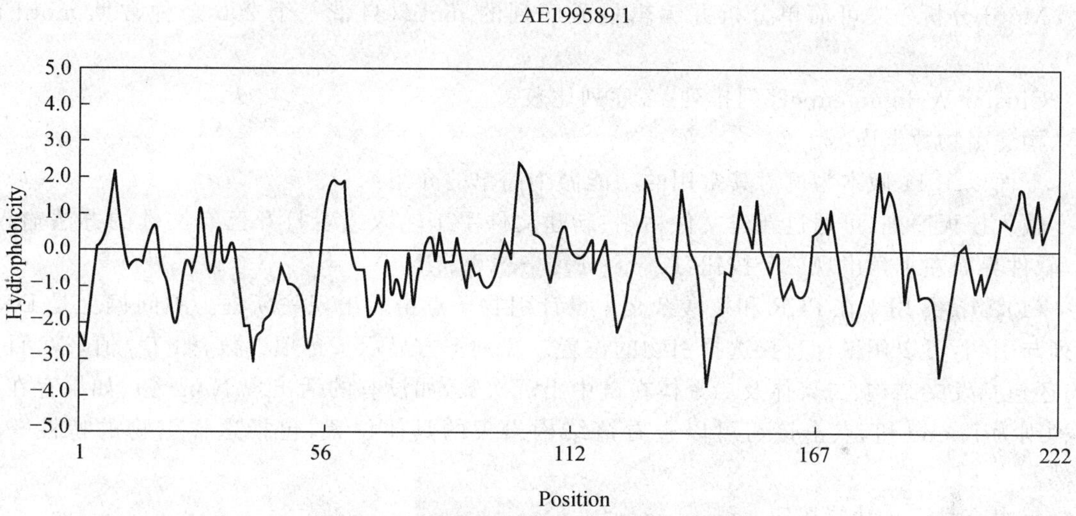

附图 1-5　氨基酸残基的疏水/亲水性分析

设计软件中的佼佼者。其主要特点如下。

对于引物设计:

• 适用于 PCR、杂交、测序的引物设计。特别适合长 PCR 引物设计,模板可长达 50 kb。

• 能自动在模板序列上搜寻最适引物。

• 支持手工查找——允许用户自定义引物的性质,查找符合这些性质的引物,或者逐个位点手工查找。

• 定点改变——对程序自动产生的引物可按设计意图在适当位置改变碱基。

• 设计简并引物——能够把蛋白序列逆翻译成核酸序列,在简并度低的位点进行引物设计。其理论支持见:Vinay Singh,Sita Naik. A Program for Design of Degenerate Primers from a Protein Sequence. Biotechniques, February 1998。

• 自动同时分析引物的二级结构——能够自动分析引物形成的发夹结构,二聚体(self-dimers 和 cross-dimers)和错配位点。

• 能够理论上预测设计的探针所需的杂交时间。

• 可计算设计的引物在 260 nm 下的 A 值和相对分子质量。

• 用于多引物反应体系中引物间互配分析。

• 分析已有引物在模板上的结合位点。

• 最后能全面详细对设计的引物给出分析报告，包括 T_m 值、碱基数、GC 百分比、能势、可能存在的所有的发夹结构，二聚体(self-dimers 和 cross-dimers)和错配位点等。

除了引物设计以外，Primer Premier 还具有其他常用的简单的功能，包括：

序列编辑功能

• 及时发音系统——输入序列的时候同时朗读输入碱基，减少输入错误。

• 翻译——提供从 DNA 翻译到蛋白、从蛋白反翻译到 DNA 功能。

• 可自定义密码子(如线粒体中密码子)。

• 查找特定系列。

限制性内切酶位点分析(自带一个 800 余种酶的库)。

Motif 分析——可简单分析并编辑核酸序列的 motif(自带一个 200 余种常见 motif 的库)。

Clustal Walignments 序列排列、多序列比较。

构建引物数据库

下面以 4.11 版本为例对其常用的功能做个简单的介绍：

输入模板序列(可通过新建文件粘贴、新建文件手工输入或者打开已有文件的办法输入)后，软件界面左上角出现三个按钮：Primer Enzyme Motif。

(1)Primer 用于在 PCR 和核酸杂交中设计引物。点击后出现一新框。中间偏上是 DNA 序列与引物，可以用鼠标直接选择引物的位置。序列下方显示了各项参数，如 T_m 值，GC 百分比，还包括发夹结构、二聚体及二聚体在链中出现次数，如没有的话出现 None 钮，如果存在该结构则为 Found 钮，点击该钮可以查看该结构出现的具体位置，包括这样引物的特性一目了然。

最上方是三个功能按钮 Search Results Edit primers。

①Search。搜寻引物，可选择 PCR 引物、序列引物、杂交探针，可以自己定义在正负链中搜索，搜寻范围，引物长度，PCR 产物长度，可选择自动搜索、手动搜索，还可设定搜索参数，如 T_m、GC 值、简并度、3′端稳定性、二聚体、发夹结构等引物参数，设定完毕点击 OK，即可得到结果列表，包括所有可能的引物数目，以及各项参数达不到要求筛去的引物，最下方显示的是最佳方案的个数，可以在 Result 项中详细查看搜索得到的结果。

②Results。显示引物搜寻结果列表，可以选定正负链或 PAIRS，表中显示了每个引物的位置长度，还可以点击每个引物方案查看其在链中位置及其各项参数，还可以选择所需要的并标记。

③Edit primers。可以点击链两侧的左右箭头来选定引物位置，可以任意编辑引物，添加或删除任一个碱基，修改任一个碱基，当编辑完毕，点 Analyze 钮就可以查看编辑的引物的各项参数。

(2)Enzyme 用于做序列的酶切位点，可以应用于基因操作中酶切部位和所用酶的选择。最上方有两个选择：序列分析的范围；酶切位点个数选择(可低于 1～6 个)。点击后左右两边有一栏酶，左边为所有酶，右边为选定的酶。

中间 4 个按钮分别为：

Add：从所有酶列表中选定所用酶加入右侧列表；

Delete：从选中酶列表中删除某个酶；

Edit：编辑酶列表，可以加入新的酶或删除已有酶；

Filter：如果不知道该选用哪几种酶，可用此功能筛选所需酶，可用酶切位点碱基数（4～13 bp）和切割后的接头 Overhang 来筛选。

所用酶选好后点击 OK 即可得到酶切结果，有 4 种格式：

Table：酶切位点，位置。

Seq：整段序列及酶切位置。

Map：与上一项近似，用示意图的方式显示结果。

Non Cutter：切不动的酶。

（3）Motif 用于查找特定序列，如－10 区，－35 区，AGGA BOX，CAAT BOX，与基因表达调控有关的 motif。最上方有两个选择：序列分析的范围；Motif 位点个数选择（可低于 1～6 个）。左边一栏是所有特定序列，右边是选定的，中间按钮与 Enzyme 界面相似，只是没有 Filter 功能。输出有 4 种格式：

Table：Motif 的位置，数量。

SEQ：整段序列及 Motif 的位置。

MAP：与上一项近似。用示意图的方式显示结果。

Motif absent：序列中不存在的 Motif。

Primer Premier 目前最新版本是 5.0，下载网址：

http://www.premierbiosoft.com/primerdesign/primerdesign.html

此外，常用的引物设计软件还有 Oligo，功能和 Primer Premier 差不多，用户可按个人习惯自己选择。

1.1.3 ANTHEPROT

适用于操作系统：Unix；DOS；Windows 9x/ME/NT。

蛋白序列分析软件包 ANTHEPROT（ANalyse THE PROTeins）是位于法国的蛋白质生物与化学研究院（Institute of Biology and Chemistry of Proteins）（http://antheprot-pbil.ibcp.fr/）用十多年时间开发出的蛋白质软件研究软件包。软件包包括了蛋白质研究领域内的大多数内容，功能非常强大，包括：

- 进行蛋白序列二级结构预测；
- 在蛋白序列中查找符合 PROSITES 数据库的特征序列；
- 绘制出蛋白序列的所有理化特性曲线；
- 在 Internet 或本地蛋白序列数据库中查找类似序列；
- 计算蛋白序列相对分子质量、体积质量与各蛋白残基百分组成；
- 选定一个片段后，绘制 Helical Wheel 图；
- 进行点阵图（Dot Plot）分析；
- 计算信号肽潜在的断裂位点。

应用此软件包，使用个人电脑，便能进行各种蛋白序列分析与特性预测。软件分为三个版本，分别用于 Unix 系统、DOS 系统和 Windows 9x/NT 系统。下面以用于 Windows 系统的

4.3 版本为例简要介绍一下这个软件。

(1)序列编辑功能。ANTHEPROT 4.3 的主窗口便是其序列编辑窗口,可以使用菜单中的 File/Open 命令打开各种序列文件,程序识别的文件类型包括:

• 单序列文件格式:*.SEQ,(ANTHEPROT 3.3 支持以下格式的单序列文件:DNA/Strider 格式、EMBL 格式、NBRF 格式、Pearson/Fasta 格式、PIR 格式与 IG/Stanford 格式);

• 含有多个蛋白序列的蛋白数据库文件:*.BAS,(以 Pearson/Fasta 格式添加序列,上限为 30 条序列或 32K 文件大小);

• ClustalV 或 ClustalW 文件:*.ALN 含有 ClustalW 格式的多队列;

• 含有多队列的 Multalin 4.1 格式文件:*.MUL;

• 在 Prosite 蛋白数据库中查寻出 Site 结果的文件:*.SIT;

• 蛋白质原子空间结构的 PDB 格式文件:*.PDB;

• 使用 IBCP(http://www.ibcp.fr/predict.html)服务器预测蛋白二级结构所获得的结果文件格式:*.CNS。

序列可以从 ANTHEPROT 编辑窗口以键盘输入,或者以 *.SEQ 等文件格式载入,也可以从其他文件复制黏贴到编辑窗口。最简单的序列格式为 Pearson/Fasta 格式,为文本格式文件,带有>开始的为序列蛋白的名称,其后便是蛋白序列。下面为一个此格式的例子:

```
>CHI
MANAPRILAL GLLALLCAAA GPAAAQNCGC QPNFCCSKFG YCGTTDAYCG
DGCQSGPCRS GGGGGGGGGG GGGGSGGANV ANVVTDAFFN GIKNQAGSGC
EGKNFYTRSA FLSAVNAYPG FAHGGTEVEG KREIAAFFAH VTHETGHFCY
ISEINKSNAY CDASNRQWPC AAGQKYYGRG PLQISWNYNY GPAGRDIGFN
GLADPNRVAQ DAVIAFKTAL WFWMNNVHGV MPQGFGATIR AINGALECNG
NNPAQMNARV GYYKQYCQQL RVDPGPNLI C
```

输入或载入序列后,便同时打开了一个图像窗口,以彩图的形式显示出蛋白序列。不同的蛋白残基以不同的颜色表示。

(2)基本分析工具介绍。

①点阵图(Dot Plot)。Dot Plot 分析方法对以下分析工作非常有用:

• 在一条序列内查找重复序列;

• 在两条序列中不同位置查找类似片段;

• 在不同序列中查找同源性。

只有当程序载入一条序列时,才可以激活 Dot Plot 程序,选择菜单命令 Dot Plot,运行 Dot Plot 程序,可再选择要进行比较的第二条序列。然后,再确定参数与限制条件,包括:

窗口尺寸:移动片段的长度;

矩阵:选择替代矩阵。

②类似性查找(similarity search)。此程序用在一个蛋白数据库(可以是本地数据库,也可是网上的数据库)中,找出所有与给定序列具有同源性的序列。

选择菜单命令 Methods/Similarity Search/www or Local Fasta,或者 Methods/Similarity Search/www-Blast at PBIL NPS@ server 可实现在蛋白数据库中对类似性蛋白序列的查找。需注意,如果在本地蛋白数据库中查找,需要先下载 Swiss-Prot 蛋白质数据库。

③查找(site/signature)。在 ANTHEPROT 主窗口选取菜单命令 Methods/Site detection(Prosite),便进行位点与特征序列的查找。程序查找给定序列是否存在 PROSITE 数据库中已定义的特征序列,默认设置为 100%匹配,也可设定为 Mismatch 1 or 2(1~2 个不匹配)或者 Similarity level(类似水平)。当前 PROSITE 数据库是 1995 年 2 月发布的,共 1 054 个不同位点与特征序列,含有两个文件,PROSITE. DAT 与 PROSITE. DOC。此两个文件必须均放在 ANTHEPROT 程序的目录下,程序才能进行。

需要注意的是,在蛋白序列中找到的特征序列并不一定具有生物学意义,只能说,查找的结果对寻找潜在的有意义片段具有很大帮助。

④在序列数据库中查找一个自定义的特征序列(Pattern search)。选择菜单命令 Databases/Pattern search,便开始在网上的蛋白数据库或本地蛋白数据库中查找含有自定义特征序列的蛋白。所定义的特征序列必须符合 PROSITE 规定的语法。语法规则如下:

—位置分隔符;

—[ ] 允许此位置为括号内的任何一个残基;

—{ } 允许此位置为除了括号内所包括的任何一个残基;

— x 代表任何残基;

— x(3) 代表任何 3 个氨基酸残基。

根据以上语法,如果要查找的特征序列为 N-[PT]-{ GM }-x(2)-[ILVM],则序列 N-P-K-G-H-V,N-T-L-K-G-M 将能够找到,而序列 N-L-K-G-H-V,N-T-G-K-H-V 将不能找到。查找结束后,所有找到的序列将以 Pearson 格式,以 SEQ _ x. BAS 为文件名存储在硬盘中。

⑤预测物理化学特性曲线。ANTHEPROT 可以图示的方法,显示出预测的蛋白质的物理化学特性曲线,可显示的物理化学特性曲线包括:

疏水曲线(hydrophobicity profile)

亲水曲线(hydrophilicity profile)

易溶性曲线(solvent accessibility profile)

抗原性曲线(antigenicity profile)

跨膜区域曲线(transmembranous regions profile)

结合抗原性曲线(combined antigenicity profile)

⑥二级结构预测。ANTHEPROT 提供了几种方法进行蛋白质二级结构预测,包括:

• GOR I 方法;
• Gibrat 方法;
• Double Prediction Method-DPM 方法;
• Homologue 方法;
• Predator 方法;
• 或全部使用以上几种方法。

⑦计算蛋白序列相对分子质量、比容与各蛋白残基百分组成。程序可以非常方便地对蛋白序列进行相对分子质量、比容与各蛋白残基百分组成的计算。或选取 Methods/AA Composition, specific volume, M. Weight 便进行计算。

⑧计算蛋白序列滴定曲线与等电点。ANTHEPROT4. 3 还可根据一定算法,对输入的蛋白序列计算其滴定曲线与等电点。选取 Methods/Titration curve 便可进行计算。

⑨选定一个片段后，绘制 Helical Wheel 图。ANTHEPROT4. 3 还可先选定一个蛋白片段，绘制其 Helical Wheel 图。选取 Methods/ Helical Wheel 便可进行计算与绘制。在二级结构预测输出窗口，用鼠标左键定义起始点，用鼠标右键定义结束点，选择菜单命令 Helical Wheel，也可很方便地绘制此定义片段的 Helical Wheel 图。

⑩进行潜在的信号肽与断裂位点预测

ANTHEPROT4.3 还对输入的蛋白片段，进行潜在的信号肽与断裂位点预测。选取 Methods/Potential cleavage site of signal pept.，再选择是原核序列或者真核序列便可进行预测。

ANTHEPROT 的最新版本是 5.0，下载网址：

ftp://ftp. ibcp. fr/pub/ANTHEPRQT/windows

http://antheprot-pbil. ibcp. fr/ie _ sommaire. html

1.1.4 WinPlas

适用于操作系统：Windows 9x/ME；Windows NT/2000。

WinPlas 是 Goldstein Software 公司设计的专门用来绘制发表高质量的质粒图软件，可广泛应用于论文、教材的质粒插图。功能包括：

• 知道序列或不知道序列结构均能绘制质粒图。

• 可读入各种流行格式文件引入序列信息，包括：

GenBank	Stanford	NRBF	EMBL
GCG	DNAStrider	Fitch	Pearson
Fasta	Zuker	Olsen	Phylip
ASCⅡ/Raw	PIR	CODATA	MSF
DNAStar			

• 自动识别并标记限制性内切酶位点。

• 可构建序列结构，功能包括：从文件插入序列、置换序列、序列编辑、部分序列删除等。

• 绘图功能强大，功能包括：位点标签说明、任意位置文字插入、自定义色彩并生成彩图、线性或环形序列绘制、可输出到剪贴板、可输出到图像文件。

• 限制酶消化分析报告输出与序列输入报告功能。

• 可与其他常用序列分析软件良好整合。

下面 WinPlas 2.5b 为例简要说明一下该软件的使用方法：

(1)输入质粒序列。

• 用户可以自己新建一个不知序列的质粒：从菜单或工具栏选择 File New，出现一个空白文件，再在菜单或工具栏选择 Insert Blank，出现一个对话框，输入质粒标题与碱基对数，选择为线性或环形序列，单击 OK 键，便出现质粒图，可继续进行编辑，但因为不知其序列，所以有一些功能无法进行。

• 也可以从一个 GenBank 文件建立一个质粒图：选择 File New 后，在菜单或工具条中选择 Insert GenBank File，便打开对话框，选择一个指定文件，确定后，便根据此序列生成质粒图，进行进一步编辑。

• 还可以从一个其他序列格式文件建立质粒图：选择 File New 后，在菜单或工具条中选择 Insert Sequence File，便打开对话框，选择一个指定文件，确定后，便根据此序列生成质粒图，进行进一步编辑。

(2)标记限制酶切位点。菜单或工具条中选择 Restriction Enzymes 命令，用来标记目前序列中发现的限制酶切位点。这时会出现一个窗口：窗口左边的队列为按字母排列的限制酶，数字为发现的位点数量，右边让用选择显示何种限制酶显示在左面的队列中，选项如下：

Single Cutter：在队列中只显示对本序列有一个酶切位点的限制酶。

All Cutter：在队列中显示所有对本序列有一个或一个以上酶切位点的限制酶。

All Enzymes：显示所有的限制酶，不管是否对本序列有酶切位点。

Cuts to times：显示指定有几个切点的酶。

用鼠标左键选择所有需要作标记的酶的名称，单击 OK，便自动在质粒图上标记出酶切位点与酶名称。

(3)自动标记 GenBank 文件指定的特征序列。菜单或工具条中选择 Sequence Features 命令，用来标记目前 GenBank 序列文件中含有的特征序列。选择此命令后打开一个对话框，用鼠标选择希望程序标记在质粒图上的特征序列，单击 OK，便自动在质粒图上标记这些选定的特征序列。

(4)插入文字内容。在菜单或工具条中选择 Text 命令，便可插入文字内容，可定义大小、粗细、字体等，插入的文字内容可用鼠标拖动，放置在质粒图的任意位置。

(5)将线性序列图变成环形序列图或将环形序列图变成线性序列图。在菜单或工具条中选择 Close Sequence 命令或 Open Sequence 命令，便可在二者之间转换。

(6)标记碱基对。在菜单或工具条中选择 Marker 命令，定义碱基对与标记文字后，单击 OK 即可。

(7)定义弓形结构 Arc。在菜单或工具条中选择 Arc 命令，定义碱基对位置、长度、文字、弓形结构颜色、填充色、形状、宽度等内容，单击 OK 即可。

(8)限制酶数据库。程序本身含有一个限制酶数据库，选择菜单命令 Edit Enzymes 可以编辑限制酶数据库，包括：修改、增加、删除、从 DNASIS. 格式文件引入。

限制序列可以模糊定义，模糊代码表示如下：

A	A	A
C	C	C
G	G	G
T	T	T
U	U	U
R	G or A	G, A, R
Y	G or T	C, T, Y

最终画好的质粒如附图 1-6 所示。

WinPlas 目前最高版本是 2.7，下载网址：

http://www.goldsteinsoftware.com/winplas.html

类似的画质粒图的软件还有 PDraw，下载网址：

http://hjem.get2net.dk/acaclone/

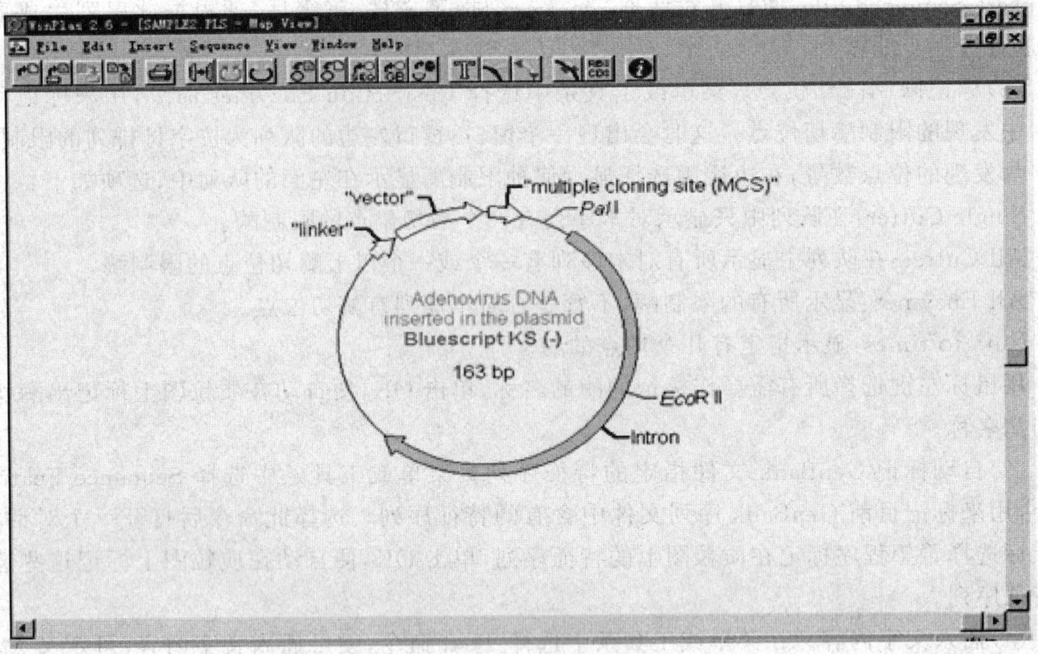

附图 1-6 WinPlas 2.5b 软件绘制的质粒图谱

1.1.5 Lasergene

适用于操作系统：windows NT/2000/9x /ME；Mac OS 9 & OS X (10.1)；Macintosh。

Lasergene 是美国 DNASTAR 公司出品的用于分子生物学的综合软件包，功能极其强大，从简单的序列翻译、比对到高级的蛋白质结构预测、DNA 序列中基因预测，囊括了分子生物学领域绝大多数内容。Lasergene 界面友好美观，支持大多数常见的序列文件格式，是分子生物学研究人员首选的辅助分析软件。

Lasergene 的主要功能有：

(1)EditSeq。EditSeq 是能够迅速、正确地输入并且修改 DNA 或蛋白质序列工具。每个 EditSeq 文件都可以分为三个可编辑的部分，上边的一部分为序列文件，中间的一部分是评论，底部是序列的注释。

EditSeq 能读取大部分的序列格式——包括 FASTA，GenBank，ABI，GCG 和 ASCII 格式。用户可以使用菜单命令或拖拽方式输入列文件。另外，序列可通过使用键盘输入或者从其他地方复制、粘贴得到。经 Entrez 或 Blast 检索得到的序列可以直接从因特网或企业内部互联网服务器下载。

序列被打开后，EditSeq 能使用标准或者指定的遗传密码进行翻译，或者反翻译，寻找开放读框，还可以进行阅读校对。另外，EditSeq 能以 GenBank，FASTA 和 GCG 格式输出序列。

(2)GeneQuest。GeneQuest 可以帮助用户发现和注释 DNA 序列中的基因，并帮助用户操作生物学所关心的 DNA 的其他特征(feature)：包括 ORFS、拼接点连接、转录因子结合位点、重复序列、限制性内切酶酶切位点等。通过应用“methods”到序列，序列的特征可以以图形的形式展示出来。用户可以在序列上注释任何用户发现的特征。和其他的 Lasergene 应用程序一样，GeneQuest 也提供整合的 Blast 和 Entrez 寻找功能。

GeneGuest 能直接打开 DNASTAR，ABI 和 GenBank 文件。其他格式的序列文件也可以使用 EditSeq 改为 DNASTAR 格式。如果用户知道 GenBank 序列的登录号或名称，可以直接打开序列。另外，用户还可以在 Entrez 数据库进行序列查找和输入。

(3)MapDraw。根据实验设计、分析和实验结果的展示需要的不同，MapDraw 可以制作 6 个种类的酶切图。从简单的线性图到有注释的环形图，在展示限制性酶切位点的同时，还可以同时展示序列的特征，6 个读框及其翻译结果。MapDraw 也以自动展示从 GenBank 输入序列的特征。

用户可以按照位置、酶切频率等来排列用户的酶切位点。另外，用户可以用手工选任何酶切位点的结合。酶切位点过滤器(filters)也可以使用 Boolean operators 联合使用。

MapDraw 工具能使用户规划酶切位点和克隆实验，产生详细充分的结果概括。和全部 Lasergene 应用程序一样，MapDraw 也提供整合的 Blast 查找功能。

(4)MegAlign。MegAIign 提供多列队(aligment)方法，进行 DNA 和蛋白质序列的配对和多序列比较(multiple aligment)。多序列比较(multiple aligment)可以在 MegAlign 的 worktable 进行查看和编辑。可以根据队列(aligmert)的结果制作进化树(phylogenetic trees)，并且，有关序列距离的数据和残基替代可以容易地作成表格。一般多序列比较(multiple aligment)的结果展示于队列(aligrnent)窗口，相似性和差异用彩色的直方图展示。和全部 Lasergene 的应用程序一样，MegAlign 也提供整合的 Blast 查找功能。

(5)PrimerSelect。PrimerSelect 能够帮助用户设计 PCR，测序和交杂实验所使用的引物和探针。输入用户的 DNA、RNA 或反向翻译的蛋白质模板序列后，PrimerSelect 就可以在 pentamer 窗口计算序列的熔解温度、自由能和末端自由能。用户可以通过控制包括引物浓度、盐分和 CG 值计算温度等参数来限定计算结果。

在模板处理后，PrimerSelect 按照用户定义的参数确定引物的位置，并给引物评分，然后筛选出模板序列上的最佳引物序列。引物"workbenches"允许用户修改用户的引物，检查参数编辑对翻译读框，二级结构，错误的引物位置和限制性酶切位点的影响。如果用户选择并优化了用户的引物，PrimerSelect 可以让用户建立有关模板、引物、扩增的文件。和全部 Lasergene 的应用程序一样，PrimerSelect 也提供整合的 Blast 查找功能。

(6)Protean。Protean 可以使用多种方法分析、预测蛋白质结构，并以图形化的方式展示出来。Protean 可识别序列上的蛋白酶酶切位点，并且显示酶切图谱；能在 Prosite 数据库中检索用户的序列；能在序列上寻找用户指定的 Patterns；能预测电荷在特定的序列范围上的分布；预测跨膜区的 α-helix；预测蛋白质二级结构；根据序列的氨基酸组成预测蛋白质的疏水区和亲水区；通过计算蛋白质序列上的最大局部亲水性寻找蛋白质的抗原决定簇；预测短肽上与老鼠 MHC Ⅱ d 型蛋白质相互作用的抗原位点；根据序列预测免疫优势辅助性 T 淋巴细胞抗原位点；预测含有特定基序(motif)的潜在 T 淋巴细胞抗原决定簇；通过联合现有的蛋白质结构预测方法预测潜在的蛋白质抗原决定簇；预测特定区域位于蛋白质的表面的可能性；预测蛋白质骨架区的柔韧性等。各类方法按照科学概念进行分类。几个方法可以同时存在于一个概念群中，如用于分析疏水性概念的方法就有好几种，不过有的概念只有一种方法可供选择，如柔韧性。用户可以按照任何顺序在 Protean 文件上展示各种方法计算的结果。另外，Protean 可以输入来自蛋白质数据库中标注序列特点，而且允许用户注释新特点。和其他 Lasergene

应用程序一样，Protean 也提供整合的 Blast 查找功能。

(7)SeqMan Ⅱ。SeqMan Ⅱ不仅仅能够将成千上万个序列装配成 Contigs，而且在装配前，可以修整质量差的序列以及从用户的序列中清除污染数据，还提供完善的编辑和输出功能。SeqMan Ⅱ可以使用 DNASTAR 独特的跟踪(trace)品质评价策略，通过对自动测序仪产生的跟踪数据进行评价，自动生成最精确的一致序列。

装配过程从序列输入开始，输入的序列可以是自动测序仪输出的、也可以是文本格式或 DNASTAR 序列格式。另外，用户可以从因特网的 Entrez 或 Blast 服务器输入序列。使用 Preassembly options 中的命令可以进行包括修整质量差的数据，除掉特定的载体或污染序列等操作。用户甚至可以在装配过程中选择最后加入重复序列。

Contigs 装配完毕后，Strategy View 可以用图形化的方式展示 Contig 的范围和质量，并提示用户什么地方需要补充序列。在需要的情况下，用户可以加入更多的序列，或其他的 SeqMan Ⅱ文件对现有的结果进行再装配。Alignment View 允许用户编辑，修整连续的一致序列，找回以前修整过的数据，调整队列(alignments)结果。另外，用户可以查看每一个或所有序列的质量评分。SeqMan Ⅱ为用户提供自动或手动工具，帮助用户选择是否加入多个 Contigs。和其他 Lasergene 应用程序一样，SeqMan Ⅱ也提供整合的 Blast 查找功能。

Lasergene 目前最新版本为 5. 0，下载网址：http://www. dnastar. com

常用的分子生物学综合软件包还有 DNATools，基本功能和 Lasergene 类似。

1.1.6 ForCon

适用于操作系统：Windows 3. 0x；Windows 9x；Winnt 3. 5/4. 0。

蛋白质与核酸序列格式并无统一标准，不同的数据库与不同的程序定义了不同的格式文件。ForCon 1. 0 便是一个核酸与氨基酸不同序列格式的转换软件，可双向转换的格式包括：

CLUSTAL
EMBL
FASTA
GCG/MSF
Hennig86
MEGA
NBRF/PIR
PAUP/Nexus
Parsimony Jackknifer
PHYLIP
TREECON

ForCon 目前版本为 1. 0，下载网址：http://www. plantgenetics. rug. ac. be/～jerae/ForCon/index. html

下面对各大数据库序列的格式作一简单说明：

1.1.6.1 CLUSTAL

CLUSTAL 是用来建立序列队列的程序，详细格式说明见 http ://www-igbmc. u-strasbg. fr/BioInfo/ClustalX/＃G。

格式描述如下：

- CLUSTAL 应在文件的起始第一行，前面不能有空格。
- 队列以固定长度的块显示。
- 块中的每一行对应一条序列。
- 每一行由序列名称起始，名称长度任意，名称与序列之间至少有一个空格。
- 名称之后为序列本身，大小写任意，"—"代表缺口，每行最后可加入序列号。
- 序列块与块之间为保守序列信息，ForCon 1. 0 目前以"＊"指示。

下面为一个例子：

```
CLUSTAL W(1 .74) multiple sequence alignment
Homo _ sapiens        AGUCGAGUC---GCAGAAAC
Pan _ paniscus        AGUCGCGUCG--GCAGAAAC
Gorilla _ gorilla     AGUCGCGUCG--GCAGAUAC
Pongo _ pigmaeus      AGUCGCGUCGAAGCAGA--C
                      * * * * * * * * * * * * * *

Homo _ sapiens        GCAUGAC-GACCACAUUUU-
Pan _ paniscus        GCAUGACGGACCACAUGAU-
Gorilla _ gorilla     GCAUCACGGAC-ACAUCAUC
Pongo _ pigmaeus      GCAUGACGGACCACAUCAUC
                      * * * * * * * * * * * * * *

Homo _ sapiens        CCUUGCAAAG
Pan _ paniscus        CCUUGCAAAG
Gorilla _ gorilla     CCUCGCAGAG
Pongo _ pigmaeus      CCUUGCAGAG
                      * * * * * * * *
```

1.1.6.2 EMBL

EMBL 数据库是欧洲主要的核酸数据库，此格式的多序列文件用"//"将每条序列分开，详细序列格式见 http://www.ebi.ac.uk/ebi _ docs/embl _ db/usrman/structure _ entry.html。举例如下：

```
ID  Homo sapiens
SQ  Sequence 50 bp;
    AGUCGAGUC---GCAGAAAC GCAUGAC-GA CCACAUUUU-CCUUGC AAAG
//
ID  Pan paniscus
SQ  Sequence 50 bp ;
    AGUCGCGUCG--GCAGAAAC GCAUGACGGA CCACAUCAU-CCUUGCAAAG
```

//

ID　Gorilla gorilla

SQ　Sequence 50 bp;

AGUCGCGUCG---GCA GA U AC GC AU CACGG A C-ACA UCA UC CCUCGCAG AG

//

ID　Pongo pigmaeus

SQ　Sequence 50 bp;

AGUCGCGUCG AAGCAGA--C GCAUGACGGA CCACAUCAUC CCUUGCAGAG

//

1.1.6.3　FASTA

FASTA用来进行数据库检索，详细格式描述见：http://www.n.ncbi.nlm.nih.gov/Blast/fasta.html

举例如下：

>Homo sapiens

AGUCGAGUC---GCAGAAACGCAUGAC-GACCACAUUUU-CCUUGCAAAG

>Pan panis cus

AGUCGCGUCG--GCAGAAACGCAUGACGGACCACAUCAU-CCUUGCAAAG

>Gorilla gorilla

AGUCGCGUCG--GCAGAUACGCAUCACGGAC-ACAUCA UCCCUCGC AGAG

>Pon go pigmaeus

AGUCGCG UCG AAGCAGA--CGCAUGACGGACCACAUCAUCCCUUGCAGAG

1.1.6.4　GCG/MSF

Genetics Computer Group Wisconsin软件包的多序列文件格式简述如下：

- 文件第一行为识别字符串"!! AA _ MULTIPLE _ ALIGNMENT1.0"或"PileUp"。
- 文件第二行为描述信息。
- 下一行必须为"MSF:序列长度"，校验值与两点".."。
- 下面为序列名称等信息。
- 其后为分隔行：//。
- 然后为序列信息，以隔行形式输入。

以下为一个例子：

!! NA _ MULTIPLE _ ALIGNMENT 1.0

Four anthropoidea

MSF: 50 Type:N Check:2666..

Name: Homo _ sapiens　　Len: 50 Check:8318 Weight: 1.00

Name: Pan _ paniscus　　Len: 50 Check:7854 Weight: 1.00

Name: Gorilla _ gorilla　　Len: 50 Check:7778 Weight: 1.00

```
Name: Pongo _ pigmaeus    Len: 50 Check:8716 Weight: 1.00
//
Homo _ sapiens       AGUCGAGUC...GCAGAAAC
Pan _ paniscus       AGUCGCGUCG..GCAGAAAC
Gorilla _ gorilla    AGUCGCGUCG..GCAGAUAC
Pongo _ pigmaeus     AGUCGCGUCGAAGCAGA. C

Homo _ sapiens       GCAUGAC. GACCACAUUUU.
Pan _ paniscus       GCAUGACGGACCACAUCAU.
Gorilla _ gorilla    GCAUCACGGAC. ACAUCAUC
Pongo _ pigmaeus     GCAUGACGGACCACAUCAUC

Homo _ sapiens       CCUUGCAAAG
Pan _ paniscus       CCUUGCAAAG
Gorilla _ gorilla    CCUCGCAGAG
Pongo _ pigmaeus     CCUUGCAGAG
```

1.1.6.5 Hennig86

此格式用数字代替核酸字符,A-0;U、T-1;G-2;C-3;N-?

为连续形式,第一行以"xread"起始,第二行为用单引号括起的描述信息,第三行为序列的长度与序列的条数。文件结束字符为;未知残基用"?"表示,不能表示缺口信息。举例如下:

```
xread
'Four anthropoidea'
50 4
Homo sapiens
132431324??? 341311143412314? 31441412222? 4422341113
Pan paniscus
132 4343243?? 3413111434123143314414124l2? 4422341113
Gorilla gorilla
1324343243?? 341312143412414331 4? 141241244424341313
Pongo pigmaeus
13243432431134131?? 434123143314414124124 4422341313
;
```

1.1.6.6 MEGA

文件总是由字符"♯mega"起始,其后为以TITLE起始的标题名,在标题名与序列信息之间,可以加入其他说明信息。即使在序列中,也可以加入其他信息,不过需要用双引号括起。序列名称由字符"♯"引导。举例如下:

```
♯ mega
```

TITLE:Four Anthropoidea

The interleaved format

Homo _ sapiens AGUCGAGUC-GCAGAAACGCAUGAC-GACC

Pan _ paniscus AGUCGCGUCG-GCAGAAACGCAUGACGGACC

Gorilla _ gorilla AGUCGCGUCG-GCAGAUACGCAUCACGGAC-

Pongo _ pigmaeus AGUCGCGUCGAAGCAGA-CGCAUGACGGACC

Homo _ sapiens ACAUUUU-CCUUGCAAAG

Pan _ paniscus ACAUCAU-CCUUGCAAAG

Gorilla _ gorilla ACAUCAUCCCUCGCAGAG

Pongo _ pigmaeus ACAUCAUCCCUUGCAGAG

mega

TITLE: Four Anthropoidea

The noninterleaved format

Homo _ sapiens

AGUCGAGUC-GCAGAAACGCAUGAC-GACCACAUUUU-CCUUGCAAAG

#Pan _ paniscus

AGUCGCGUCG-GCAGAAACGCAUGACGGACCACAUCAU-CCUUGCAAAG

Gorilla _ gorilla

AGUCGCGUCG-GCAGAUACGCAUCACGGAC-ACAUCAUCCCUCGCAGAG

Pongo _ pigmaeus

AGUCGCGUCGAAGCAGA-CGCAUGACGGACCACAUCAUCCCUUGCAGAG

1.1.6.7 NBRF/PIR

此蛋白数据库的格式与 FASTA 格式类似,每一条序列,由字符“>”起始,其后为序列名称与说明信息,下面紧跟序列本身,每条序列以字符“*”结束。

序列类型的符号代表如下信息:

P1: 完整蛋白序列

F1: 蛋白片段

DL: 线性 DNA

DC: 环形 DNA

RL: 线性 RNA

RC: 环形 RNA

N3: tRNA

N1: 其他功能的 RNA

举例如下:

> RL;Homo sapiens

Homo sapiens RN A sequence

AGUCGAGUC-GCAGAAACGCAUGAC-GACCACAUUUU-CCUUGCAAAG *
> RL;Pan paniscus
Pan paniscus RNA sequence
AGUCGCGUCG-GCAGAAACGCAUGACGGACCACAUCAU-CCUUGCAAAG *
> RL;Gorilla gorilla
Gorilla gorilla RNA sequence
AGUCGCGUCG-GCAGAUACGCAUCACGGAC-ACAUCAUCCCUCGCAGAG *
> RL;Pongo pigmaeus
Pongo pigmaeus RNA sequence
AGUCGCGUCGAAGCAGA-CGCAUGACGGACCACAUCAUCCCUUGCAGAG *

1.1.6.8 PAUP/NEXUS

NEXUS格式变化较多,ForCon1.0对其有些限制,但读入此格式没有问题。以下为两个输出NEXUS格式的例子:

```
#NEXUS
[TITLE:Four Anthropoidea]
begin data;
dimensions ntax=4  nchar=50;
format datatype=RNA missing=N gap=-;

matrix
Homo _ sapiens
AGUCGAGUC-GCAGAAACGCAUGAC-GACCACAUUUU-CCUUGCAAAG
Pan _ paniscus
AGUCGCGUCG-GCAGAAACGCAUGACGGACCACAUCAU-CCUUGCAAAG
Gorilla _ gorilla
AGUCGCGUCG-GCAGAUACGCAUCACGGAC-ACAUCAUCCCUCGCAGAG
Pongo _ pigmaeus
AGUCGCGUCGAAGCAGA-CGCAUGACGGACCACAUCAUCCCUUGCAGAG;
endblock;
begin assumptions;
options deftype=unord;
---
# NEXUS
[TITLE: Four Anthropoidea]
begin data;
dimensions ntax=4  nchar=50;
format interleave datatype=RNA missing=N gap=-;
matrix
```

```
Homo _ sapiens      AGUCGAGUC-GCAGAAACGCAUGAC-GAC
Pan _ paniscus      AGUCGCGUCG-GCAGAAACGCAUGACGGAC
Gorilla _ gorilla   AGUCGCGUCG-GCAGAUACGCAUCACGGAC
Pongo _ pigmaeus    AGUCGCGUCGAAGCAGA-CGCAUGACGGAC

Homo _ sapiens      CACAUUUU-CCUUGCAAAG
Pan _ paniscus      CACAUCAU-CCUUGCAAAG
Gorilla _ gorilla   -ACAUCAUCCCUCGCAGAG
Pongo _ pigmaeus    CACAUCAUCCCUUGCAGAG
;
endblock;
begin assumptions;
options deftype=unord;
```

1.1.6.9 Parsimony Jackknifer

此格式类似于 MEGA 格式，第一行为单引号括起的说明信息，可以以连续或隔行形式输入序列信息。序列名称必须由括弧括起，并且序列名不能有空格，可以用下划线"_"连接。文件以分号";"结束。以下为两个例子：

```
'Four Anthropoidea'
(Homo _ sapiens )   AGUCGAGUC-GCAGAAACGCAUGAC-GACCACAUUU
U-CCUUGCAAAG
(Pan _ paniscus)  AGUCGCGUCG-GCAGAAACGCAUGACG
GACCACAUCAU-CCUUGCAAAG
(Gorilla _ gorilla)   AGUCGCGUCG-GCAGAUACGCAUCACGGAC
-ACAUCAUCCCUCGCAGAG
(Pongo _ pigmaeus ) AGUCGCGUCGAAGCAGA-CGCAU
GACGGACCACAUCAUCCCUUGCAGAG;
---
'Four Anthropoidea '
(Homo _ sapiens)   AGUCGAGUC-GCAGAAACGCAUGAC-GAC
(Pan _ paniscus)  AGUCGCGUCG-GCAGAAACGCAUGACGGAC
(Gorilla _ gorilla)   AGUCGCGUCG-GCAGAUACGCAUCACGGAC
(Pongo _ pigmaeus)   AGUCGCGUCGAAGCAGA-CGCAUGACGGAC
(Homo _ sapiens)   CACAUUUU-CCUUGCAAAG
(Pan _ paniscus)  CACAUCAU-CCUUGCAAAG
(Gorilla _ gorilla)  -ACAUCAUCCCUCGCAGAG
(Pongo _ pigmaeus)   CACAUCAUCCCUUGCAGAG;
```

1.1.6.10 PHYLIP

文件第一行为序列的数目与序列的长度，然后便是序列信息，可以是连续形式或隔行形式，序列名称可以有空格但不能超过10个字符。对于隔行形式其序列名只在第一个序列块出现而一般其他的格式隔行形式序列名在每个序列块重复现。以下网站有更详细说明：http://evolution.genetics.washington.edu/phylip.html。

隔行形式的例子：

4 50
Homo sapie AGUCGAGUC-GCAGAAACGCAUGAC-GACC
Pan panisc AGUCGCGUCG-GCAGAAACGCAUGACGGACC
Go rilla go AGUCGCGUCG-GCAGAUACGCAUCACGGAC-
Pongo pigm AGUCGCGUCGAAGCAGA-CGCAUGACGGACC
ACAUUUU-CCUUGCAAAG
ACAUCAU-CCUUGCAAAG
ACAUCAUCCCUCGCAGAG
ACAUCAUCCCUUGCAGAG

连续形式的实例：

4 50
Homo sapie AGUCGAGUC-GCAGAAACGCAUGAC-GACC
ACAUUUU-CCUUGCAAAG
Pan panisc AGUCGCGUCG-GCAGAAACGCAUGACGGACC
ACAUCAU-CCUUGCAAAG
Gorilla go AGUCGCGUCG-GCAGAUACGCAUCACGGAC-
ACAUCAUCCCUCGCAGAG
Pongo pigm AGUCGCGUCGAAGCAGA-CGCAUGACGGACC
ACAUCAUCCCUUGCAGAG

1.1.6.11 TREECON

详细说明在 http://alt-www.uia.ac.be/u/yvdp/Userman/treeconintro.html#treecon-input。

例子如下：

50
Homo sapiens
AGUCGAGUC-GCAGAAACGCAUGAC-GACCACAUUUU-CCUUGCAAAG
Pan paniscus
AGUCGCGUCG-GCAGAAACGCAUGACGGACCACAUCAU-CCUUGCAAAG

Gorilla gorilla

AGUCGCGUCG-GCAGAUACGCAUCACGGAC-ACAUCAUCCCUCGCAGAG

Pongo pigmaeus

AGUCGCGUCGAAGCAGA-CGCAUGACGGACCACAUCAUCCCUUGCAGAG

1.1.7 RasMol

适用于操作系统：Windows 9x；UNIX；VAX VMS；Macintosh；Acorn Archimedes RISC；NEXTSTEP。

RasMol 是一个观看分子三维立体结构的软件，其作者是 Glaxo&Wellcome 公司(世界第一大制药公司)研发中心的科学家 Roger A. Sayle 博士，参与开发的还有爱丁堡大学。它有适用于不同机器、不同操作系统的各种版本。从 PC 机到 Macintosh(苹果)机，从 DOS 到 Windows 到 UNIX 系统，均有不同的版本运行。对小的有机分子与大分子，如蛋白质、DNA 或 RNA，均能适用，且显示模式非常丰富。RasMol 支持的文件格式包括：Brookhaven Protein Database (PDB)格式、Tripos Associate'Alchemy 格式、Sybyl Mol2 格式、Molecular Design Limited's (MDL) Mol 格式、Minnesota Supercomputer Center's (MSC) XYZ 格式与 CHARMm 格式文件。最常用的设置，也是软件默认的设置为 PDB 文件格式。PDB 文件(Protein Data Bank)是最广泛的蛋白质与核酸 3D 结构格式，科研人员可以从 Protein Data Bank 网站(http://www.pdb.bnl.gov)下载需要的文件。

打开一个文件，看到分子后，可以通过选择菜单中不同的显示模式与颜色模式来变换分子的三维立体结构的外观。Disp lay(显示)菜单下，共有 8 种显示模式，含义分别为：

- Wireframe 模式：分子的原子用点表示，键位用细线表示；
- Backbone 模式：显示分子的大致骨架，用圆柱表示；
- Sticks 模式：分子的键位用圆柱体表示；
- Spacefill 模式：原子用球体表示，有机化学课本里的分子立体结构，常用此模式表示；
- Ball & Stick 模式：用球-棒模式表示分子；
- Ribbons 模式：用带状表示大分子；
- Strands 模式：用网状带子表示大分子；
- Cartoons 模式：用夸张的表示方法，表示某些特殊的结构。例如，用板条状代表蛋白质的 β 折叠，用弹簧状代表蛋白质的 α 螺旋。

RasMol 目前最新的版本是 2.7.2.1，下载网址：http://www.umass.edu/microbio/rasmol/index2.htm

1.1.8 RNAStructure

适用于操作系统：Windows 9x/ME；Windows 2000/NT。

RNAStructure 是 Rochester 大学 RNA 生物物理化学组的 David H. Mathews 编写的预测 RNA 二级结构的软件。它使用 Zuker 算法预测 RNA 二级结构，预测一个结构分两步进行。第一步是使用回归算法生成一个最优结构与一系列次优结构。生成次优结构的个数由用户输入的两个参数(maximum structures and % sort)决定，第三个参数为窗口大小。此参数控制次优结构有多少不同。小的窗口尺寸只允许生成非常类似的结构。第二步是重新排序最有可能的结构。使用公式重新计算每个结构的最小自由能，输出根据重新计算的最小自由能排序。两步是连续进行的。

下面以RNAStructure3.2为例简要说明一下使用方法：

(1)输入RNA序列。选择File/New可以新建输入RNA序列，或者选择File/Open Sequence载入序列(.SEQ格式)或引入GenBank格式文件(.GEN)。

(2)序列编辑。序列编辑器可将所输入的序列转存为类似GenBank格式的文件。选择Format，序列将变为每行60个碱基，每10个碱基一个空格。选择Fold RNA将文件输入Fold模块，程序将提示存盘。

(3)预测RNA二级结构。

①选择file/RNA fold single strand启动模块，单击sequence按键，打开对话框以载入序列，此序列必须以.SEQ为扩展文件名，其他序列文件可在序列编辑器中转为此格式。注意必须为大写字母。

②输入文件名后，默认值将填充在剩下的区域，这些值可改变。选取Generate Save File选项，在执行算法后生成存盘文件，此存盘文件用于重新折叠与生成点阵图。

③在此碱基可被强制为单链或双链或螺旋。

④单击开始键，开始预测运算。

⑤需要的话，选择Draw structure，在绘图模块中看预测的二级结构结果。输出的二级结构以最小自由能顺序排列。

RNAstructure目前最高版本是3.6，下载网址：http://128.151.176.70/RNAstructure.html

1.1.9 Bandscan

适用于操作系统：Windows 9x/ME。

Bandscan是一个通用的电泳胶条带定量分析软件，功能包括凝胶图像分析、光密度扫描、相对分子质量计算、杂点去除、电泳迁移校正功能，可以手动、自动找到条带，手动的条带可以是无规则的，可以清除背景。可以进行相对分子质量、百分比、质量、波峰等方面的定量分析。可以直接使用扫描仪。可以将数据输出到Excel文件。

Bandscan目前最高版本是5.0，下载网址：http://www.glyko.com/free/Features.html

1.2 数据库

随着生物大分子序列和结构测定技术的完善和应用，核酸、蛋白质序列数据库以及蛋白质结构数据库中的生物信息数据迅速增长。这些生物信息数据可以分为一级数据库和二级数据库。一级数据库包含的数据直接来源于实验原始数据，一般只经过简单的归类和注释；二级数据库是在一级数据库的基础上针对特定的目的整理形成的，具有特殊生物学意义和专门的用途。

从数据库的种类来看，核酸和蛋白质序列数据库是最基本的数据库，很多专用的二级数据库都由此而来。目前常用的核酸序列数据库有美国国家生物技术信息中心(NCBI)的GenBank、欧洲分子生物实验室(EMBL)的EMBL以及日本国立遗传研究所的DDBJ；主要的蛋白质序列数据库有瑞士日内瓦大学的Swiss-Prot，以及美国、德国和日本合作管理的PIR。除了序列数据库，还有美国Brookhaven国家实验室管理的蛋白质结构数据库PDB，以及众多与序列有关的子库。

国际核酸序列数据库(DDBJ/ EMBL/ GENBANK)是目前国际上最大的核酸序列数据库，它由美国国家生物技术信息中心NCBI、欧洲分子生物学实验室、日本国立遗传学研究所共同制作。DDBJ/ EMBL/ GENBANK 数据库收录了国际上几乎所有的已知核酸序列数据，这三个数据库每天交换各自所收到和更新的数据，是分子生物学家经常使用的数据库。

下面简要介绍一下重要的生物信息数据库。

1.2.1 GenBank

http://www.ncbi.nlm.nih.gov/

1.2.1.1 简介

GenBank 是 1982 年由美国国立卫生研究院(NIH)、美国国立医学图书馆(NLM)、美国国家生物技术信息中心(National Center of Biotechnology Information, NCBI)等机构联合建立的核酸序列数据库，同 EMBL 和 DDBJ 一起共同组成了国际核酸序列数据库(International Nucleotide Sequence Database)。GenBank 是一个公共数据库，它能提供几乎所有的在国际上公开发表的核酸和蛋白质序列数据以及书目文献等相关信息。GenBank 中的序列数据包括 EMBL、DDBJ、基因组序列数据库(Genome Sequence Database, GSDB)、美国专利局等核酸数据库的 DNA 序列，也有来自于 PIR、SWISS-PROT、PRF(Protein Research Foundation)、PDB(Protein Data Bank)等蛋白质数据库的蛋白质和氨基酸序列,并且与 Medline 生物医学文献数据库建立了交叉参考信息，可以通过 Entrez、IGM 和 PUBMED 获取其中与序列有关的文献信息。此外，在基因和染色体图像数据方面，与分子模型数据库(MMDB)和蛋白质数据库(PDB)建立了链接，可以获取基因的三维结构。在基因遗传疾病描述方面，加强了与孟德尔人类遗传学联机数据库(Online Medelian Inheritance in Man, OMIM)的联系。使基因库成为综合性的序列数据库。GenBank 每条数据包含对序列的精确描述，序列来源生物的科学名称及树状分类，以及特征数据栏，提供序列的蛋白编码区和具有特殊生物学意义的位点，如转录单位(transcription units)、突变或修饰位点(sites of mutations modifications)及重复序列(repeats),还提供特定序列编码的蛋白质序列。参考文献还给出其在 MEDLINE 上的特定标识号。截至 2001 年 6 月 GenBank 共收录约 1.2974×10^{11} 个碱基，1.2244×10^{8} 个序列数据记录，分别来自于 5.5×10^{4} 种不同的物种。

GenBank 提供了 Entrez 浏览器(Entrez Browser)，用户可以检索 GenBank、EMBL、PIR、SWISS-PORT、PDB 等数据库的序列信息以及 Medline 中与序列有关的文献信息，并且对于每一个序列或文献，还给出了类似(或同源)的序列或相关文献。在 GenBank 检索过程中，还可提供 PubMed 服务，通过它可以免费检索 Medline 和 Pre-Medline 中 960 多万条生物医学文献，部分可联网获取原文。

GenBank 建立了电子邮件服务器。通过发送电子邮件，即可免费检索基因库或进行序列分析。更为重要的是，GenBank 提供了 Blast 序列类似性检索。序列对数据库的类似性检索是核酸或蛋白质序列测定之后首先要做的工作，而且有时能得到重要的发现。短序列的类似性检索有时能指导进一步的实验设计，或有助于实验结果的分析。

此外，GenBank 还提供了匿名 FTP 服务。通过它，用户可以免费获取基因库的数据或软件，这样，可以在本地的计算机上很方便地建立自己的序列数据库及其相应的软件。

1.2.1.2 GenBank 的结构

(1)核酸序列数据库。

• Entrez 核酸——用 accession number，作者姓名，物种，基因/ 蛋白名字，以及很多其他的文本术语可搜索核酸序列记录(在 GenBank＋PDB 中)。如果要检索大量数据，也可使用

Batch Entrez(批量 Entrez)。

• dbEST——表达序列标签数据库，包括短的、单次(测序)阅读的 cDNA 序列。也包括来自于差异显示和 RACE 实验的 cDNA 序列。

• dbGSS——基因组调查序列的数据库，包括短的、单次(测序)阅读的 cDNA 序列，exon trap 获得的序列，cosmid/ BAC/ YAC 末端以及其他。

• dbSTS——序列标签位点的数据库，包括短的在基因组上可以被唯一操作的序列，用于产生作图位点。

• dbSNP——单核苷酸多态性数据库，包括 SNPs、小范围的插入/缺失、多态重复单元和微卫星变异。

(2)蛋白序列数据库。

• Entrez 蛋白——通过序列的存取号、作者姓名、物种、基因/蛋白名字、以及很多其他的文本术语来可以搜索蛋白序列记录(GenBank 包含的数据库有 GenPept、Swiss-Prot、PIR、RPF、PDB)。如果要检索大量数据，也可使用 Batch Entrez(批量 Entrez)。

• 用户也可通过 GenBank 提供的 FTPGenPept 下载"genpept . fsa. Z"文件，这个文件包含了从 GenBank/ EMBL/ DDBJ 记录中翻译过来的 FASTA 格式的氨基酸序列，这些记录都有 1～2 个 CDS 特性的描述。

(3)结构信息数据库。

• MMDB(分子模型数据库)——一个关于三维生物分子结构的数据库，结构来自于 X-ray 晶体衍射和 NMR 色谱分析。MMDB 是来源于 Brookhaven 蛋白数据库(PDB)三维结构的一部分，排除了那些理论模型。MMDB 重新组织和验证了这些信息，从而保证在化学和大分子三维结构之间的交叉参考。数据的说明书包括生物多聚体的空间结构，这个分子在化学上是如何组织的，以及联系两者的一套指针。利用将化学序列和结构信息整合在一起，MMDB 计划成为基于结构的同源模型化和蛋白结构预测的资源服务。MMDB 的记录以 ASN. 1 格式存储，可以用 Cn3D，Rasmol 或 Kinemage 来显示。另外，数据库中类似的结构已经被用 VAST 确认，新的结构可以用 VASTsearch 来同数据库进行比较。

• Cn3D——"See in 3-D"，一个用于 NCBI 数据库的结构和序列相似显示工具，它允许观察 3-D 结构和序列—结构或结构—结构同源比较。Cn3D 用起来就像用户浏览器上的一个帮助工具。

• VAST(矢量同源比较搜索工具)——一个在 NCBI 开发的计算算法，用于确定相似的蛋白三维结构。每一个结构的"结构邻居"都是预先计算好的，而且可以通过 MMDB 的结构概要页面的链接访问。这些邻居可以用来确认那些不能被序列比较识别的远的同源性。

• VAST 搜索——结构—结构相似搜索服务。比较一个新解出的蛋白结构和在 MMDB/ PDB 数据库中的结构的三维坐标。VAST 搜索计算一系列可能会被交互浏览的结构邻居，用分子图形来观察重叠和同源相似。

(4)分类学数据库。

分类浏览器——NCBI 的分类数据库收集了多于 70 000 个物种的名字和种系，这些物种都至少在遗传数据库中有一条核酸或蛋白序列。可以检索一个特定种或者更高分类(如属、科)的核酸、蛋白质和结构记录。如果有新物种的序列数据被放到数据库中，这个物种就被加到分类数据库中。NCBI 的分类数据库的目的是为序列数据库建立一个一致的种系发生分类学。

(5)文献数据库。

• PubMed——一个关于生物医药科学的检索系统，包括引用、摘要和杂志的索引术语。它包括直接由出版商提供给 NCBI 的文献引用以及链接到在出版商网址上的全文的 URLs。PubMed 包括 MEDLINE 和 PREMEDLINE 的完整内容。它还包括一些被 MEDLINE 认为超出范围的文章和杂志，这些文章或杂志由于内容或在某一时期不在索引范围内。因此 PubMed 是比 MEDLINE 更大的集合。

• 杂志浏览器——允许用户去查找收录到 PubMed 系统的杂志的名字，MEDLINE 的缩写，或 ISSN 号码。

(6)基因组数据库。Entrez 基因组——超过 800 种在 GenBank 中被完整测序的物种，包括 500 多种病毒，25 种以上细菌、酵母和许多类病毒、质粒和细胞器。还包括正在进行中的基因组，比如人、小鼠、线虫、疟原虫、果蝇、利什曼原虫、水稻和玉米。提供完成的基因组/染色体的图形概览，并可以探究那些逐步细化的区域。也提供那些已经被 NCBI 工作人员分析过的物种的编码区的摘要和 TaxTables。另外，Entrez Map Viewer，Entrez 基因组的一个软件组成部分，提供整合的果蝇(细胞遗传学和序列图谱)和人类(细胞遗传学、遗传连锁、序列、放射杂交和其他图谱)的染色体图谱的浏览。

(7)其他。随着生物科学的飞速发展，GenBank 也不断地对其结构进行调整，除了上述的基本组成外，GenBank 会根据当前生物学研究的热点方向不断地增加新的内容。

• OMIM(在线人类孟德尔遗传)——经常更新的人类基因和遗传失调的目录，有链接到其他相关的文献参考、序列记录和相关数据库。

• 书籍——NCBI 同书籍出版商合作改编了教科书，并把它们链接到 PubMed。用户可以在这里了解到相关书籍的内容梗概。

• 外部链接——一个登记服务，用于建立从在 Entrez 中的特定的文章、杂志或生物数据到外部网址的链接。第三方可以提供网址、资源名字以及有关它们网址的详细说明。这个详细说明可以用对 Entrez 有效的布尔查询来写，也可以用特定的文章或序列的标志列表来写。这样 NCBI PubMed 的用户将可以选择哪个外部链接在它们的搜索中是可见的。

1.2.1.3　使用 GenBank

1. 提交数据

GenBank 数据的一个主要来源是通过作者直接递交，许多杂志也要求在文章发表之前提供相应序列的基因数据库的提交信息(submission of sequence information)。NCBI 有一个 WWW 形式的表格叫作 BankIt，它提供了一种快速而简便的序列提交方法。另一种方法是使用 Sequin，这是 NCBI 开发的新的可以独立运行于 MAC、PC、UNIX 平台的序列递交软件，可以从 FTP 获得它或者通过 Email 向 NCBI(Email：info@ncbi.nlm.nih.gov)索取。

• BankIt——它是 NCBI(美国生物技术信息中心)开发的通过互联网向 GenBank 数据库递交数据的软件，是一种通过互联网简便、快捷的递交工具。作者按 BankIt 表格的要求输入数据信息后，BankIt 将其转换成 GenBank 的规定格式，并将其直接递交给 GenBank。GenBank 收到数据信息后，将通过 Email 把数据收入后的数据存取号和有关材料发给作者，以便查验。

下列用户均可使用 BankIt：

Netscape for UNIX, Macintosh, and Windows

Mosaic for UNIX

MacWeb for Macintosh

注意：Windows 的 Mosaic 和 Macintosh 不支持 BankIt。

• Sequin——它是美国 NCBI 开发的一套独立的向 GenBank、EMBL、DDBJ 等数据库递交数据的软件，MAC、PC/ Windows 和 UNIX 用户均可使用。Sequin 是一种交互式软件，包含许多图表和指示性文字以帮助用户输入数据及有关注释。与 BankIt 相比，Sequin 更适合于递交较长的数据或与数据有关的详细资料。用户可通过匿名 FTP 获得该软件及相关的帮助文件。

在 Sequin 中输入数据后，软件会生成输出文件，用户可通过 Email(gb-sub@ncbi. nlm. nih. gov)将其发送给 GenBank，或将其拷贝到软盘上，按下列地址寄给 GenBank：

（注意：软盘要贴标签，注明用户姓名、文件名及所用盘的种类(PC 或 MAC)）

GenBank Submissions

National Center for Biotechnology Information

National Library of Medicine

Bldg. 38A, Room 8N-803

Bethesda, MD 20894

此外，对 EST，STS 和 HTG 等序列 GenBank 也提供专门的程序供用户提交，用户可以在 GenBank 网页上下载，在此不赘述。

数据递交后，作者将收到一个数据存取号，表明递交的数据已被接收，此号可作为以后向数据库查询时的凭据，作者可将其列入发表文章中。作者可要求对其递交数据在正式发表前暂不公开，待文章发表后应尽快通知数据库(Email：update@ncbi. nlm. nih. gov)，否则将延误数据的公开。

由于三大核酸数据库 GenBank、EMBL、DDBJ 之间每日都互相交换数据，因此作者无论在哪里发表数据，只需要向其中任意一个本人认为最方便的数据库递交数据即可。

• 更新或者修改一个序列——NCBI 允许作者任何时候对已被收入数据库的数据进行修改、添加或删减。作者可通过 BankIt、Sequin 或 Email 方式进行修改，注意应将需要更新的序列的存取号(accession number)与修改内容一起在主题行(subject line)中给出。E-mail 可以发送到：update@ncbi . nlm. nih. gov。

2. 检索数据

GenBank 数据可用文本检索系统(检索 GenBank 以及 GenBank Update 等)、Entrez 高级检索系统进行检索。Entrez 系统可以用来检索核酸与蛋白质序列、Medline 相关文献或专利(PubMed)、基因组及 MMDB 分子结构模型库信息。

(1)普通文本检索(text searching)。NCBI 提供文本检索服务。可通过两种形式进行检索，一种是表格式的客户机检索，另一种是非表格式的客户机检索。

①表格式的客户机检索(Search with Forms-Based Clients)。它可以检索 GenBank 以及 GenBank Updates 最近注释的新增的和变更的记录。

查询表格有 4 个输入框，每个输入框前面冠有“FR”(Field Restriction，字段限定)，后面带有布尔算符(AND, OR, BUTNOT)，布尔算符描述相邻两个输入框中词或词组的逻辑匹配。在第四个输入框的下面左边有一个“Run Query”按钮，右边有一个“Clear Input”按钮，它可清除当前的输入，回到初始的状态，在上述两个按钮之间，有一个下拉式菜单按钮，可开窗选择检索后每页返回的记录数。

在按钮行的下面，有数据库选择区，允许用户选择当前检索的 GenBank 数据库，有三种选择：GenBank、GenBank Updates 和 Both。

在数据库选择区的下面有可供选择的限定字段，如 Locus、Definition、Accession No.、NID、Keywords、Source、Reference、Comment 和 Features 等，可选择其中的字段限定用户的检索式。

②非表格式的客户机检索。它可以检索 GenBank、GenBank Updates、Swiss-Prot 和 PIR 等数据库。这些数据库均带有下划线，点击某一数据库，则可进入该数据库的文本检索界面。在输入框中，输入检索词、词组或布尔表达式，然后点击发送检索按钮，即可检索到所需要的文献。

(2)Entrez 高级检索。

①Entrez 检索的数据库及其检索信息。Entrez 浏览器(Entrez Browser)可以检索以下与 NCBI 链接的基因序列数据库的分子生物数据和书目文献资料。

• GenBank、EMBL、DDBJ 中的 DNA 序列；

• SWISS-PROT、PIR、PRF、PDB 中的蛋白质序列以及 DNA 序列数据库中翻译的蛋白质序列；

• 基因和染色体图像数据；

• PDB 以及收入 NCBI 分子模型数据库(MMDB)的蛋白质三维结构；

• 通过 PubMed 检索 Medline 和 PreMedline 数据库。

②Entrez 检索功能。Entrez 提供了以下三种检索功能。

• 自由词检索功能。用户可以通过文本词、关键词、截词、期刊名或文献的作者检索 Entrez 数据库。截词用 * 号，期刊名必须用 Medline 刊名缩写，作者姓名必须是姓在前，名在后，用首字母缩写。

• 索引词表(List Terms)检索功能。索引词表检索是当用户键入检索词，Entrez 在用户选定的字段中显示从该检索词开始的一个索引词表窗口，这时，用户可以选择一个或几个词进行检索，这对单词拼写不准确时非常有用。例如：在输入框中键入“P53”，选择文本字段(Text Words)和索引词表(List Terms)检索功能，再点击“Search”，这时返回一个以“P53”开始的索引词表窗口，浏览选择一个或几个索引词，点击“Search”，Entrez 将返回检索结果。

• 自动检索功能。自动检索功能就是 Entrez 浏览器根据用户输入的检索式自动进行检索，返回当前检索式检出的文献数，如满意，可进一步取得检索结果，如不满意，则可对当前检索式进行修改，直到用户满意为止。例如在输入框键入“P53”，选择所有字段和自动检索功能，点击“Search”，Entrez 返回一个 Web 页，包括当前检出文献数、加词检索和修改当前检索三个部分。如果用户对检出文献数不满意(过多或过少)，可以在加词检索部分增加更专指的检索词，以提高查准率，也可以在修改当前检索部分选择某一布尔算符(AND、OR、NOT、ANDNOT)，对当前的检索策略进行修改，直到用户满意为止。

对于检出文献，用户可以选择浏览格式进行浏览，也可以打印或存盘。

③Entrez 检索规则。

• Entrez 支持“ * ”号截词检索。

• Entrez 对用户键入的词可以进行逻辑识别。例如:键入“Lipman D J Genomics”, Entrez 将它识别为作者的姓名 Lipman D J 和自由词 Genomics,并将提问式转换为“Lipman D J”AND Genomics。对于 Entrez 不能识别的提问式,如 bac 1,必须加双引号,系统就会将它们作为一个词进行检索。

• Entrez 支持复杂的布尔逻辑检索。

• Entrez 支持限定字段检索。

对于不同的数据库,有不同的字段标识符,如下表所示。

PubMed	AFFL、ALL、AUTH、ECNO、JOUR、MESH、MAJR、PAGE、PDAT、PTYP、SUBS、TITL、WORD 或 VOL
蛋白质数据库	ACCN、AUTH、ECNO、GENE、JOUR、KYWD、MDAT、ORGN、PDAT、PROP、PROT、SQID、SLEN、SUBS 或 WORD
核酸序列数据库	ACCN、AUTH、ECNO、FKEY、GENE、JOUR、KYWD、MDAT、ORGN、PDAT、PROP、PROT、SQID、SLEN、SUBS 或 WORD
序列结构数据库	ACCN、AUTH、JOUR、SUBS 或 WORD
基因数据库	ACCN、AUTH、ECNO、GENE、JOUR、ORGN、PROP、PROT 或 WORD

这里字段标识符的全称如下:

WORD=Text Word,

TITL=Title Word,

MESH=Mesh Term,

MAJR=MeSH Major Topic,

AUTH=Author Name,

JOUR=Journal Name,

ECNO=EC/ RN Number,

GENE=Gene Name,

DATE=PublicationYear,

PDAT=Publication/ Creation Date,

MDAT=Modification Date,

PAGE=First Page,

VOL=Volume,

KYWD=Keyword,

ORGN=Organism,

ACCN=Accession Number,

PROT=Protein Name,

SUBS=Substance,

PROP=Property,

FKEY=Feature Key,

PTYP＝Publication Type。

(3)PubMed 文献检索。PubMed 检索系统所提供的书目信息数据库主要来源于 Medline 和 Premedline。其中 Premedline 是指将要进入 MEDLINE 数据库的文献先做成一个数据库，数据每天更新。PubMed 提供了强大的技术支持。使用户可以非常容易地在普通检索界面进行检索(普通检索界面可通过布尔逻辑匹配执行高级检索界面的功能)。主要有：

- 主题检索
- 作者姓名检索
- 期刊名称检索
- 截词检索
- 词组检索(规定 PubMed 检索一个词组)

PubMed 在提供的文献记录中，有些记录中出现有彩色标记的期刊名称缩写按钮，用鼠标点击该按钮，部分期刊将免费提供该记录的全文。

(4)dbEST 检索。dbEST 是基因库的一部分，主要收录核酸序列数据库的表达序列标志以及“单递”(Single Pass) cDNA 序列等信息。

dbEST 使用的提问式是 IRX 格式，其通用的 IRX 格式是：Term[Field List]，这里的[Field List]可以是一个或几个用空格分隔的字段标识符。“Term”可以是词或词组。

dbEST 中的字段如下表所示。

DBID	EST 登记号 LIBX 馆藏描述
IDS	EST 名称或 GenBank 存取号，GI 号 SUB 发送者信息
CLIN	克隆信息或来源信息 CIT 引文信息
COM	评论 MAP 图谱数据
LIB	馆藏名称及机构 NBR 同源(相邻)信息

在输入框按照 IRX 格式输入一个提问式，点击“Submit Query”，系统进行检索并返回检索结果。

(5)dbSTS 检索。dbSTS 是 NCBI 一种新的数据库，主要收录基因标志序列或序列标志位点和图谱数据。虽然 dbSTS 序列将并入 GenBank，但是 dbSTS 中的注释更具综合性，包括有关实验者、实验条件和基因图谱定位等更为详细的信息。

dbSTS 检索方法和步骤与 dbEST 相同。

(6)Blast 序列相似性检索。序列相似性检索就是将新测定的核酸或蛋白质序列对核酸或蛋白质序列数据库进行检索，找出与之相似的序列，从而评判新测定的序列是重复别人的工作，还是在前人的基础上有所创新，或是发现了新的序列。现在用于序列类似性检索的软件很多，下面主要介绍 GenBank 的序列类似性检索工具 Blast。

①Blast 简介。Blast 是 Basic Local Alignment SearchTool 的英文缩写，意即“局部相似性基本查询工具”，是一种序列类似性检索工具。用户可通过 E-mail 得到 Blast 的文件及帮助，地址为：blast-help@ncbi. nlm. nih. gov。它采用统计学记分系统，能将真正配对的序列同随机产生的干扰序列区别开来；同时采用启发式算法系统，即采用的是局部对准算法(Local Alignment Algorithm)，而不是全序列对准算法(Global Alignment Algorithm)。全序列对准算法是在检索结果中两个被比较序列所有片段均类似；而局部对准算法是找出两个被

比较序列的“最类似”片断，并得出可能只包含两个序列的某个部分的对准结果。

在 Blast 的基础上，NCBI 又开发了 Blast 2.0、Gapped Blast 和 PSI-Blast。Blast 2.0 是一种新的 Blast 检索工具，它对 Blast 作了改进，运行速度更快，灵敏度更高，同时具有 Gapped Blast 和 PSI-Blast 两种软件的新功能。Gapped Blast 允许在对准的序列中引入空位（碱基缺失或插入），引入“空位”（Gaps）意味着在比较两个相关序列时不会出现中断（Break）现象。这些空位对准的记分系统更能反映相关序列的类似程度。PSI-Blast 的全称是 Position-Specific Iterated Blast，意即特殊位置重复 Blast，它提供了自动、易用的概貌（Profile）检索，是查找序列同源（Sequence Homologues）的有效方法。目前，PSI-Blast 仅用于比较蛋白质查询序列与蛋白质数据库中的序列的类似程度。

②使用 NCBI Blast 服务的 4 种基本方法。

• 经由互联网使用的 Blast。使用 Blast 最容易的方法是互联网方式。在用户的浏览器中键入 NCBI 的 URL 地址：http//www.ncbi.nlm.nih.gov，进入 NBCI 主页，然后链接到 Blast 主页。Blast 主页提供了好几种 Blast 检索软件，包括 Blast、Blast 2.0、Gapped Blast 和 PSI-Blast 等，其中 Blast 和 Blast 2.0 提供了基本检索和高级检索两种模式。

• 网络版的 Blast。Blast2 是标准的网络 Blast 客户软件，它可以通过 NCBI 匿名的 FTP 服务器（ftp://ncbi.nlm. nih. gov）下的/blast/network/blast2/获取。PowerBlast 是用于大规模分析基因序列的网络 Blast 客户应用软件，它可以通过 NCBI 匿名的 FPT 服务器（ftp://ncbi .nlm.nih.gov）下的/blast/network/blast2/powerBlast/ 获取。

• 独立运行的 Blast。Blast 2.0 可以在本地计算机上独立运行，也可以在自建的序列数据库中进行 Blast 检索，还可以下载 NCBI 数据库中的记录。Blast 运行的软硬件环境为 IRIX6.2、Solaris2.5、PEC OSF1（第四版）和 Win32 系统。可独立运行的 Blast 2.0 在 NCBI 匿名的 FTP 服务器（ftp://ncbi .nlm.nih.gov）下的/ blast/ executables/ 获取。

• 电子邮件的 Blast。通过电子邮件对基因库进行 Blast 检索。

③Blast 的检索方法。Blast 的基本步骤包括：选择 Blast 数据库；选择 Blast 程序；提交待查序列；评估 Blast 结果。

• Blast 数据库的选择。Blast 检索的数据库包括两大类：一类是肽序列数据库，另一类是核酸序列数据库。

肽序列数据库包括：

nr	所有无冗余基因库 CDS 转录产物、PDB、Swiss-Prot 以及 PIR 序列
month	最近 30 d 注释的所有新增的或修订的基因库 CDS 转录产物、PDB、Swiss-Prot 和 PIR 序列
SwissProt	Swiss-Prot 蛋白质序列数据库中最新的主要注释（无更新）序列
yeast	yeast (*Saccharomyces cerevisiae*)蛋白质序列
E. coli	*E. coli* 基因 CDS 转录产物
pdb	从 Brookhaven 蛋白质序列数据和三维结构衍生出来的序列
Kabat [Kabatpro]	免疫学上感兴趣的蛋白质序列 Kabat 数据库
alu	从重复序列数据库（REPBASE）选取的 Alu 重复序列，适用于过滤查询序列中 Alu 重复序列

核酸序列数据库包括：

nr	所有无冗余的 GenBank＋EMBL＋DDBJ＋PDB 序列；但不包括 EST、STS、GSS 或 HTGS 序列
month	最近 30 d 注释的新增加的或修订的 GenBank＋EMBL＋DDBJ＋PDB 序列
dbEST	GenBank＋EMBL＋DDBJ＋PDB 中 EST 部分的无冗余数据
dbSTS	GenBank＋EMBL＋DDBJ＋PDB 中 STS 部分的无冗余数据
htgs	高允许能力(High Throughput)基因序列
yeast	yeast(*Saccharomyces cerevisiae*)基因核酸序列
E. coli	大肠杆菌(*E. coli*)基因核酸序列
pdb	蛋白质数据库
Kabat[Kabatnuc]	免疫学上感兴趣的核酸序列 Kabat 数据库
Vector	GenBank 载体数据库
mito	线粒体序列数据库
alu	从重复序列数据库(REPBASE)选取的 Alu 重复序列，适用于过滤查询序列中 Alu 重复序列
epd	真核生物的启动子数据库
gss	基因搜寻序列，包括单递基因数据、外切核酸酶捕获序列和 Alu PCR 序列

• Blast 程序的选择。Blast 是一种碱基局部对准检索工具，实质上是一种序列类似性检索工具，它运行 blastp、blastn、blastx、tblastn、tblastx 等 5 种程序的启发式检索算法；这 5 种程序是利用改进的 Karlin 和 Altschul 的统计学方法来描述检索结果的显著性。这些程序不支持主题形式检索，也就是不支持主题词、自由词、文本词等检索。

下面为 5 种程序的基本功能。

blastp	将待查询的蛋白质序列及其互补序列一起对蛋白质序列数据库进行查询
blastn	将待查询的核酸序列及其互补序列一起对核酸序列数据库进行查询
blastx	先将待查询的核酸序列按六种可读框架(逐个向前三个碱基和逐个向后三个碱基读码)翻译成蛋白质序列，然后将翻译结果对蛋白质序列数据库进行查询
tblastn	先将核酸序列数据库中的核酸序列按六种可读框架翻译成蛋白质序列，然后将待查询的蛋白质序列及其互补序列对其翻译结果进行查询
tblastx	先将待查询的核酸序列和核酸序列数据库中的核酸序列按六种可读框架翻译成蛋白质序列，然后再将两种翻译结果从蛋白质水平进行查询

用户可根据查询的目的和序列选择合适的 blast 程序，有助于获得满意的检索结果。

• Blast 参数的设置。Blast 提供了许多参数可限制用户的检索，以达到满意的结果。对于 Blast 基本检索，系统预设的参数默认值即可满足需要，不需要用户重新设定。但是对于 Blast 高级检索，可开窗选择如下几种参数，也可在输入框增加其他参数。

▪直方图(Histogram)：显示每次检索评分的直方图。有 yes、no 两种选择，默认值为 yes。

▪描述(Descriptions)：限定描述性类似序列的条数。有 default、0、10、50、100、250、500 等

7种选择，默认值为100。

▪对准(Alignments):限定检出高积分片段配对(High-scoring Segment Pairs, HSPs)的数据库序列的条数，有default、0、10、50、100、250、500等7种选择，默认值为50。如果检索到的数据库序列超出设定值,Blast仅显示最具统计学意义的配对序列,直到设定值。

▪期望值(Expect, E值)：它是期望数据库中具有某一统计学意义配对序列的值。有default、0.001、0.01、0.1、1、10、100、1000等选择值，默认值为10，一般地,期望值越低，限制越严格,甚至会导致无随机配对序列。

▪Cutoff:设定高积分片段配对(HSPs)的Cutoff值。有default、60、70、80、90、100、110等7种选择值,其默认值一般通过期望值来计算得出。一般地，Cutoff值越高,其限制就越严格，甚至会导致无随机配对序列。

▪矩阵(Matrix):为Blast、BlastX、TBlastN和TBlastX程序指定一个交替记分矩阵。其默认值为BLOSUM62，有PAM40、PAM120、PAM250和IDENTITY等4种有效选择。但交替记分矩阵对BlastN不起作用。

▪股(Strand)：把BlastN检索限定在数据库序列的股的首端或末端；或者把BlastN、BlastX、TBlastX检索限定在查询序列股的首端或末端的机读部分。

▪过滤器(Filter):过滤器可以过滤查询序列中低成分复杂性(low compositional complexity)片段。它只过滤查询序列及其转录产物中的低成分复杂性片段,不能过滤数据库序列中的低成分复杂性片段。用户可以在Blast和Blast 2.0的高级检索中选择相应的过滤程序以消除对检索结果的干扰，如不用过滤功能则选择“NONE”。但是在Blast和Blast 2.0基本检索中，因为，系统对于不同的Blast程序设定了默认值,例如对于BlastN程序，其默认值为“DUST”，对于其他程序,默认值为“SEG”，所以用户只需选择用不用过滤功能,而不必设定过滤程序。值得注意的是，过滤器中的SEG和XUN程序不能过滤SWISS-PROT数据库中的低复杂性片段，因此,虽然过滤器可以应用于SWISS-PROT数据库序列,但并未起作用。

▪NCBI-GI:在输出结果中除存取号和位点名称(Locus Name)外，还可以选择NCBI-GI标识号。有yes和no两种选择，其默认值为no。

④Blast检索结果。Blast程序用大致相同的格式显示检索结果,它包括四个部分:一是程序的介绍;二是一系列配对数据库序列的描述,从积分高到低排列，一行描述一条序列;三是实际的序列对准;四是检索中设定的参数及其他统计数据。根据打分结果以及*P*值的大小,用户可以决定结果中是否有感兴趣的序列。

1.2.2 EMBL

http://www.ebi.ac.uk/embl/

EMBL(The European Molecular Biology Laboratory)欧洲分子生物学实验室于1974年由欧洲14个国家加上亚洲的以色列共同建立，包括一个核心实验室——德国的Heidelberg实验室，三个研究分部——德国的Hamburg，法国的Grenoble及英国的Hinxton。由于具有开放和创新的良好的学术氛围，已发展成欧洲最重要和最核心的分子生物学基础研究机构。EMBL核酸序列数据库于1980年建立，收集欧洲范围内研究DNA、RNA基因序列的个人、项目组提交的数据，包括基因序列专利申请。1993年3月召开的EMBL会议上，决定在英国的剑桥附近成立欧洲分子生物信息学研究所(简称EBI),以后由该机构来负责EMBL数据库。

EMBL 已与美国的 GenBank 及日本的 DDBJ 共同组成全球性的国际核酸序列数据库，每天交换各自所收到和更新的数据。

像 GenBank 一样，EMBL 也提供数据提交、检索、序列比对等功能。查询检索可以通过通过因特网上的序列提取系统(SRS)服务完成。SRS 的网址是：http://srs.ebi.ac.uk/。

向 EMBL 核酸序列数据库提交序列可以通过基于 Web 的 WEBIN 工具，也可以用 Sequin 软件来完成。WEBIN 的网址是：http://www.ebi.ac.uk/embl/Submission/webin.html。

1.2.3 DDBJ

http://www.ddbj.nig.ac.jp/

日本 DNA 数据库 DDBJ(DNA Data Bank of Japan)，于 1984 年建立，是世界三大 DNA 数据库之一，与 NCBI 的 GenBank，EBI 的 EMBL 数据库共同组成国际 DNA 数据库，每日都交换更新数据和信息，并主持两个国际年会——国际 DNA 数据库咨询会议和国际 DNA 数据库协作会议，互相交换信息，因此三个库的数据实际上是相同的。

DDBJ 主要向研究者收集 DNA 序列信息并赋予其数据存取号，信息来源主要是日本的研究机构，亦接受其他国家呈递的序列，数据库通过互联网，匿名 FTP，E-mail 或 Gopher 方式为广大研究人员服务。DDBJ 的地址是：

Center for Information Biology
National Institute of Genetics
1111 Yata，Mishima，411 Japan

DDBJ 提供的基因组分析工具有 GIB(基因组信息分析)及 GTOP(基因组、蛋白的结构和功能分析)、蛋白质结构的检索和分析工具则有 PDB 结构浏览器、SS-Thread 蛋白质二级结构预测和 LIBRA 三维结构预测系统。上述检索和分析数据的输出均可采用互联网方式或 E-mail 方式。

1.2.4 SWISS-PROT

http://www.ebi.ac.uk/swiss-prot/

SWISS-PROT 数据库建立于 1986 年，1987 年起由日内瓦大学(University of Geneva)医学生物化学系和 EMBL 数据库(即现在的欧洲生物信息研究所 EBI)共同维护。SWISS-PROT 是最齐全的注释精练的蛋白序列库，是经过注释的蛋白质序列数据库，它只接受直接测序获得的蛋白质序列。

SWISS-PROT 数据库由蛋白质序列条目构成，每个序列条目由核心数据(Core Data)和注释数据(Annotation)组成。核心数据包括蛋白质序列、参考文献和序列的生物来源，而注释数据则描述了：

• 蛋白质的功能；

• 蛋白质的翻译后加工修饰，如糖基化(carbohydration)、磷酸化(phosphorylation)、乙酰化(acetylation)、GPI 锚定(GPI-anchor)等；

• 结构域(domains)和结合位点(binding sites)，如钙结合区(calcium binding regions)、ATP 结合位点(ATP-binding sites)、锌指结构域(zinc fingers)、同源盒(homeobox)、Kringle 等；

• 二级结构、四级结构；

• 和其他蛋白的序列相似性(sequence similarity)；

• 相关疾病(associated diseases)和序列变异(variants)等。

数据库中注释数据主要包含在注释数据行(comment lines，CC)、特征数据栏(feature table，FT)和关键词(keyword lines，KW)中，大多数注释按主题(topics)分类。每个条目包含了尽可能多的相关文献资料信息，加以综合集中，如出现观点不一致的，则在特征表(feature table)中标明。

SWISS-PROT 中尽可能减少了冗余序列，并与其他 30 多个数据库建立了交叉引用，其中包括核酸序列库、蛋白质序列库、蛋白质三级结构库(PDB)、人类基因孟德尔遗传数据库(OMIM)、蛋白质类型和位点库(PROSITE)等。利用 SWISS-PROT 的序列提取系统(SRS)可以方便地检索 SWISS-PROT 和其他 EBI 的数据库，这种广泛而实用的数据库网络联系赋予 SWISS-PROT 在数据库中的中心地位。

SWISS-PROT 数据格式：SWISS-PROT 每一个数据条目(entry)包含一个蛋白质前体形式的序列，不包括成熟蛋白中不存在的 N 端起始蛋氨酸，分为标准数据(standard data)和初级数据(preliminary data)两类，并附有数据尚不够完整的 TrEMBL 数据库。序列条目格式与 EMBL 数据库基本相同，由数据行排列组成。详细解释如下：

ID	identification	鉴别号
AC	accession number	蛋白质注册号
DT	date	注录日期
DE	description	描述
GN	gene name(s)	基因名称
OS	organism species	生物种属
OG	organelle	细胞器
OC	organism classification	生物分类
RN	reference number	参考文献号
RP	reference position	参考文献出处
RC	reference comments	参考文献评注
RX	cross-reference	参考文献的交互参照
RA	reference authors	参考文献作者
RL	reference location	参考文献来源
CC	comments or notes	评注
DR	database cross-references	其他数据库指针
KW	keywords	关键词
FT	feature table data	性质列表
SQ	sequence header	序列题头
//	termination line	结束符

1.2.4.1 ID(identification)标识

①记录名(entry-name)X _ Y。X代表蛋白质名称的记忆码,至多4位;Y代表蛋白质的生物来源,至多5位,一般前3位是属名,后2位是种名。常见普通生物以自释码表明来源,如HUMAN,YEAST等,病毒例外,以临时码代替。

如PDI _ YEAST,PDI代表protein disulfide isomerase(蛋白质二硫键异构酶);YEAST代表它来源于Yeast(酵母),属于自释码。

又如FER _ HALHAFER代表ferredoxin铁还原蛋白;HALHA表明其生物来源为*Halobacterirn halobium*(海洋嗜盐菌,HAL代表嗜盐菌层*Halobacterium*,HA代表海洋生物*halobium*)。

②数据类型(data class)。分标准(standard)数据和初级(preliminary)数据两类。数据达不到SWISS-PROT标准的属于初级数据。

③分子类型(molecular type)。在SWISS-PROT数据库,分子类型均为PRT,代表蛋白质(protein)。

④分子长度(length of the molecule)。ID数据行的最后一项是序列的氨基酸残基数目。

1.2.4.2 AC(accession number)蛋白质注册号

由于数据的合并与增删,一个记录可能有几个注册号,以第一个注册号为准;但一般情况下,一个记录只有一个注册号。

1.2.4.3 DT(date)记录日期或最后一次更新的日期

格式为DD-MMM-YEAR(REL. XX. COMMENT)日-月-年(发行号,记录缘由)记录缘由分为创建、序列更新和其他内容更新三种。

1.2.4.4 DE(description)描述

包含蛋白质序列的描述性信息,无固定格式。

1.2.4.5 GN(gene name)基因名称

格式为:GN NAME1[AND/ORNAME2...]

多个基因编码同一个蛋白时,同义名称的基因间以OR相隔;不同基因编码蛋白质的不同亚基时,基因之间以AND相隔。

1.2.4.6 KW(key word)关键词

可用于蛋白质功能、结构或其他范畴的蛋白质序列索引。

1.2.4.7 OS (Organism Species)生物种属

表明序列的来源,通常采用拉丁种属名,括弧中继以英文名。如:

OS　SACCHARMYCES CEREVISIAE (BAKER'S YEAST)表示:生物来源为酵母。

OS　HOMO SAPIENS (HUMAN)表示:生物来源为人。

1.2.4.8 OG (OrGanelle)细胞器(细胞内小器官)

表明基因编码蛋白的来源或定位,如细胞内的线粒体、叶绿体或质粒等。

1.2.4.9 OC(organism classification)生物分类

以树状分类的从上至下的格式列出,最普遍的类目列在最前面。

1.2.4.10 RN,RP,RC,RX,RA,RL 参考数据

RN(reference number)	参考号	在本记录中的参考文献的排号
RP(reference position)	参考文献出处	文献作者的工作性质和范围
RC(reference comment)	参考文献评注	文献相关内容(可选数据行)
RX (reference cross-reference)	参考文献的交互参照	用来表示题录型数据库(bibliographic database)中的标识号,一般是 MEDLINE 数据库的标识号。如:RXMEDLINE;91001972
RA(reference author)	文献作者	
RL(reference location)	参考文献来源,包括几种: 杂志:注明杂志缩写,卷次,页码及发表日期(年); 书:注明书名,版次,卷次,编号,页码,出版及发表日期(年)[书名前冠以(IN)字样]; 未出版物:示"UNPUBLISHED"字样; 论文(Thesis):冠以"THESIS"标记,注明时间(年),研究所,国家; 专利(Patent):注明专利号,日期; 直接递交序列(submissions):注明递交年月及数据库	

1.2.4.11 DR(database cross-reference)参照数据库

格式为:

DR DATA_BANK_IDENTIFIER; PRIMARY_IDENTIFIER; SECONDARY_IDENTIFIER

包含数据库缩写名,第一标识号(primary identifier),第二标识号(secondary identifier,为补充信息)。

1.2.4.12 FT(feature table)特征表

提供简洁精炼的数据注释,描述了序列的位点及作用区域。一般情况下列出翻译后修饰、结合位点、酶活性位点和局部二级结构等其他特征。每一特征数据行按关键词、残基起始序号区域及简扼的描述内容组成。

1.2.4.13 SQ(sequence header)序列题头

列出蛋白质的序列长度(氨基酸数目),相对分子质量(MW),CRC32 序列值。

1.2.5 PIR-PSD

http://pir.georgetown.edu/

PIR 国际蛋白质序列数据库(PSD)是由蛋白质信息资源(PIR,protein information resource)、慕尼黑蛋白质序列信息中心(MIPS)和日本国际蛋白质序列数据库(JIPID)共同维护

的国际上最大的公共蛋白质序列数据库。这是一个全面的、经过注释的、非冗余的蛋白质序列数据库,包含超过 142 000 条蛋白质序列(至 1999 年 9 月),其中包括来自几十个完整基因组的蛋白质序列。所有序列数据都经过整理,超过 99%的序列已按蛋白质家族分类,一半以上还按蛋白质超家族进行了分类。PSD 的注释中还包括对许多序列、结构、基因组和文献数据库的交叉索引,以及数据库内部条目之间的索引,这些内部索引帮助用户在包括复合物、酶-底物相互作用、活化和调控级联和具有共同特征的条目之间方便的检索。每季度都发行一次完整的数据库,每周可以得到更新部分。

PIR-PSD 蛋白序列数据库与以下数据库建立了连接:GenBankDNA 数据库、DDBJ 日本 DNA 数据库、EC-Enzyme 酶分类库、GDB 人基因组数据库、Refbase 蛋白序列引用文献数据库等。另外,PIR 数据库有几个辅助数据库,如基于超家族的非冗余库等。

PIR 提供三类序列搜索服务:基于文本的交互式检索;标准的序列相似性搜索,包括 Blast、FASTA 等;结合序列相似性、注释信息和蛋白质家族信息的高级搜索,包括按注释分类的相似性搜索、结构域搜索 GeneFIND 等。

PIR 的数据格式:

PIR 蛋白序列数据库采用标准化的 CODATA 格式,很容易转换成其他数据库格式而无信息丢失,便于序列数据的转换与交流。

数据记录(entries)中某特定序列的信息,包括标题(title)、生物来源(biological source)、参考文献(references)、相关内容(associated text)及序列本身。数据库以单个的文件(file)存在。

每一个记录包括多个数据项目(data items):

①ENTRY(记录标识):此行中有这个记录在数据库中的,标识代码(4~6 位无空格字母符号),继以亚标识域"# Type",表示分子类型为 complete(完整蛋白)或 fragmentary(蛋白片段)。

②TITLE(标题):表达分子名称(左)和生物来源(右),中间隔以"—"。

③ALTERNATE-NAME(其他名称):一般是不规范名称,可有可无。

④INCLUDES 常常指代表分子内片段其他活性的名称,与整个分子的活性不尽相同。

⑤DATE(日期):表示记录更新日期,还包括两个亚标识域。

Sequence,指序列最后一次更新日期

Text,指记录的文本内容最后一次更新的日期

⑥PLACEMENT(定位):包含五个数字,分别指超家族号码、家族号码、亚家族号码、记录号及亚记录号。因数据库是按照序列相似性组建的,超家族中相异性低于 50%的归于一个家族(family),其中相异性低于 20%的归于一个亚家族(subfamily),其中相异性低于 5%的归到同一个记录号(entry number),而亚记录号(subentry number)则是每一个记录特有的。

⑦SOURCE(生物来源):含有生物的科学名称和普通名称(亚标识符"# common-name")。

⑧ACCESSION(进录号):由字母和数字组成,与含有本序列的其他数据库相关联。

⑨HOST(宿主):用来表明生物来源相关信息,常指寄生物或病毒的宿主。

⑩REFERENCE(参考文献):包含引用文献,下有多项内容。

⑪COMMENT(内容):自由文本内容。

⑫GENETIC (遗传信息):下有六项亚标识域。

#Name 表示基因名字

#Segment-number 病毒序列的基因组节段号

#Special-code 非通用遗传码

#Start-code 非 AUG 的起始码

#Introns 内含子位置

⑬SUPERFAMILY 超家族名称。

⑭KEYWORDS 关键词。

⑮FEATURE(特征):列出蛋白特定区域或片段的残基定位,特征分类(如#protein,#peptide,#domain 等)及特定标记(#Label)。

⑯SUMMARY 包含相对分子质量、序列长度及计算机查号(checksum)。

⑰SEQUCE(序列):氨基酸单字母简写。

1.2.6 PDB

http://www.rcsb.org/pdb/

PDB(protein data bank)创建于 1971 年,是全世界最完整的生物大分子三维结构数据库,位于美国 RCSB 结构生物学联合研究所,受美国国家科学基金等 7 种政府基金的资助。至 1999 年底,PDB 已收录了 1 万多个由 X 射线衍射、核磁共振或理论计算得出的蛋白质、核酸和糖类的原子坐标、注解、一级结构、二级结构,以及晶体结构因子和 NMR 实验数据等内容,是进行生物分子结构研究的基本数据依据。

从 1996 年 10 月 25 日起至今,PDB 的原子坐标记录采用 2.1 版的格式,如附表 1-1 所示。

附表 1-1 PDB 原子坐标记录格式

项目	题头	示例	内容说明
题注	* HEADER	MUSCLE PROTEIN 02-JUN-93 1MYS	分子类,公布日期、ID 号
	OBSLTE	31-JAN-94 1MBP 2MBP	注明此 ID 号已改为新号
	* TITLE	RHIZOPUSPEPSIN	说明实验方法类型
	CAVEAT	1ABC UNCORRECTABLE AT THIS TIME	可能的错误提示
	* COMPND	MOLECULE: HEMOGLOBIN	化合物名称
	* SOURCE	EXPRESSION_SYSTEM: ESCHERICHIA COLI	化合物来源
	* KEYWDS	LYASE, TRICARBOXYLIC ACID CYCLE	关键词
	* EXPDTA	X-RAY DIFFRACTION	测定结构所用的实验方法
	* AUTHOR	M. B. BERRY, B. MEADOR	结构测定者
	* REVDAT	3 15-OCT-89 1PRCB 1 REMARK	修订日期及相关内容

续表

项目	题头	示例	内容说明
	SPRSDE	27-FEB-95 1GDJ ILH4 2LH4	已撤销或更改的相关记录
	JRNL	REF TO BE PUBLISHED	发表坐标集的文献
注解	REMARK1	1 AUTH A. M. BOMVIN，J . A. RULLMANN	有关文献
	* REMARK2	2 RESOLUTION. 1. 74 ANGSTROMS.	最大分辨率
	* REMARK3	3 PROGRAM:X-PLOR	用到的程序和统计方法
	REMARK4. .	XX COMPLIES WITH FORMAT V. 2. 1，25-OCT-1996	其他注解
一级	DBREF	IHAN 2 288 GB 397884 X66122 1 287	其他序列库的有关记录
结构	SEQADV	2ABC ASN A 100A SWS P1075 ASP 100 PDB: 1ABC	PDB与其他记录的出入
	SEQRES	1 A 21 GLY ILE VAL GLU GLN…	残基序列
	MODRES	1ABC ASN A 22A ASN GLYCOSYLATION SITE	对标准残基的修饰
非标准	HET	TRS 975 8	非标准残基
基团	HETNAM	GLC GLUCOSE	非标准残基的名称
	HETSYN	COA COA	非标准残基的类似物
	FORMUL	2 SO_4 2(O_4 S12-)	非标准残基的化学式
二级	HELIX	2 HB GLY B 86 GLY B 94 1	螺旋
结构	SHEET	1 A 5 THR A 107 ARG A 110	片层
	TURN	1 S1A GLY A 16 GLN 18 SURFACE	转折
连接	SSBOND	1 CYS E 48 CYS E 51	二硫键
键注释	LINK	O1 DDA 1 C3 DD L 2	残基间化学键
	HYDBND	N LE U 10 AO3 * N DP 501	氢键
	SLTBRG	O G LU 10 NZ LYS 1 15	盐桥
	CISP E P	1 G LY A 116 PRO D 93 0 359. 80	顺式残基
其他性质	SIT E	2 Z N1 5 ZN A 375	特性位点
晶胞特征	* CRYS T 1	0. 019231 0. 000000 0. 000000 0. 00000	晶胞参数

续表

项目	题头	示例	内容说明
坐标变换	* ORIGX 1 (2,3)	0.019231 0.000000 0.000000 0.000000	直角-PDB坐标
	* SCAL E 1 (2,3)	0.019231 0.000000 0.000000 0.000000	直角-部分结晶学坐标
	MTRIX 1 (2,3)	0.019231 0.000000 0.000000 0.000000	显示非晶相对称
	T Y EC T	1 0.00000 0.00000 28.30000	转换因子
原子坐标	MODEL	1	多亚基时,示亚基号
	ATOM	1 N ALA 1 11.104 6.134-6.504 1.00 0.00 N	标准基团的原子坐标
	SIGATM	1 N ALA 1 0.040 0.030 0.030 0.00 0.00 N	标准差
	ANISOU	1 N ALA 1 2406 1892 1614 198 519-318 N	温度因子
	SIGUU	1 N ALA 1 10 10 10 10 10 10 N	温度因子
	TER	1416 BLEP 1	末端
	HETATM	1 MG MG 168 4.669 34.118 19.123 1.00 3.16 MG2+	非标准基团原子坐标
	ENDMDL	空行	亚基结束
相关化合物	CONECT	1179 746 1184 1195 1203	有关记录
版权	* MASTER	40 0 0 0 0 0 0 62930 2 0 29	版权拥有者
结束符	* END	空行	文件结束

注：1. 带*号的题头是必须出现的，其他题头都可缺省；2. ATOM各栏依次为：原子序号、原子、残基、亚基、残基序号、X、Y、Z坐标(Å)、原子占据空间、温度因子。

1.3 其他二级数据库

1.3.1 核酸及其相关数据库

1.3.1.1 核酸序列数据库

BIOSINO	我国的核酸序列公共数据库	http://www.cdnap.org/
d bEST	Database of Expressed Sequence Tags (NCBI)	http://www.ncbi.nlm.nih.gov/dbEST/
d bSTS	Database of Sequence Tagged Sites (NCBI)	http://www.ncbi.nlm.nih.gov/dbSTS/

1.3.1.2 基因组及相关数据库

GenomeWeb(HGMP)	A catalogue of useful Web sites for Genomics with a set of collections of genome databases	http://www.hgmp.mrc.ac.uk/GenomeWeb/
GSDB	Genome Sequence database (NCGR)	http://www.ncgr.org/research/sequence/
GOLD	Genomes On-line db	http://igweb.integratedgenomics.com/GOLD/
DOGS	Database of Genome Sizes	http://www.cbs.dtu.dk/databases/DOGS/index.html
Genomics website (JohnWiley&SonsLtd.)	(The Genomics website at Wiley is a new and DYNAMIC resource for the genomics community, offering FREE special feature articles and new information EACH MONTH.)	http://www.wiley.com/wileychi/genomics/
HUGO	HUman Genome Organization	http://www.gene.ucl.ac.uk/hugo/

1.3.1.3 核酸三维结构数据库

NDB	Nucleic Acid Databank (3D structures)	http://ndbserver.rutgers.edu/NDB/ndb.html
BNASDB	Nucleic acid structure db from University of Pune	http://202.41.70.55/www/net/deva.html

1.3.2 蛋白质及其相关数据库

1.3.2.1 蛋白质序列和相关数据库

MIPS	Martinsried institute for protein sequence and homology data and yeast genome information	http://www.mips.biochem.mpg.de/
PROSITE	PROSITE dictionary of protein sites and patterns	http://www.expasy.ch/prosite/
InterPro	Integrated Resources of Proteins Domains and Functional Sites	http://www.ebi.ac.uk/interpro/
DOMO	Protein domain db (Automatically generated)	http://www.infobiogen.fr/-gracy/domo
Pfam	Protein families db(HMM derived)	http://genome.wustl.edu/Pfam/
PRINTS	Protein Motif fingerprint db	http://bioinf.man.ac.uk/dbbrowser/PRINTS/
ProDom	Protein domain db (Automatically generated)	http://protein.toulouse.inra.fr/prodom.html

续表

PROTOMAP	An automatic hierarchical classification of SWISS-PROT proteins	http://protomap. stanford. edu/
SBASE	SBASE domain db (Protein domain sequence library)	http://www3. icgeb. trieste. it/~sbasesrv/
SMART	Protein signalling and extracellular domain patterns (Simple Modular Architecture Research Tool)	http://coot. embl-heidelberg. de/SMART
ProClass	Protein sequence alignments and curation of protein families	http://diana. uthct. edu/proclass. html
Kabat	Kabat db of protein of immunological interest	http://immuno. bme. nwu. edu/
PMD	Protein Mutant db	http://pmd. ddbj. nig. ac. jp/

1.3.2.2 蛋白质三维结构和相关数据库

BioMagResBank	Repository for data on proteins, peptides, and nucleic acids from NMR spectroscopy	http://www. bmrb. wisc. edu/
SWISS-MODEL Repository	Automatically generated protein models db	http://www. expasy. ch/swissmod/SM _ 3DCrunch _ Search. html
ModBase	Db of comparative protein structure models	http:// guitar. rockefeller. edu/modbase/
CATH	UCL BSM structural classification of proteins	http:// www. biochem. ucl. ac. uk/bsm/cath/
SCOP	Structural classification of proteins	http://scop. mrc-lmb. cam. ac. uk/scop/
Mol-R-Us	Molecules R Us, browser for PDB	http:// molbio. info. nih. gov/cgi-bin/pdb
BMM Domain Server	Biomolecular Modelling Laboratory (ICRF) protein domain server	http://www. bmm. icnet. uk/~domains/
PRESAGE	Collaborative resource for structural genomics	http://presage. berkeley. edu/
ReLiBase	Receptor/ligand complexes db	http://www2. ebi. ac. uk: 8081/home. html
TOPS	Protein topology atlas	http://www3. ebi. ac. uk/tops/
CCDC	Cambridge Crystallographic Data Center (Cambridge Stuctural Db (CSD))	http://www. ccdc. cam. ac. uk/
HSSP	Homology-derived secondary structure of proteins db	http://www. sander. ebi. ac. uk/hssp/
SWISS-3DIMAGE	3D images of proteins and other biological macromolecules	http://www. expasy. ch/sw3d/
BioImage	Biological image db (contains imaging data on macromolecules)	http://www. bioimage. org/

1.3.2.3 蛋白质二维凝胶电泳数据库

WORLD-2DPAGE	A complete index of 2D-PAGE db and servers	http://www.expasy.ch/ch2d/2d-index.html
Phoretix links	Phoretix page of links to 2D gel db	http://www.phoretix.com/customers/wl_2d_specific_sites.htm

1.3.2.4 信号传导及蛋白质-蛋白质相互作用相关数据库

DIP	Db of Interacting Proteins	http://dip.doe-mbi.ucla.edu/
INTER-ACT	Protein-Protein interaction db	http://bioinf.man.ac.uk/interactso.htm
ProNet	Protein-Protein interaction db	http://pronet.doubletwist.com/
CANSITE	Signal Transduction's Web	http://xtal1.sdsc.edu/CANSITE/
SPAD	Signaling pathway db	http://www.grt.kyushu-u.ac.jp/spad/
CSNDB	Cell Signaling Networks db	http://geo.nihs.go.jp/csndb.html

1.3.3 DNA和蛋白质相互作用数据库

DPInteract DNA-Proteins interactions db http://arep.med.harvard.edu/dpinteract/

1.3.4 糖类相关数据库

CarbBank	Complex Carbohydrate Structure Database	http://128.192.9.29/carbbank/
GlycoSuiteDB	Db of glycan structures	http://www.glycosuite.com/
TGN	The Glycoscience Network	http://www.vei.co.uk/TGN/welcnofr.htm
FCCA	Forum Carbohydrates Coming of Age	http://www.gak.co.jp/FCCA/
CARBHYD	Carbohydrate information WWW sites	http://www.public.iastate.edu/~pedro/carbhyd/carbhyd.html
Monosacharide browser	Space filling Fischer projection for monosaccharides	http://www.jonmaber.demon.co.uk/monosaccharide/

1.3.5 蛋白质翻译后修饰相关数据库

O-GlycBase	O-glycosylated proteins db	http://www.cbs.dtu.dk/databases/OGLYCBASE/
PhosphoBase	Phosphorylation sites db	http://www.cbs.dtu.dk/databases/PhosphoBase/
RESID	Db of Amino Acid Modifications	http://www-nbrf.georgetown.edu/pirwww/dbinfo/resid.html

1.3.6 基因表达数据库

ASDB	Protein products and expression patterns of alternatively-spliced genes	http://cbcg.nersc.gov/asdb
Axeldb	Gene expression in Xenopus	http://www.dkfz-heidelberg.de/abt0135/axeldb.htm
BodyMap	Human and mouse gene expression data	http://bodymap.ims.u-tokyo.ac.jp/
EpoDB	Genes expressed in vertebrate RBC	http://www.cbil.upenn.edu/epodb
FlyView	Drosophila development and genetics	http://pbio07.uni-muenster.de/
Gene Expression Database(GXD)	Mouse gene expression and genomics	http://www.informatics.jax.org/gxdindex.html
Kidney Development Database	Kidney development and gene expression	http://www.ana.ed.ac.uk/anatomy/database/kidbase/kidhome.html
MAGEST	Ascidian (Halocynthia roretzi) gene expression patterns	http://star.scl.kyoto-u.ac.jp/magest/
Mouse Atlas and Gene Expression Database	Spatially-mapped gene expression data	http://genex.hgu.mrc.ac.uk/
PEDB	Normal and aberrant prostate gene expression	http://chroma.mbt.washington.edu/PEDB/
Tooth Development Database	Gene expression in dental tissue	http://honeybee.helsinki.fi/toothexp/toothdev.htm
TRIPLES	TRansposon-Insertion Phenotypes, Localization and Expression in Saccharomyces	http://ycmi.med.yale.edu/ygac/ triples.htm

1.3.7 进化相关数据库及资源

Clusters of Orthologous Groups(COG)	Phylogenetic classification of proteins from 21 complete genomes	http://www.ncbi.nlm.nih.gov/COG
XREFdb	Cross-referencing of model organism genetics with mammalian phenotypes	http://www.ncbi.nlm.nih.gov/XREFdb/
TreeBASE	Relational db of phylogenetic information	http://herbaria.harvard.edu/treebase/
The Tree of life	Collection of WWW pages on phylogeny and biodiversity of organisms	http://phylogeny.arizona.edu/ tree/

1.3.8 专利数据库

DPD	DNAP atent db	http://www.genomic.org/
Ag Petents	Agricultural Biotechnology Patents from the USDA	http://www.nal.usda.gov/bic/Biotech_Patents/
USPTO patent db	USA Patent and Trademark Office patent db	http://www.uspto.gov/patft/
Esp@cenet	Patent information database from the European Patent Office (worldwide coverage)	http://ep.espacenet.com/
The Delphion Intellectual Property Network(IPN)	for searching, viewing, and analyzing patent documents	http://www.delphion.com/

附录2 分子生物学实验中的常用数据及换算关系

2.1 常用单位及换算方法

2.1.1 长度单位

1 米(m)＝10 分米(dm)＝100 厘米(cm)＝10^3 毫米(mm)＝10^6 微米(μm)＝10^9 纳米(nm)＝ 10^{10} 埃(Å)

2.1.2 体积单位

1 升(L)＝ 10 分升(dL)＝ 100 厘升(cL)＝ 10^3 毫升(mL)＝ 10^6 微升(μL)

2.1.3 重量单位

1 公斤(kg)＝10^3 克(g)＝10^4 分克(dg)＝10^5 厘克(cg)＝10^6 毫克(mg)＝10^9 微克(μg)

1 磅＝453.592 37 克(g)

2.1.4 摩尔浓度单位

1 mol/L ＝ 10^3 mmol/L ＝ 10^6 μmol/L ＝ 10^9 nmol/L ＝ 10^{12} pmol/L

2.2 常用核酸、蛋白质换算数据

2.2.1 重量换算

1 μg ＝ 10^{-6} g

1 ng ＝ 10^{-9} g

1 pg ＝ 10^{-12} g

1 fg ＝ 10^{-15} g

2.2.2 分光光度换算

1 个 OD_{260} 双链 DNA ＝ 50 μg/mL

1 个 OD_{260} 单链 DNA ＝ 33 μg/mL

1 个 OD_{260} 单链 DNA ＝ 40 μg/mL

2.2.3 DNA 摩尔换算

1 μg 1 000 bp DNA ＝ 1.52 pmol ＝ 3.03 pmol 末端

1 μg pBR322 DNA ＝ 0.36 pmol

1 pmol 1 000 bp DNA ＝ 0.66 μg

1 pmol pBR322 ＝ 2.8 μg

1 kb 双链 DNA(钠盐)= 6.6×10^5
1 kb 单链 DNA(钠盐)= 3.3×10^5
1 kb 单链 RNA(钠盐) = 3.4×10^5
脱盐核糖核苷酸的平均 M_r= 324.5

2.2.4 蛋白摩尔换算

100 pmol M_r 为 100 000 蛋白质 = 10 μg
100 pmol M_r 为 50 000 蛋白质 = 5 μg
100 pmol M_r 为 10 000 蛋白质 = 1 μg
氨基酸的平均 M_r= 126.7

2.2.5 蛋白质/DNA 换算

1 kb DNA = 333 个氨基酸编码容量 = 3.7×10^4蛋白质(M_r)
10 000 蛋白质(M_r)= 270 bp DNA
30 000 蛋白质(M_r)= 810 bp DNA
50 000 蛋白质(M_r)= 1.35 kb DNA
100 000 蛋白质(M_r)= 2.7 kb DNA

附录3 常用试剂溶液及缓冲液的配制

【背景信息】

如果没有其他说明，背景信息均见《分子克隆实验指南》(第三版)(以下简称 MC3)。

3.1 缓冲液

3.1.1 Tris缓冲液

生物学反应仅在氢离子浓度很窄范围内充分进行。但是，自相矛盾的是许多这样的反应自身在产生或消耗质子。缓冲液是一类在特定的 pH 范围内耐受可逆质子化作用的物质，因此它在允许的极限内可维持氢离子浓度。完善的缓冲液像“圣杯”一样，总是可望而不可即的。理想的生物学缓冲液应是：

①pK_a 在 pH 6.0～8.0；

②对多种化学试剂和酶是惰性的；

③高度极性，也就是说在水溶液中能完全溶解而又未必会扩散进入生物膜，从而影响胞内 pH；

④非毒性的；

⑤廉价；

⑥不易受盐和温度效应的影响；

⑦不吸收可见光或紫外线。

在分子生物学中所用的缓冲液没有一种完全达到这些标准。一支数量有限的弱酸具有 10^{-9}～10^{-7} 的解离常数。在无机盐中，仅有硼酸盐、碳酸氢盐、磷酸盐和铵盐处于这种范围之内。但是，它们在某种程度上与生理介质是不相容的。

在 1946 年，G. Gomori 提出，有机多胺可用来将 pH 控制在 6.5～9.7 的范围内。他研究的 3 种化合物中的一种是 Tris(2-氨基-2-羟甲基-1,3-丙二醇)，其实早在 1897 年，Piloty 和 Ruff 已经首次描述过。对于许多生物化学目的而言，Tris 是非常满意的缓冲液，迄今 Tris 仍是用于分子克隆中大多数酶反应的标准缓冲液。

各种 pH 的 Tris 缓冲液的配制见附表 3-1。

Tris(羟甲基氨基甲烷)有很高的缓冲能力，在水中高度溶解，对很多酶反应是惰性的，但是，Tris 也有如下许多不足之处。

①Tris 的 pK_a 值是 pH 8.0(20℃)。这就意味着 pH7.5 以下和 pH9.0 以上，Tris 的缓冲能力是非常低的。

②温度对 Tris 的解离有显著影响。Tris 溶液的 pH，当温度每升高 1℃则降低约 0.03 pH 单位。例如，0.05 mol/L Tris 在 5℃、25℃、37℃时，其 pH 分别为 9.5、8.9 和 8.6。科学文献

附表 3-1　各种 pH 的 Tris 缓冲液的配制　mL

所需 pH(25℃)	所需 0.1 mol/L HCl 的体积	所需 pH(25℃)	所需 0.1 mol/L HCl 的体积
7.1	45.7	8.1	26.2
7.2	44.7	8.2	22.9
7.3	43.4	8.3	19.9
7.4	42	8.4	17.2
7.5	40.3	8.5	14.7
7.6	38.5	8.6	12.4
7.7	36.6	8.7	10.3
7.8	34.5	8.8	8.5
7.9	32	8.9	7
8.0	29.2		

注：某一特定 pH 的 0.05 mol/L Tris 缓冲液的配制：将 50 mL 0.1 mol/L Tris 碱溶液与上表所示相应体积(mL)的 0.1 mol/L HCl 混合，加水将体积调至 100 mL。配制 1 mol/L Tris 贮存液见 MC3，p. A1.7。

中 Tris 溶液的 pH 指的是在 25℃测定的 pH。配制 Tris 的贮存液时，最好是将 pH 调到所希望的范围，然后使之冷却至 25℃再进行最终校正。

③Tris 与许多类型含有亚麻纤维接头的 pH 电极起反应，显然 Tris 能与亚麻纤维起反应。这种影响表现在电动势(emb)漂移，平衡时间加长。因此，具有亚麻纤维接头的电极不能精确测定 Tris 溶液的 pH，只能使用具有陶瓷或玻璃接头的电极测定 Tris 溶液的 pH。

④浓度对 Tris 解离有显著影响。例如，10 mmol/L 和 100 mmol/L Tris 溶液的 pH 会相差 0.1pH 单位，溶液的浓度越大则其 pH 越高。

⑤Tris 对许多哺乳动物有毒性。

⑥Tris 作为伯胺，不能用于像戊二醛和甲醛这样的固定剂。Tris 也与乙二醛反应。对于这些试剂，通常用磷酸盐或 MOPS 缓冲液替代 Tris。

3.1.2　Good 缓冲液

Tris 是一种在 pH 7.5 以下缓冲能力很差的缓冲液。在 20 世纪 60 年代中期，为了获得在 pH 7.5 以下具有更好缓冲能力的缓冲液，N. Good 和他的同事研制一系列 N-取代的氨基磺酸作为生物学上相关 pH 的强两性离子。如果没有这些缓冲液，对于分子克隆极为重要的一系列技术要么全然不会存在，要么大大降低工作效率。这些技术包括哺乳细胞的高效转染(HEPES、Tricine 和 BES)、RNA 的凝胶电泳(MOPS)和细菌的高效转化(MES)。

Good 缓冲液的特性见附表 3-2。

附表 3-2　Good 缓冲液的特性

缩写词	化学名称	FW	pK_a	使用 pH 范围
MES	2-N-吗啉代-乙磺酸	195.2	6.1	5.5～6.7
Bis-Tris	二-2-羟乙基-亚氨基 Tris(羟甲基)甲烷	209.2	6.5	5.8～7.2
ADA	N-2-乙酰氨基-2-亚氨基双乙酸	190.2	6.6	6.0～7.2

续附表3-2

缩写词	化学名称	FW	pK_a	使用 pH 范围
ACES	2-2-氨基-2-氧代乙基-氨基-乙磺酸	182.2	6.8	6.1～7.5
PIPES	哌嗪-N,N-bis 二-(2-乙磺酸)	302.4	6.8	6.1～7.5
MOPSO	3-N-吗啉代-2-羟基丙磺酸	225.3	6.9	6.2～7.6
Bis-Tris ProPane	1,3-二-(tris-羟甲基-甲基氨基)丙烷	282.3	6.8①	6.3～9.5
BES	N,N-二-2-羟乙基-2-氨基乙磺酸	213.2	7.1	6.4～7.8
MOPS	3-(N-吗啉代)丙磺酸	209.3	7.2	6.5～7.9
HEPES	N-2-羟乙基-哌嗪-N′-2-乙磺酸	238.3	7.5	6.8～8.2
TES	N-tris-(羟甲基)甲基-2-氨基乙磺酸	229.2	7.4	6.8～8.2
DIPSO	3-N,N-二-(羟乙基)-氨基-2-羟基丙磺酸	243.3	7.6	7.0～8.2
TAPSO	3-N-tris-(羟甲基)-甲基氨基-2-羟基丙磺酸	259.3	7.6	7.0～8.2
TRIZMA	tris-羟甲基-氨基甲烷	121.1	8.1	7.0～9.1
HEPPSO	N-2-羟乙基-哌嗪-N′-2-羟基丙磺酸	268.3	7.8	7.1～8.5
POPSO	哌嗪-N,N’-二-2-羟基丙磺酸	362.4	7.8	7.2～8.5
EPPS	N-2-羟乙基-哌嗪-N′-3-丙磺酸	252.3	8.0	7.3～8.7
TEA	三乙醇胺	149.2	7.8	7.4～8.3
Tricine	N-tris-羟甲基-甲基甘氨酸	179.2	8.1	7.4～8.8
Bicine	N,N-二-2-羟乙基-甘氨酸	163.2	8.3	7.6～9.0
TAPS	N-tris-羟甲基-甲基-3-氨基丙磺酸	243.3	8.4	7.7～9.1
AMPSO	3-1,1-二甲基-2-羟乙基-氨基-2-羟基丙磺酸	227.3	9.0	8.3～9.7
CHES	2-N-环己基氨基-乙磺酸	207.3	9.3	8.6～10.0
CAPSO	3-环己基氨基-2-羟基-1-丙磺酸	237.3	9.6	8.9～10.3
AMP	2-氨基-2-甲基-1-丙醇	89.1	9.7	9.0～10.5
CAPS	3-环己基氨基-1-丙磺酸	221.3	10.4	9.7～11.1

①第二解离阶段的 pK_a= 9.0。

以上资料汇编出自包括 1994 年的 Sigma-Aldrich 公司的 Biochemical and Reagents for Life Science Research 及其参考文献在内的多种不同来源。

3.1.3 磷酸缓冲液(Gomori 缓冲液)

最通用的磷酸盐缓冲液是以其发明者 Gomori 命名的。该缓冲液是由单价磷酸二氢盐和双价磷酸一氢盐的混合物组成的。通过变化每种盐的量,就可配制出 pH 5.8～8.0 之间的缓冲液(附表 3-3A 和附表 3-3B)。磷酸盐有很高的缓冲能力,在水中高度可溶。但是,它们也有不少如下潜在的缺点:

①磷酸盐缓冲液抑制许多酶促反应和步骤,而这些酶促反应和步骤恰恰是分子克隆的基础,其中包括许多限制酶对 DNA 的切割、DNA 的连接和细菌转化等。

②因为磷酸盐在乙醇中沉淀，不能用于沉淀DNA和RNA。

③磷酸盐螯合像 Ca^{2+} 和 Mg^{2+} 这样的阳离子。

附表 3-3A　25℃下0.1 mol/L磷酸钾缓冲液的配制

pH	1 mol/L K_2HPO_4 的体积/mL	1 mol/L KH_2PO_4 的体积/mL	pH	1 mol/L K_2HPO_4 的体积/mL	1 mol/L KH_2PO_4 的体积/mL
5.8	8.5	91.5	7.0	61.5	38.5
6.0	13.2	86.8	7.2	71.7	28.3
6.2	19.2	80.8	7.4	80.2	19.8
6.4	27.8	72.2	7.6	86.6	13.4
6.6	38.1	61.9	7.8	90.8	9.2
6.8	49.7	50.3	8.0	94.0	6.0

根据Green(1993)的资料汇编。J. Am. Chem. Soc. 55:2331-2336。

用蒸馏水将混合的两种1 mol/L的贮存液稀释至1 000 mL。根据Henderson-Hasselbalch方程计算其pH：

$$pH = pK' + \lg\left\{\frac{质子受体}{质子供体}\right\}$$

式中，$pK'=6.86$(25℃)。

附表 3-3B　25℃下0.1 mol/L磷酸钠缓冲液的配制

pH	1 mol/L Na_2HPO_4 的体积/mL	1 mol/L NaH_2PO_4 的体积/mL	pH	1 mol/L Na_2HPO_4 的体积/mL	1 mol/L NaH_2PO_4 的体积/mL
5.8	7.9	92.1	7.0	57.7	42.3
6.0	12.0	88.0	7.2	68.4	31.6
6.2	17.8	82.2	7.4	77.4	22.6
6.4	25.5	74.5	7.6	84.5	15.5
6.6	35.2	64.8	7.8	89.6	10.4
6.8	46.3	53.7	8.0	93.2	6.8

根据ISCO(1982)的资料汇编。ISCOTABLES:A handbook of data for biological and physical scientists, 8th edition. Inc., Lincoln, Nebraska。

用蒸馏水将混合的两种1 mol/L贮存液稀释至1 000 mL。根据Henderson-Hasselbalch方程计算其pH：

$$pH = pK' + \lg\left\{\frac{质子受体}{质子供体}\right\}$$

式中，$pK'=6.86$(25℃)。

3.2　酸和碱

常见的市售酸碱的浓度见附表3-4。

附表 3-4 常见的市售酸碱的浓度

溶质	分子式	相对分子质量	物质的量浓度/(mol/L)	质量浓度/(g/L)	质量分数/%	相对密度	配制 1 mol/L 的加入量/mL
冰乙酸	CH_3COOH	60.05	17.4	1 045	99.5	1.05	57.5
乙酸	CH_3COOH	60.05	6.27	376	36	1.045	159.5
甲酸	HCOOH	46.02	23.4	1 080	90	1.2	42.7
盐酸	HCl	36.5	11.6	424	36	1.18	86.2
盐酸	HCl	36.5	2.9	105	10	1.05	344.8
硝酸	HNO_3	63.02	15.99	1 008	71	1.42	62.5
硝酸	HNO_3	63.02	14.9	938	67	1.4	67.1
硝酸	HNO_3	63.02	13.3	837	61	1.37	75.2
高氯酸	$HClO_4$	100.5	11.65	1 172	70	1.67	85.8
高氯酸	$HClO_4$	100.5	9.2	923	60	1.54	108.7
磷酸	H_3PO_4	80	18.1	1 445	85	1.7	55.2
硫酸	H_2SO_4	98.1	18	1 766	96	1.84	55.6
氢氧化铵	NH_4OH	35	14.8	251	28	0.898	67.6
氢氧化钾	KOH	56.1	13.5	757	50	1.52	74.1
氢氧化钾	KOH	56.1	1.94	109	10	1.09	515.5
氢氧化钠	NaOH	40	19.1	763	50	1.53	52.4
氢氧化钠	NaOH	40	2.75	111	10	1.11	363.6

注:①对于某些酸和碱来说,不同摩尔浓度/当量浓度的贮存液是通用的。浓的贮存液常常缩写成“conc”,稀释的贮存液常缩写成“dil”。

各种浓度的酸碱贮存液的近似 pH 见附表 3-5。

附表 3-5 各种浓度的酸碱贮存液的近似 pH

溶质	1 mol/L	0.1 mol/L	0.01 mol/L	0.001 mol/L
乙酸	2.4	2.9	3.4	3.9
盐酸	0.1	1.07	2.02	3.01
硫酸	0.3	1.2	2.1	
柠檬酸		2.1	2.6	
氢氧化铵	11.8	11.3	10.8	10.3
氢氧化钠	14.05	13.07	12.12	11.13
碳酸氢钠		8.4		
碳酸钠	11.5	11		

3.3 分子生物学中使用的缓冲液和贮存液的配制

3.3.1 pH 缓冲液

磷酸缓冲盐溶液(PBS)

137 mmol/L NaCl

2.7 mmol/L KCl

10 mmol/L Na_2HPO_4

2 mmol/L KH_2PO_4

用 800 mL 蒸馏水溶解 8 g NaCl、0.2 g KCl、1.44 g Na_2HPO_4 和 0.24 g KH_2PO_4。用 HCl 调节溶液的 pH 7.4,加水至 1 L。分装后在 1.03×10^5 Pa 高压蒸汽灭菌 20 min,或通过过滤除菌,保存于室温。

PBS 是一种通用剂。值得指出的是本文列出的配方缺乏双价阳离子,如果需要,PBS 可以补加成 1 mmol/L $CaCl_2$ 和 0.5 mmol/L $MgCl_2$。

10×Tris EDTA(TE)

pH 7.4

  100 mmol/L Tris-Cl (pH 7.4)

  10 mmol/L EDTA (pH 8.0)

pH 7.6

  100 mmol/L Tris-Cl (pH 7.6)

  10 mmol/L EDTA (pH 8.0)

pH 8.0

  100 mmol/L Tris-Cl (pH 8.0)

  10 mmol/L EDTA (pH 8.0)

分装后在 1.03×10^5 Pa 的高压下蒸汽灭菌 20 min,在室温保存。

Tris-Cl (1 mmol/L)

用 800 mL 蒸馏水溶解 121.1 g Tris 碱,加浓盐酸(注意安全!)调 pH 至所需值。

pH	HCl
7.4	70 mL
7.6	60 mL
8.0	42 mL

应使溶液冷至室温后,方可最后调定 pH。加水定容至 1 L。分装后高压蒸汽灭菌。

如果 1 mol/L 溶液呈现黄色,应予丢弃。并使用质量更好的 Tris。Tris 溶液的 pH 因温度而异,温度每升高 1℃,pH 大约降低 0.03 pH 单位,0.05 mol/L 溶液在 5℃、25℃和 37℃时的 pH 分别为 9.5、8.9 和 8.6。

Tris 镁盐缓冲液(TM)

50 mmol/L Tris-Cl (pH 7.8)

10 mmol/L $MgSO_4$

Tris 缓冲盐溶液(TBS)

用 800 mL 蒸馏水溶解 8 g NaCl,0.2 g KCl 和 3 g Tris 碱,加入 0.015 g 酚红,并用 HCl

调 pH 至 7.4，用蒸馏水定容至 1 L。分装后在 1.03×10^5 Pa 高压下蒸汽灭菌 20 min，保存于室温。

3.3.2 酶贮存液和缓冲液

3.3.2.1 酶贮存液

溶菌酶(10 mg/mL)

使用前用 10 mmol/L Tris-Cl(pH 8.0)即刻溶解溶菌酶，配制成 10 mg/mL 浓度的贮存液。配制时要确保 Tris 的 pH 为 8.0，如果溶液的 pH 低于 8.0，则溶菌酶不能有效地工作。

溶细胞酶(67 mg/mL)

溶细胞酶购自 Sigma 公司。用前用含有 50%甘油的 0.01 mol/L 磷酸钠配制成 67 mg/L (900 U/mL)。

胰脱氧核糖核酸酶Ⅰ(DNA 酶Ⅰ)(1 mg/mL)

用 1 mL 下述溶液溶解 2 mg 粗制胰 DNA 酶Ⅰ：

10 mmol/L Tris-Cl (pH 7.5)

150 mmol/L NaCl

1 mmol/L $MgCl_2$

当 DNA 酶Ⅰ溶解时，加入 1 mL 甘油，盖紧管口轻轻颠倒几次，加以混合，避免产生气泡和泡沫。分装后保存于－20℃。

胰核糖核酸酶Ⅰ(RNA 酶Ⅰ)(1 mg/mL)

用 2 mL TE(pH 7.6)溶解 2 mg 粗制胰 RNA 酶Ⅰ(Sigma 公司或相当产品)。

蛋白酶 K(20 mg/mL)

购来的蛋白酶 K 是冷冻干燥的粉末状物质，用灭菌的 50 mmol/L Tris (pH 8.0)和 1.5 mmol/L 乙酸钙溶解，配制成浓度为 20 mg/mL 的溶液。将贮存液分装，在－20℃下保存。不像许多蛋白水解酶(如链酶蛋白酶)那样，用前蛋白酶 K 无需处理(见 MC3，p. A4.50.)

胰蛋白酶

用 200 mmol/K 碳酸氢铵(pH 8.9)配制成 250 μg/mL 浓度。分装后在－20℃下保存。

酶解酶 5 000(2 mg/mL)

购自 Kirin Breweries 公司。使用前用含有 50%甘油的 0.01 mol/L 磷酸钠缓冲液配制成浓度为 2 mg/mL 的溶液。

3.3.2.2 酶稀释缓冲液

DNA 酶Ⅰ稀释缓冲液

10 mmol/L Tris-Cl (pH 7.5)

150 mmol/L NaCl

1 mmol/L $MgCl_2$

聚合酶稀释缓冲液

10 mmol/L Tris-Cl(pH 7.5)

1 mmol/L 二硫苏糖醇(DTT)

0.1 mmol/L EDTA(pH 8.0)

0.5 mg/mL 牛血清白蛋白

5%(体积分数)甘油

现用现配。

测序酶稀释缓冲液

10 mmol/L Tris-Cl (pH 7.5)

5 mmol/L 二硫苏糖醇(DTT)

0.5 mg/mL BSA

贮存于－20℃。

Taq 稀释缓冲液

25 mmol/L Tris-Cl (pH 8.8)

0.1 mmol/L EDTA(pH 8.0)

0.15%(体积分数)Tween-20

0.15%(体积分数)乙基苯基聚乙二醇(NP_4O)

3.3.2.3　*酶反应缓冲液*

重要:尽可能使用厂家提供的 10×反应缓冲液。否则,使用下列配方。

10×扩增缓冲液

500 mmol/L KCl

100 mmol/L Tris-Cl (pH 8.3,室温下)

15 mmol/L $MgCl_2$

在 1.03×10^5 Pa 高压蒸汽下灭菌 10 min。分装后贮存在－20℃。

10×噬菌体 T_4DNA 连接酶缓冲液

200 mmol/L Tris-Cl(pH 7.6)

50 mmol/L $MgCl_2$

50 mmol/L 二硫苏糖醇(DTT)

分装成若干小份,贮存在－20℃。要进行反应时加入 ATP 至合适的浓度(如 1 mmol/L)。

10×噬菌体 T_4DNA 聚合酶缓冲液

330 mmol/L Tris-乙酸(pH 8.0)

660 mmol/L 乙酸钾

100 mmol/L 乙酸镁

5 mmol/L 二硫苏糖醇(DTT)

1 mg/mL 牛血清白蛋白(组分 V,Sigma-Aldrich 公司产品)

分装成小份,冷冻贮存在－20℃。

10×噬菌体 T_4DNA 多核苷酸激酶缓冲液

700 mmol/L Tris-Cl (pH 7.6)

100 mmol/L $MgCl_2$

50 mmol/L 二硫苏糖醇(DTT)

分装成小份,冷冻贮存在－20℃。

5×BAL31 缓冲液

3 mol/L NaCl

60 mmol/L $CaCl_2$

60 mmol/L $MgCl_2$

100 mmol/L Tris-Cl (pH 8.0)
1 mmol/L EDTA(pH 8.0)
10×去磷酸化缓冲液(用于 CIP)
100 mmol/L Tris-Cl(pH 8.3)
10 mmol/L $MgCl_2$
10 mmol/L $ZnCl_2$
10×去磷酸化缓冲液(用于 SAP)
200 mmol/L Tris-Cl (pH 8.8)
100 mmol/L $MgCl_2$
10 mmol/L $ZnCl_2$
1×*Eco*RⅠ甲基化酶缓冲液
50 mol/L NaCl
50 mmol/L Tris-Cl (pH 8.0)
10 mol/L EDTA
80 μmol/L S-腺苷甲硫氨酸
分装成小份,冷冻贮存在－20℃。
10×外切核酸酶Ⅲ缓冲液
660 mmol/L Tris-Cl (pH 8.0)
66 mmol/L $MgCl_2$
100 mmol/L β-巯基乙醇(注意安全!)
用时才加 β-巯基乙醇
10×Klenow 缓冲液
0.4 mol/L 磷酸钾(pH 7.5)
66 mmol/L $MgCl_2$
10 mmol/L β-巯基乙醇(注意安全!)
10×接头激酶缓冲液
600 mmol/L Tris-Cl (pH 7.6)
100 mmol/L $MgCl_2$
100 mmol/L 二硫苏糖醇(DTT)
2 mg/mL 牛血清白蛋白
使用时现配。
核酸酶 S1 消化缓冲液
0.28 mol/L NaCl
0.05 mol/L 乙酸钠(pH 4.5)
4.5 mmol/L $ZnSO_4 \cdot 7H_2O$
分装成小份,冷冻贮存在－20℃。用前加核酸酶 S1 至浓度为 500 U/mL。
10×蛋白酶 K 缓冲液
100 mmol/L Tris-Cl (pH 8.0)
50 mmol/L EDTA (pH 8.0)

500 mol/L NaCl

10×反转录酶缓冲液

500 mmol/L Tris-Cl (pH 8.3)

750 mmol/L KCl

30 mmol/L $MgCl_2$

RNA 酶 H 缓冲液

20 mmol/L Tris-Cl (pH 7.6)

20 mmol/L KCl

0.1 mmol/L EDTA (pH 8.0)

0.1 mmol/L 二硫苏糖醇(DTT)

用时现配制。

5×末端转移酶缓冲液

大多数厂家都提供 5×反应缓冲液，典型的缓冲液含有下列试剂：

500 mmol/L 二甲胂酸钾(pH 7.2)(注意安全!)

10 mmol/L $CoCl_2 \cdot 6H_2O$

1 mmol/L 二硫苏糖醇(DTT)

5×末端转移酶缓冲液(或加尾)缓冲液可按照下列方法配制：

①10 mL 3mol/L 乙酸钾在室温下平衡 5 g Chelex 100 (Bio-Rad)。

②5 min 后，抽气过滤除去过剩的液体。用 10 mL 无离子水洗 Chelex 3 次。

③配制 1 mol/L 二甲胂酸钾溶液。用处理过的 Chelex 树脂平衡二甲胂酸盐溶液。

④通过配有 Whatman 1 号滤纸的漏斗回收二甲胂酸钾溶液。

⑤依次将水、二硫苏糖醇和 $CoCl_2$ 加入回收的二甲胂酸盐溶液中，配制成终浓度为 500 mmol/L 二甲胂酸钾、1 mmol/L 二硫苏糖醇和 20 mmol/L $CoCl_2$ 的溶液。

10×通用 KGB(限制性内切核酸酶)缓冲液

1 mol/L 乙酸钾

250 mmol/L Tris-乙酸(pH 7.6)

100 mol/L 四氢乙酸镁

5 mmol/L β-巯基乙醇(注意安全!)

0.1 mg/mL 牛血清白蛋白

分装成小份，冷冻贮存在－20℃。

3.3.3 杂交缓冲液

碱性转移缓冲液(用于将 DNA 碱性转移至尼龙膜上)

0.4 mol/L NaOH(注意安全!)

1 mol/L NaCl

Church 缓冲液

10 g/L 牛血清白蛋白

1 mmol/L EDTA

0.5 mol/L 磷酸盐缓冲液①

70 g/L SDS

①0.5 mol/L 磷酸盐缓冲液：134 g $NaHPO_4 \cdot 7H_2O$，4 mL 浓 H_3PO_4(85%)（注意安全!），用水定容至 1 L。

变性缓冲液

1.5 mol/L NaCl

0.5 mol/L NaOH(注意安全!)

HCl (2.5 mol/L)

加 25 mL 浓 HCl(注意安全!)(11.6 mol/L)到 91 mL 蒸馏水中。于室温保存。

用于 RNA 的含甲酰胺的杂交缓冲液

40 mmol/L PIPES (pH 6.8)

1 mmol/L EDTA (pH 8.0)

0.4 mol/L NaCl

80%(体积分数)去离子甲酰胺(注意安全!)

用 PIPES 的二钠盐配制缓冲液，用 1 mol/L HCl 调 pH 至 6.4。

用于 RNA 的不含甲酰胺的杂交缓冲液

40 mmol/L PIPES (pH 6.4)

1 mmol/L EDTA (pH 8.0)

0.4 mol/L NaCl

用 PIPES 的二钠盐配制缓冲液，用 1 mol/L HCl 调 pH 至 6.4。

中和缓冲液Ⅰ(用于将变形 DNA 转移至不带电荷的膜上)

1 mmol/L Tris-Cl (pH 7.4)

1.5 mol/L NaCl

中和缓冲液Ⅱ(用于将 DNA 碱性转移至尼龙膜上)

0.5 mmol/L Tris-Cl (pH 7.2)

1 mol/L NaCl

中和溶液(用于将 DNA 转移至尼龙膜上)

0.5 mmol/L Tris-Cl (pH 7.4)

1.5 mol/L NaCl

预杂交液(用于斑点、狭缝和 RNA 杂交)

0.5 mol/L 磷酸钠(pH 7.2)①

70 g/L SDS

1 mmol/L EDTA (pH 7.0)

①0.5 mol/L 磷酸盐缓冲液：134 g $NaHPO_4 \cdot 7H_2O$，4 mL 浓 H_3PO_4(85%)，用水定容至 1 L。

3.3.3.1　预杂交和杂交溶液

预杂交/杂交液(用于噬菌斑和菌落)

50%(体积分数)甲酰胺(可任选)(注意安全!)

6×SSC(或 6×SSPE)

0.05×BLOTTO(见 MC3，p. A1.13)

使用 Church 缓冲液(见 MC3，p. A1.12 中的配方)，可以替代上述溶液。使用何种杂交溶液，见 MC3，p. 1.141 中的《预杂交和杂交溶液》。甲酰胺及其使用见 MC3，p. 6.59。

预杂交/杂交液(适用于水配置缓冲液中的杂交)

6×SSC(或 6×SSPE)

5×Denhardt's 液(见 MC3,p. A1.13)

5 g/L SDS

1 μg/mL poly(A)

100 μg/mL 鲑鱼精 DNA

预杂交/杂交液(适用于甲酰胺缓冲液中的杂交)

6×SSC(或 6×SSPE)

5×Denhardt's 液(见 MC3,p. A1.13)

5 g/L SDS

1 μg/mL poly(A)

100 μg/mL 鲑鱼精 DNA

50%(体积分数)甲酰胺

充分混合后,用 0.45 μm 乙酸纤维素膜过滤。为降低在非严格条件下(如 20%~30%甲酰胺)杂交的背景,重要的是使用的甲酰胺要尽量地纯。

预杂交/杂交液(适用于磷酸-SDS 缓冲液中的杂交)

0.5 mol/L 磷酸盐缓冲液(pH 7.2)①

1 mmol/L EDTA

70 g/L SDS

10 g/L 牛血清白蛋白

使用电泳极的牛血清白蛋白、使用这种特殊的预杂交/杂交溶液不需要封闭剂或杂交率增强剂。

①0.5 mol/L 磷酸盐缓冲液:134 g $NaHPO_4 \cdot 7H_2O$,4 mL 浓 H_3PO_4(85%),用水定容至 1 L。

20×SSC

用 800 mL H_2O 溶解 175.3 g NaCl 和 88.2 g 柠檬酸钠,用几滴 14 mol/L HCl(注意安全!)调 pH 至 7.0,用水定容至 1 L。分装后高压灭菌。该试剂的终浓度为 3.0 mol/L NaCl 和 0.3 mol/L 柠檬酸钠。

20×SSPE

用 800 mL H_2O 溶解 175.3 g NaCl、27.6 g $NaH_2PO_4 \cdot H_2O$ 和 7.4 g EDTA。用 NaOH 调 pH 至 7.4,用水定容至 1 L。分装后高压灭菌。该试剂的终浓度为 3.0 mol/L NaCl, 0.2 mol/L $NaH_2PO_4 \cdot H_2O$ 和 0.2 mol/L EDTA。

3.3.3.2 封闭剂

封闭剂防止配体黏附于表面。在分子克隆中使用封闭剂是阻止在 DNA 印迹法、RNA 印迹法和蛋白质印迹法中探针的非特异结合。如果不进行封闭,这些探针会非特异牢固地结合在硝酸纤维素膜或尼龙膜上。除非是最强的靶高分子,否则没有封闭剂不可能检测出任何分子。

没有人确切知道探针非特异结合的原因。亲水性的碎屑、木质素的不纯、探针过高的浓度、纤维素膜烘烤过头或烘烤不足以及核酸探针中的同聚核苷酸序列有时都被认为是非特异结合的原因,另外尚有一些没有料到的因素。无论什么原因,解决办法一般来说是简单的:用含有混合物的封闭液处理滤膜就会在固体支持物上的探针的非特异性结合位点竞争。封闭剂凭借“蛮力”发生作用。封闭剂使用的浓度很高而且一般由高分子质量的多聚物(肝素、聚乙烯吡咯烷酮、核酸)、蛋白质(牛血清白蛋白、脱脂奶粉)和去垢剂(SDS 或 NP40)的混合物组成。下述的推荐仅是应用于尼龙滤膜和硝酸纤维素滤膜。带电荷的尼龙滤膜应按厂商推荐的方法处理。

用于核酸杂交的封闭剂:在核酸杂交中通用的两种封闭剂是 Denhardt's(Denhardt,1996)和 BLOTTO(Bovine Lacto Transfer Technique Optimizer,牛乳转移技术最优化,Johnson et al. 1984)。带有固定了靶分子的滤膜通常在探针加入之前,先与封闭剂温育 1～2 h。大多数情况下,当滤膜与由含有 5×Denhardt's 试剂的 6×SSC(或 SSPE)、1.0%SDS 和 100 mg/mL 变性鲑鱼精 DNA 组成的封闭液温浴时,背景杂交会完全被抑制。每当预期的信噪比较低时,例如,当低丰度的 RNA 进行 RNA 分析或对哺乳动物 DNA 单拷贝序列进行 DNA 分析时,应当用这种封闭剂。但是,在许多其他环境下,比如 Grunstei-Hogness 杂交(菌落原位杂交)、Benton-Davis 杂交(噬斑原位杂交)及高丰度 DNA 序列的 DNA 杂交等,可用较廉价的 0.25%～0.5%脱脂奶粉的 6×SSC 或 SSPE(BLOTTO,Johnson et al. 1984)替代上述的封闭溶液。

当用硝酸纤维素膜时,封闭剂通常包含在预杂交和杂交液中。但是,当靶核酸分子固定在尼龙膜上时,在杂交液中往往省掉封闭剂。这是由于高浓度的蛋白质会干扰探针与其靶分子的退火。特别值得注意的是,当用寡核苷酸作为探针时,封闭液会抑制杂交信号。这个问题通过在含有高浓度 SDS(6%～7%)、磷酸钠(0.4 mol/L)、牛血清白蛋白(1%)和 EDTA(0.02 mol/L)的溶液(Charch,Gilbert,1984)中进行杂交往往能够解决。

当杂交在有促进剂葡聚糖硫酸酯进行杂交时,肝素有时取代 Denhardt's 液或 BLOTTO。在含有葡聚糖硫酸酯的杂交液中,肝素使用浓度为 500 μg/mL。在不含葡聚糖硫酸酯的杂交液中,肝素的使用浓度为 50 μg/mL(Singh,Jones,1984)。肝素(Sigma 公司,猪源Ⅱ级或相当规格的产品)用 4×SSPE 或 SSC 配制成浓度为 50 mg/mL 的溶液,贮存于 4℃。

Denhardt's 试剂

Dehardt's 试剂用于:

a. RNA 杂交

b. 单拷贝序列的 DNA 杂交

c. DNA 固定在尼龙膜上的杂交

Dehardt's 试剂通常配成 50×贮存液,过滤后保存在－20℃。将贮存液 10 倍稀释于杂交缓冲液(通常是含有 1.0%SDS 和 100 μg/mL 变性鲑鱼精 DNA 的 6×SSC 或 SSPE)中。50×Denhardt's 试剂用水配制:

10 g/L 聚糖体 400(Ficoll400)

10 g/L 聚乙烯吡咯烷酮(PVP)

10 g/L 牛血清蛋白(Sigma,组分Ⅴ)

BLOTTO(注意安全!)

BLOTTO 用于:

a. Grunestin-Hogness 杂交

b. Benton-Davis 杂交

c. 除单拷贝序列的斑点印迹和狭线印迹外的所有 DNA 杂交

1×BLOTTO 是含有 50g/L 脱脂奶粉和 0.02%叠氮化钠(注意安全!)的水溶液,贮存于 4℃。使用前 10~25 倍稀释于预杂交缓冲液中。BLOTTO 不应与高浓度的 SDS 并用,因为后者会导致牛奶中的蛋白质析出。如果背景杂交不符合要求,可在杂交液中加入 NP-40 至终浓度 1%。

BLOTTO 可能含有高水平的 RNA 酶。当用在 RNA 杂交和用 RNA 作探针时,应将 BLOTTO 用焦炭酸二乙酯处理或在 72℃保温过夜(Monsetin et al.,1992)。当靶 DNA 固定在尼龙滤膜上时,BLOTTO 不如 Dehardt's 液有效。

用于蛋白质印迹法的封闭试剂:最好和最便宜的封闭试剂是脱脂奶粉,它容易使用并适用于所有普通的免疫检测系统。只有在牛奶中可能有作为探针的蛋白质时才不使用脱脂奶粉。

下述的配方之一可用来配置封闭缓冲液。用于蛋白质印迹法的封闭液是含有 50g/L 脱脂奶粉、0.01%消泡剂和 0.02%叠氮化钠的磷酸盐缓冲液。

封闭缓冲液(含有封闭剂的 TNT 缓冲液)

10 mmol/L Tris-Cl (pH 8.0)

150 mmol/L NaCl

0.05%(体积分数)Tween-20

封闭剂(10 g/L 明胶、30 g/L 牛血清白蛋白或 5 g/L 脱脂奶粉)

到底使用何种封闭剂,因实验室而异。我们建议先做预实验来确定用何种封闭剂最好。封闭剂可以贮存在 4℃并可反复使用几次。叠氮化钠的最终浓度时 0.5 g/L,以防止微生物生长。

3.3.4 抽提/裂解缓冲液和溶液

碱裂解溶液Ⅰ(制备质粒)

50 mmol/L 葡萄糖

25 mmol/L Tris-Cl (pH 8.0)

10 mmol/L EDTA (pH 8.0)

用标准的贮存液配制溶液Ⅰ,分装成每瓶大约 100 mL,在 1.03×10^5 Pa 压力下蒸汽灭菌 15 min,保存在 4℃。

碱裂解溶液Ⅱ(制备质粒)

0.2 mol/L NaOH(从 10 mol/L 贮存液中现用现稀释)

10 g/L SDS

溶液Ⅱ要现用现配制,在室温下使用。

碱裂解溶液Ⅲ(制备质粒)

5 mol/L 乙酸钾　60.0 mL

冰乙酸(注意安全!)　11.5 mL

H_2O　28.5 mL

所配制的溶液中钾的浓度为 3 mol/L,乙酸根的浓度为 5 mol/L。保存在 4℃,用时置于冰浴中。

STET

10 mmol/L Tris-Cl (pH 8.0)

0.1 mol/L NaCl

1 mmol/L EDTA (pH 8.0)

5%(体积分数)Triton X-100

所有的成分加完后,STET 的酸碱度必定为 pH 8.0。用前 STET 不需要灭菌。

3.3.5　电泳和凝胶加样缓冲液

3.3.5.1　常用电泳缓冲液

常用电泳缓冲液见附表 3-6。

附表 3-6　常用电泳缓冲液

缓冲液	工作液	贮存液
Tris-乙酸(TAE)	1×	50×
	40 mmol/L Tris-乙酸	242 g Tris 碱
	1 mmol/L EDTA	57.1 mL 冰乙酸(注意安全!)
		100 mL 0.5 mol/L EDTA(pH 8.0)
Tris-硼酸①(TBE)	0.5×	5×
	45 mmol/L Tris-硼酸	54 g Tris 碱
	1 mmol/L EDTA	27.5 mL 硼酸
		20 mL 0.5 mol/L EDTA(pH 8.0)
Tris-磷酸(TPE)	1×	10×
	90 mmol/L Tris-磷酸	108 g Tris 碱
	2 mmol/L EDTA	15.5 mL 磷酸(85%,1.679 g/mL)
		40 mL 0.5 mol/L EDTA (pH 8.0)
Tris-甘氨酸②	1×	15×
	25 mmol/L Tris-Cl	15.1 g Tris 碱
	250 mmol/L 甘氨酸	94 g 甘氨酸(电泳级)
	0.1% SDS	50 mL 1% SDS(电泳级)

注:①TBE 通常配制成 5×或 10×贮存液。浓的贮存液的 pH 应为 8.3,用前稀释。由同一浓度的贮存液配制凝胶液和电泳缓冲液。某些人喜欢使用更浓的 TBE 贮存液(10×而不是 5×)。但是,5×贮存液更稳定,在存放时不会出现沉淀。用 0.22 μm 滤膜将 5×贮存液或 10×贮存液过滤可防止或推迟沉淀的形成。

②Tris-甘氨酸缓冲液用于 SDS-聚丙烯酰胺凝胶(附录三)。

3.3.5.2　特殊电泳缓冲液

10×碱性琼脂糖凝胶电泳缓冲液

500 mmol/L NaOH

10 mmol/L EDTA

将 50 mL 10 mol/L NaOH 和 20 mL 0.5 mol/L EDTA（pH 8.0)加到 800 mL 水中，然后定容至 1 L。用前即刻将 10×碱性琼脂糖凝电泳缓冲液用水稀释成 1×工作液。使用同一 10× 贮存液配制碱性琼脂糖凝胶和电泳工作液。

10×BPTE 电泳缓冲液

100 mmol/L PIPES

300 mmol/L Bis-Tris

10 mmol/L EDTA

10×缓冲液的最终 pH 约为 6.5。10×缓冲液的配方如下：将 3 g PIPES(游离酸)、6 g Bis-Tris(游离碱)和 2 mL 0.5 mol/L EDTA 加到 90 mL 蒸馏水中，然后用焦碳酸二乙酯处理(终浓度为 0.1%；详情见 MC3，p.7.84 中的有关焦碳酸二乙酯的资料)。

10×MOPS 电泳缓冲液

0.2 mol/L MOPS(pH 7.0)

20 mmol/L 乙酸钠

10 mmol/L EDTA (pH 8.0)

用 700 mL 用 DEPC 处理过的灭菌水溶解 41.8 g MOPS。用 2 mol/L NaOH 调 pH 至 7.0。加 20 mL DEPC 处理的 1 mol/L 乙酸钠和 20 mL DEPC 处理的 0.5 mmol/L EDTA (pH 8.0)。用 DEPC 处理的水定容 1 L。

用 0.45 μm 的滤膜过滤除菌，室温避光保存。如果缓冲液暴露于可见光或被高压灭菌则会变黄。淡黄色的缓冲液完全可用，但颜色变深的缓冲液不能使用。

MOPS-(3-N-吗啉代)-丙磺酸

FW	pK_a(20℃)	ΔpK_a/℃	0℃饱和液的摩尔浓度
209.3	7.15	−0.013	3.1

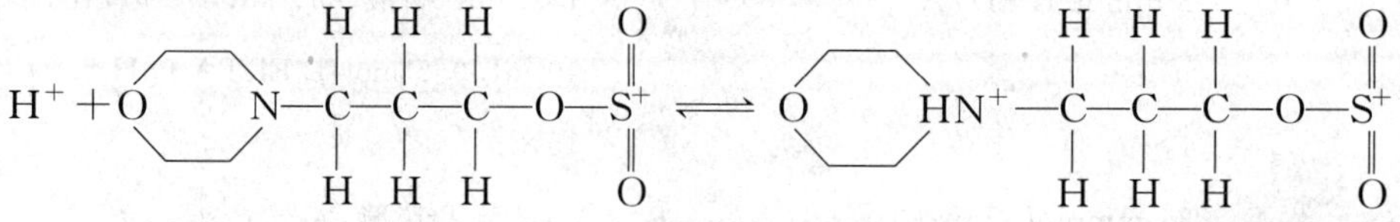

MOPS 是 1970 年由 Robert Good 实验室为便于分离叶绿体和其他植物细胞器而研制的一种缓冲液。MOSP 是用于 RNA 进行琼脂糖凝胶电泳的缓冲液的一种成分。

TAFE 凝胶电泳缓冲液

20 mmol/L Tris-乙酸(pH 8.2)

0.5 mmol/L EDTA

用乙酸调 pH 8.2，使用 EDTA 的游离酸而不是钠盐，浓的 TAFE 缓冲液可以购买获得(如从 Beckman 公司可以买到)。

重要：TAFE 凝胶缓冲液在用前必须冷却至 14℃。

3.3.5.3 凝胶加样缓冲液

6×碱性凝胶加样缓冲液(附表 3-7)

300 mmol/L NaOH

6 mmol/L EDTA

180 g/L 聚糖体(Ficoll)(400 型，Pharmacia)

1.5 g/L 溴甲酚绿

2.5 g/L 二甲苯青

溴酚蓝溶液(4 g/L)

用 1 mL 灭菌水溶解 4 mg 固体溴酚蓝，室温保存。

附表 3-7 6×凝胶加样缓冲液

缓冲液类型	6×缓冲液	贮存温度
Ⅰ	2.5 g/L 溴酚蓝 2.5 g/L 二甲苯青 FF 400 g/L 蔗糖水溶液	4℃
Ⅱ	2.5 g/L 溴酚蓝 2.5 g/L 二甲苯青 FF 150 g/L 聚糖体(Ficoll)(400 型，Pharmacia)水溶液	室温
Ⅲ	2.5 g/L 溴酚蓝 2.5 g/L 二甲苯青 FF 300 g/L 甘油水溶液	4℃
Ⅳ	2.5 g/L 溴酚蓝 400 g/L 蔗糖水溶液	4℃

溴酚蓝蔗糖溶液

2.5 g/L 溴酚蓝

400 g/L 蔗糖

甲酚红溶液(10 mmol/L)

用 1 mL 灭菌水溶解 4 mg 甲酚红的钠盐(Sigma-Alarich)，室温保存。

10×甲醛凝胶加样缓冲液

50%(体积分数)甘油[用 DEPC 处理(注意安全！)的水稀释]

10 mmol EDTA(pH 8.0)

2.5 g/L 溴酚蓝

2.5 g/L 二甲苯青 FF

甲酰胺加样缓冲液

800 g/L 去离子化甲酰胺

10 mmol/L EDTA (pH 8.0)

1 mg/mL 二甲苯青 FF

1 mg/mL 溴酚蓝

购买蒸馏的去离子化甲酰胺，分装成小份充气氮贮存于－20℃。或购买去离子化试剂级的甲酰胺。

RNA 凝胶加样缓冲液

95%(体积分数)去离子化甲酰胺

0.25 g/L 溴酚蓝

0.25 g/L 二甲苯青 FF

5 mmol/L EDTA (pH 8.0)

0.25 g/L SDS

2×SDS 凝胶加样缓冲液

100 mmol/L Tris-Cl (pH 6.8)

40 g/L SDS(电泳级)

2 g/L 溴酚蓝

20%(体积分数)甘油

200 mmol/L 二硫苏糖醇(DTT)或 β-巯基乙醇

不含硫代试剂的 1×SDS 凝胶加样缓冲液和 2×SDS 凝胶加样缓冲液可在室温保存。二硫苏糖醇(DTT)或 β-巯基乙醇分别配成 1 mol/L 或 14 mol/L 的贮存液，临用前加入。

2.5×SDS-EDTA 染料混合液

4 g/L SDS

30 mmol/L EDTA

0.25%溴酚蓝

0.25%二甲苯青 FF

200 g/L 蔗糖

3.3.6 特殊的缓冲液和溶液

洗脱缓冲液(Qiagen)

50 mmol/L Tris-Cl (pH 8.1～8.2)

1.4 mol/L NaCl

150 g/L 蔗糖

KOH/甲醇溶液

在序列分析时，该溶液主要是用于清洗玻璃板。配制方法：用 100 mL 甲醇(注意安全!)溶解 5 g KOH 颗粒。在磨口玻璃瓶中室温保存。

λ 退火缓冲液

100 mmol/L Tris-Cl (pH 7.6)

10 mmol/L $MgCl_2$

LB 冷冻缓冲液

36 mmol/L K_2HPO_4(无水的)

13.2 mmol/L KH_2PO_4

1.7 mmol/L 柠檬酸钠

0.4 mmol/L $MgSO_4 \cdot 7H_2O$

6.8 mmol/L 硫酸铵

4.4%(体积分数)甘油

用 LB 肉汤培养基配制

LB 冷冻缓冲液最好是用 100 mL LB 培养基溶解上述的盐配成特定的浓度。取其中 95.6 mL 放到另一个容器中，然后加入 4.4 mL 甘油。混合后用 0.45 μm 的一次性 Nalgenen 除菌滤器除菌过滤。在可控室温(15～25℃)下贮存无菌的冷冻培养基。

$MgCl_2$-$CaCl_2$ 溶液

80 mmol/L $MgCl_2$

20 mmol/L $CaCl_2$

P3 缓冲液(Qiagen)

3 mol/L 乙酸钾(pH 5.5)

PEG-$MgCl_2$ 溶液

400 g/L 聚乙二醇 (PEG 8 000)

30 mmol/L $MgCl_2$

用 H_2O 溶解 40 g PEG 8 000，最终体积定容至 100 mL 并使 $MgCl_2$ 的浓度为 30 mmol/L。用 0.22 μm 的滤膜除菌过滤，室温保存。

QBT 缓冲液(Qiagen)

750 mmol/L NaCl

50 mmol/L MOPS (pH 7.0)(注意安全!)

15% (体积分数) Triton X-100

放射性墨水(注意安全!)

放射性墨水是通过将少量 ^{32}P 与不透水的黑色绘画墨水混合而成。我们发现配制 3 种级别的放射性墨水是非常方便的；放射性很强的(＞2 000CPS)，用手提式小型探测器测定，放射性强的(＞500CPS)和放射性弱的(＞50CPS)，用纤维尖笔把所需要的放射性活性的墨水加到胶带上。纤维尖笔应贴上放射性物质专用提示胶带，妥善保管。

聚丙烯酰胺葡聚糖平衡缓冲液

50 mmol/L Tris-Cl (pH 8.0)

5 mmol/L EDTA

0.5 mol/L NaCl

SM 和 SM 加明胶

每升含

NaCl	5.8 g
$MgSO_4 \cdot 7H_2O$	2 g
1 mol/L Tris-Cl (pH 7.5)	50 mL
20 g/L 明胶溶液	5 mL

加水至　　　　　　　1 L

在 1.03×10^5 Pa 高压蒸汽灭菌 20 min，冷却后分成 50 mL 的小份，贮存在无菌容器内。SM 可在室温无限期存放。为了避免污染，每一小份用后丢弃。

山梨糖醇缓冲液

1 mol/L 山梨糖醇

0.1 mol/L EDTA(pH 7.5)

STE

10 mmol/L Tris-Cl (pH 8.0)

0.1 mol/L NaCl

1 mmol/L EDTA(pH 8.0)

在 1.03×10^5 Pa 高压蒸汽灭菌 15 min。贮存于 4℃。

10×TEN 缓冲液

0.1 mmol/L Tris-Cl (pH 8.0)

0.01 mol/L EDTA(pH 8.0)

1 mol/L NaCl

TES

10 mmol/L Tris-Cl (pH 7.5)

1 mmol/L EDTA(pH 7.5)

1 g/L SDS

Tris-蔗糖

50 mmol/L Tris-Cl (pH 8.0)

100 g/L 蔗糖

用 0.22 μm 的滤器过滤除菌，保存于室温。含有蔗糖的溶液不应高压蒸汽灭菌，因为糖会在高温下碳化。

Triton/SDS 溶液

10 mmol/L Tris-Cl (pH 8.0)

2% (体积分数) Triton X-100

10 g/L SDS

100 mmol/L NaCl

1 mmol/L EDTA (pH 8.0)

用 0.22 μm 的滤器过滤除菌，室温保存。

洗涤缓冲液(Qiagen)

50 mmol/L MOPS-KOH(注意安全!)(pH 7.5～7.6)

0.75 mol/L NaCl

15% (体积分数) 乙醇

在配制此缓冲液时，加乙醇前调整 MOPS/NaCl 溶液的 pH。

酵母重悬浮缓冲液

50 mmol/L Tris-Cl (pH 7.4)

20 mmol/L EDTA (pH 7.4)

3.4 有机试剂的配制

3.4.1 酚

大多数市售液化酚(注意安全!)是清亮无色的,无须重蒸即可用于分子克隆。偶尔有些批次的液态酚呈粉红或黄色,应拒收或退回生产厂家。不主张用结晶酚,因为必须在160℃条件下对其进行重蒸以除去诸如醌这样的氧化物才能应用,这些产物能引起磷酸二酯键的断裂或导致RNA和DNA的交联。

3.4.2 酚的平衡

因为在酸性pH条件下DNA分配有机相,因此,使用前必须对酚进行平衡,使其pH在7.8以上。在平衡酚时要带上橡皮手套、防护面具和工作服。

①液化酚贮存于−20℃。用前从冰箱中取出,使其温度升至温室,然后在68℃使之熔化。加羟基喹啉至终浓度为0.1%。羟基喹啉是一种抗氧化剂,RNA酶的不完全抑制及金属离子的弱螯合剂。另外,其黄颜色有助于方便地识别有机相。

②将等体积缓冲液[通常是0.5 mol/L Tris-Cl (pH 8.0),室温]加到熔化的酚中。用磁力搅拌器将混合物搅拌15 min。关上搅拌器,待两相分开后,使用与装有抽滤瓶的真空包装相连的玻璃管尽可能彻底地吸出上(水)相。

③加入等体积的0.1 mol/LTris-Cl (pH 8.0)到酚中,在磁力搅拌器上搅拌15 min,关掉搅拌器,按步骤2所述除去上层液相。重复抽提过程,直到酚相的pH大于7.8(用pH试纸测定)。

④酚达到平衡并最后一次移出液相后,加入0.1体积的含有0.2% *β*-巯基乙醇的0.1 mol/L Tris-Cl (pH 8.0)之下,于4℃可保存长达1个月。

3.4.3 酚∶氯仿∶异戊醇(25∶24∶1)

从核酸样品中去除蛋白质常用等体积的平衡酚和氯仿∶异戊醇(24∶1)组成的混合物。其中氯仿可使蛋白质变性并有助于水相和有机相的分离,异戊醇则有助于减少抽提过程中的泡沫的形成。无论是氯仿还是异戊醇,使用前均无需处理。酚∶氯仿∶异戊醇混合物在100 mmol/L Tris-Cl (pH 8.0)缓冲液下,在不透光的瓶子里可在4℃保存达1个月之久。

3.4.4 甲酰胺的去离子化

许多批号的试剂级甲酰胺已足够地纯,无需进一步处理即可使用。但是,如果呈现黄色,应加入Dowex XG8混合床树脂,在磁力搅拌器上搅拌1 h,然后用Whatman 1号滤纸过滤2遍,以作去离子处理。去离子甲酰胺应分装成小份,充氮贮藏于−70℃。

3.4.5 乙二醛的去离子化

市售乙二醛(40%或6 mol/L)含有乙二醛的各种水合物和诸如乙醛酸、甲酸的氧化产物以及破坏RNA的其他成分。使用前必须通过混合床树脂(例如Bio-Red AG-510-X8)处理,直至树脂中的指示剂的染色耗尽,以便除去这些污染物。乙二醛去离子处理的步骤如下。

①使用前迅速将乙二醛与等体积的混合床离子交换树脂(例如Bio-Red AG-510-X8)混合。或者是乙二醛过一个混合床树脂小柱,然后进行步骤3。

②通过过滤将去离子物质与树脂分离(如使用Uniflow plusl滤器Schleichex&Schuell)。

③将200 μL乙二醛与2 μL 10 mg/mL的溴甲酚绿的水溶液混合,并观察混合液的颜色变化,据此检测乙二醛的pH。溴甲酚绿在pH<4.8时呈黄色,在pH>5.5时呈蓝绿色。

④重复去离子化程序(步骤1至步骤2)直至乙二醛的pH>5.5.去离子的乙二醛在充氮气的密闭小管中-20℃下可无限期的存放。每一份只能用一次。

3.5 化学贮存液

45%丙烯酰胺溶液

丙烯酰胺(DNA序列分析级)(注意安全!)	434 g
N,N′-亚甲双丙烯酰胺(注意安全!)	16 g
加水至	600 mL
加热至37℃,用蒸馏水定容至	1 L

用硝酸纤维素滤膜(如Nalgene Nunc,0.45 μm孔径)过滤。避光保存于室温。

放线菌素D(5 mg/mL)

用甲醇(注意安全!)配制成5 mg/mL放线菌素D(注意安全!)的贮存液,避光保存于-20℃,见MC3.p.7.88中有关放线菌素D的资料。

腺苷二磷酸(ADP)(1 mmol/L)

用无菌的25 mmol/L Tris-Cl(pH 8.0)溶解固体的腺苷二磷酸。分装成小份(约20 μL),贮存于-20℃。

乙酸铵(10 mol/L)

用800 mL水溶解770 g乙酸铵,用水定容至1 L。过滤除菌。或者,用70 mL温度为室温的水溶解77 g乙酸铵,定容至100 mL,用0.22 μm滤器过滤除菌。装在封闭的瓶子里室温保存。乙酸铵在热水中分解,含有乙酸铵的溶液不能高压蒸馏灭菌。

过硫酸铵(100 g/L)

过硫酸铵(注意安全!)	1 g
加水定容至	10 mL

在10 mL水中溶解1 g过硫酸铵,贮存于4℃,过硫酸铵在溶液中会慢慢衰变,故贮存液只能存放2~3周。过硫酸铵用作甲酰胺和亚甲双丙烯酰胺共聚合作用的催化剂。聚合反应是通过由氧化-还原反应产生的自由基驱动的,在氧化-还原反应中二胺氧化酶(如TEMED)是附加催化剂。

ATP(10 mmol/L)

用25 mmol/L Tris-Cl(pH 8.0)溶解ATP配制。分成小份贮存于-20℃。

氯化钙(2.5 mol/L)

用蒸馏水溶解11 g $CaCl_2 \cdot 6H_2O$,定容至20 mL。用0.22 μm滤器过滤除菌,分成1 mL的小份,贮存于4℃。

考马斯亮蓝染色液

在90 mL甲醇:水(注意安全!)(1:1,体积比)和10 mL冰乙酸混合液中溶解0.25 g考马斯亮蓝R-250。用Whatman 1号滤纸过滤以去除颗粒状物质。室温保存,见附录3中考马斯亮蓝染色。

脱氧核苷三磷酸(dNTP)

把每种dNTP分别用水溶解至浓度近似100 mmol/L。用微量移液器吸取0.05 mol/L Tris碱,将每一种dNTP溶液的pH调至7.0(用pH试纸检测)。把中和后的每种dNTP溶液各取一份作适当稀释，在下列给出的波长下读出光密度，计算出每种 dNTP 的实际浓度。

碱基	波长/mm	消光系数 E/[L/(mol·cm)]	碱基	波长/mm	消光系数 E/[L/(mol·cm)]
A	259	1.54×10^4	C	271	9.10×10^3
G	253	1.37×10^4	T	267	9.60×10^3

然后用水稀释成终浓度为 50 mmol/L 的 dNTP。各自分装成小份，贮存于－70℃。

比色杯光径为 1 cm 时，吸光度＝EM。每种 dNTP 的 100 mmol/L 贮存液均有商品出售(Pfizer)。

用于 PCR 的 dNTP，要用 2 mol/L NaOH 将 dNTP 溶液的 pH 调节到 8.0。从公司购得的 PCR 级的 dNTP 溶液不需要调 pH。

二甲亚砜(DMSO)

购买高级的 DMSO(注意安全!)(HPLC 级或更好)。将所购买的试剂用灭菌管分装成 1 mL 一份，盖紧盖后贮存于－20℃。一份只能用一次。

二硫苏糖醇(DTT，1 mol/L)

用 20 mL 0.01 mol/L 乙酸钠溶液(pH 5.2)溶解 3.09 g DTT，过滤除菌后分装成小份，贮存于－20℃。

EDTA(0.5 mol/L，pH 8.0)

将 186.1 g 二水乙二胺四乙酸二钠(EDTA-Na·$2H_2O$)加入 800 mL 水中，在磁力搅拌器上剧烈搅拌。用 NaOH 调节溶液的 pH 至 8.0(约需 20 g NaOH 颗粒(注意安全!)，定容至 1 L)。分装后高压蒸汽灭菌。EDTA 二钠盐需加入 NaOH 将溶液的 pH 调至接近 8.0 时，才会溶解。

EGTA(0.5 mol/L，pH 8.0)

EGTA 是乙二醇双乙胺醚-N，N，N′，N′-四乙酸。EGTA 溶液的配制基本上按上述的 EDTA 的配制方法。通过高压蒸汽灭菌或过滤除菌。室温保存。

溴化乙锭(10 mg/mL)

在 100 mL 水中加入 1 g 溴化乙锭(注意安全!)。磁力搅拌数小时，以确保其完全溶解。然后用铝箔包裹容器或将溶液转移至棕色瓶中，保存于室温。

明胶(20 g/L)

加 2 g 明胶于终体积为 100 mL 的水中，在 1.03×10^5 Pa 高压下蒸汽灭菌 15 min。

甘油 [10%(体积分数)]

用 9 体积的灭菌纯水稀释 1 体积的分子生物学级的甘油。用 0.22 μm 滤器除菌。200 mL 一份贮存于 4℃。

IPTG(200 g/L，0.8 mol/L)

IPTG 为异丙基硫代-*β*-*D*-半乳糖苷。用 8 mL 蒸馏水溶解 2 g IPTG 配制成 20%的溶液，用蒸馏水定容至 10 mL。用 0.22 μm 过滤器过滤除菌。

分装成 1 mL 小份，贮存于－20℃。

KCl(4 mol/L)

用水溶解适量的固体 KCl。高压蒸汽灭菌 20 min，贮存于室温。理想的做法是将配好的溶液分装在灭菌管内，每一小份约 100 μL，每份只使用一次。

氯化锂（LiCl，5 mol/L）

用 90 mL 的水溶解 21.2 g LiCl。定容至 100 mL。用 0.22 μm 滤器过滤除菌或在1.03×10^5 Pa 高压下蒸汽灭菌。贮存于 4℃。

麦芽糖（200 g/L）

用水溶解 20 g 麦芽糖，定容至 100 mL。用 0.22 μm 滤器过滤除菌，室温保存。

$MgCl_2\cdot6H_2O$（1 mol/L）

用 800 mL 水溶解 203.3 g 六水氯化镁，定容至 1 L。分装后高压蒸汽灭菌。$MgCl_2$ 极易潮解，应选购小瓶（100 g）试剂，启用后勿长期存放。

硫酸镁（$MgSO_4$，1 mol/L）

用水溶解 12 g 硫酸镁，定容至 100 mL。分装后高压蒸汽灭菌。保存于室温。

氯化钠（NaCl，5 mol/L）

用 800 mL 溶解 292 g NaCl，定容至 1 L。分装后高压蒸汽灭菌。保存于室温。

氢氧化钠（NaOH，10 mol/L）

10 mol/L NaOH 的配制涉及高度放热反应，可能会引起玻璃容器的断裂。要特别小心地用塑料烧杯配制这种溶液。将 400 g NaOH 颗粒慢慢加到 800 mL 水中，边加边连续搅拌。作为一种预防措施，将烧杯置于冰上。当颗粒完全溶解后，用水定容至 1 L。在塑料容器中室温保存。无需除菌。

PEG8000

PEG（注意安全！）的工作范围 130～400 g/L。用灭菌水溶解 PEG 配制适当浓度，配制时若需要可加温。用 0.22 μm 过滤器过滤除菌。室温保存。

> 聚乙二醇（PEG）是简单的重复单位 $H(OCH_2CH_2)_nOH$ 的直链多聚物。PEG 的分子质量范围的命名反映了在每个分子中重复单位的数量（n）。例如，PEG400 中，$n=8\sim9$，而在 PEG4000 中，n 的范围为 68～84，PEG 导致水溶液中溶质大分子凝聚，在分子克隆中有一个使用范围，其中包括如下范围。
>
> a. 根据其分子质量大小沉淀 DNA。沉淀 DNA 所需的 PEG 浓度与 DNA 片段的大小呈反比。
>
> b. 纯化和沉淀噬菌体颗粒。
>
> c. 提高核酸互补链重新组合的效率。比如在核酸杂交、平端链接和用噬菌体 T4 多核苷酸激酶的末端标记时（参见 MC3，p. 1.152 中有关浓缩和聚合试剂的有关资料）。
>
> d. 培养细胞与细菌原生质体的融合。

乙酸钾（5 mol/L）

5 mol/L 乙酸钾	60 mL
冰乙酸（注意安全！）	11.5 mL
水	28.5 mL

所得溶液的钾浓度为 3 mol/L，乙酸浓度为 5 mol/L。室温保存。

SDS(200 g/L)

十二烷基硫酸钠,用 900 mL 水溶解 200 g 电泳级 SDS(注意安全!)。加热到 68℃并用磁力搅拌器搅拌有助于溶解。如果需要,加几滴浓 HCl(注意安全!)调节 pH 7.2。用水定容至 1 L。室温保存。无需灭菌,不要蒸汽高压。

银染

参见染色法(附录 3)。

乙酸钠(3 mol/L,pH 5.2 和 pH 7.0)

用 800 mL 水溶解 408.3 g 含 3 个水的乙酸钠,用冰乙酸(注意安全!)调节 pH 至 5.0 或用稀乙酸调 pH 至 7.0。用水定容至 1 L。分装成小份,高压蒸汽灭菌。

亚精胺(1 mol/L)

用 10 mL 无离子水溶解 1.45 g 亚精胺(游离碱形式),并用 0.22 μm 滤器过滤除菌。分装成小份贮存于-20℃。贮存时间不能超过 1 个月。

SYBR 染色液

SYBR 金(Invitrogen)(注意安全!)是作为一种未知浓度的二甲亚砜的贮存液提供的。用 SYBR 金的工作浓度染琼脂糖凝胶,其工作浓度是用电泳缓冲液按 1∶10 000 将 SYBR 金核算染液稀释而成。SYBR 金工作贮存液现用现配并在可控室温下的暗处保存。有关琼脂糖凝胶染色的论述参见 MC3,p.5.14。

三氯乙酸(TCA;100%溶液)

在装有 500 gTCA(注意安全!)的从未开封的瓶内加入 227 mL 水。所形成的溶液含有 1 000 g/L TCA。

X-gal 溶液(20 g/L)

X-gal 是 5-溴-4-氯-3-吲哚-*β*-*D*-半乳糖苷。用二甲基甲酰胺溶解 X-gal 配制成 20 mg/mL 的贮存液。使用玻璃管或聚丙烯管保存贮存液。装有 X-gal 溶液的试管须使用铝箔包裹以防因光照而被破坏,并应贮存于-20℃。X-gal 溶液无需过滤除菌。

附录4

常用培养基及抗生素的配制

【背景信息】

如没有其他说明，背景信息均见《分子克隆实验室指南》(第 3 版)（下文中简称 MC3)。

4.1 用于大肠杆菌的液体培养基

重要：配制培养基时均使用蒸馏的去离子水，除非另有说明，灭菌培养基可以在室温贮存。

4.1.1 GYT 培养基

10%(体积分数)甘油

1.25 g/L 酵母提取物

2.5 g/L 胰化蛋白胨

使用 0.22 μm 滤器过滤除菌，分装成 2.5 mL 一份，保存于 4℃。

4.1.2 LB 培养基(Luria-Bertani 培养基)

配制 1 L 培养基，应在 950 mL 去离子水中加入：

胰化蛋白胨	10 g
酵母提取物	5 g
NaCl	10 g

摇动容器直至溶质溶解。用 5 mol/L NaOH (约 0.2 mL)调 pH 至 7.0。用去离子水定容至 1 L。在 1.03×10^5 Pa 高压下蒸汽灭菌 20 min。

4.1.3 M9 基本培养基

配制 1 L 培养基，应在 750 mL 无菌去离子水(冷至 50℃或 50℃以下)中加入：

5×M9 盐溶液①	200 mL
1 mol/L $MgSO_4$	2 mL
适当碳源的 20%溶液(如 20%葡萄糖)	20 mL
1 mol/L $CaCl_2$	0.1 mL
补加灭菌的去离子水至	980 mL

如果需要，可在 M9 培养基中补加适当氨基酸和维生素的贮存液。

①5×M9 盐溶液配制，1 L 无离子水溶解下列盐类：

$Na_2HPO_4 \cdot 7H_2O$	64 g
$KHPO_4$	15 g
NaCl	2.5 g
NH_4Cl	5.0 g
补加去离子水至	1 L

分装成 200 mL 一份，在 1.03×10^5 Pa 高压下蒸汽灭菌 15 min。

分别配制 $MgSO_4$ 溶液和 $CaCl_2$ 溶液，高压灭菌。用无菌水将 5×M9 盐溶液稀释至 980 mL后，加入 $MgSO_4$ 和 $CaCl_2$ 溶液。葡萄糖溶液在加到稀释的 M9 盐溶液之前，用 0.22 μm滤器过滤除菌。

当使用含有染色体上脯氨酸生物合成操纵子缺陷[Δ(*Lac-proAB*)]的大肠杆菌以及互补的 *proAB* 基因在 F′质粒上时，在 M9 基本培养基中补加下列成分：

4 g/L	葡萄糖(右旋糖)
5 mmol/L	$MgSO_4\cdot7H_2O$
0.01%	硫胺

4.1.4　NZCYM 培养基

配制 1 L 培养基，在 950 mL 去离子水中加入：

NZ 胺	10 g
NaCl	5 g
酵母提取物	5 g
酪蛋白水解物	1 g
$MgSO_4\cdot7H_2O$	2 g

摇动容器直至溶质完全溶解。用 5 mol/L NaOH(约 0.2 mL) 调 pH 至 7.0。用去离子水定容至 1 L。在 1.03×10^5 Pa 高压下蒸汽灭菌 20 min。

NZ 胺：酪蛋白酶促水解物(ICN Biochemicals 公司)。NZCYM、NZYM 和 NZM 也可采用 BD Bisciences 公司的脱水培养基。

4.1.5　NZM 培养基

NZM 培养基除不含酵母提取物外，其他成分与 NZYM 培养基相同。

4.1.6　NZYM 培养基

NZYM 培养基除不含酪蛋白水解物外，其他成分与 NZCYM 培养基相同。

4.1.7　SOB 培养基

配制 1 L 培养基，在 950 mL 去离子水中加入：

胰化蛋白胨	20 g
酵母提取物	5 g
NaCl	0.5 g

摇动容器使溶质完全溶解。加 10 mL 250 mmol/L KCl 溶液(将 1.86 g KCl 用 100 mL 去离子水溶解即配成 250 mmol/L KCl 溶液)。用 5 mol/L NaOH(注意安全!)调 pH 至 7.0。用去离子水定容至 1 L。在 15psi(1.03×10^5 Pa)高压下蒸汽灭菌 20 min。该溶液在使用前，加入 5 mL 灭菌的 2 mol/L $MgCl_2$(2 mol/L $MgCl_2$ 溶液的配制方法如下：用 90 mL 去离子水溶解 19 g $MgCl_2$，用去离子水调整体积为 100 mL，在 1.03×10^5 Pa 高压下蒸汽灭菌 20 min)。

4.1.8　SOC 培养基

SOC 培养基除含有 20 mmol/L 葡萄糖外，其他成分与 SOB 培养基相同。SOB 培养基经高压灭菌后冷至 60℃或 60℃以下，加 20 mL 除菌的 1 mol/L 葡萄糖溶液(1 mol/L 葡萄糖溶液的配制方法是：用 90 mL 去离子水溶解 18 g 葡萄糖，完全溶解后，用去离子水定容至 100 mL，用 0.22 μm 滤器过滤除菌)。

4.1.9 Terrific 肉汤

配制 1 L 培养基,在 900 mL 去离子水中加入:

胰化蛋白胨	12 g
酵母提取物	24 g
甘油	4 mL

摇动容器使溶质完全溶解。然后在 15 psi(1.03×10^5 Pa)高压下蒸汽灭菌 20 min。当溶液冷至 60℃或 60℃以下时加入 100 mL 灭菌的 0.17 mol/L KH_2PO_4 和 0.72 mol/L K_2HPO_4 溶液(该溶液的配制方法是:用 90 mL 去离子水溶解 2.31 g KH_2PO_4 和 12.54 g K_2HPO_4,完全溶解后,用去离子水定容至 100 mL 并在 1.03×10^5 Pa 高压下蒸汽灭菌 20 min)。

4.1.10 2×YT 培养基

配制 1 L 培养基,在 900 mL 去离子水中加入:

胰化蛋白胨	16 g
酵母提取物	10 g
NaCl	5 g

摇动容器使溶质完全溶解,用 5 mol/L NaOH(约 0.2 mL) 调 pH 至 7.0。用去离子水定容至 1 L。在 1.03×10^5 Pa 高压下蒸汽灭菌 20 min。

4.1.11 MS 培养基

项目	成分	储备液用量/(mg/L)	倍数	配置体积	应用体积
储备液(大量元素)R1	NH_4NO_3	33 000	20	1 000	50
	KNO_3	38 000			
	$MgSO_4 \cdot 7H_2O$	7 400			
	KH_2PO_4	3 400			
储备液(大量元素)R1	$CaCl_2 \cdot H_2O$	8 800	20	1 000	50
	无水 $CaCl_2$	6 600			
储备液(无机微量元素)R3	K_1	830	1 000	1 000	1
	$MnSO_4 \cdot H_2O$	6 200			
	H_3BO_3	16 901.25			
	$ZnSO_4 \cdot 7H_2O$	8 600			
	$NaMoO_4 \cdot 2H_2O$	250			
	$CuSO_4 \cdot 5H_2O$	25			
	$CoCl_2 \cdot H_2O$	25			
储备液($FeSO_4$)R4	$FeSO_4 \cdot 7H_2O$	13 900	500	1 000	2
	$Na_2 \cdot EDTA \cdot 2H_2O$	18 650			
储备液(有机成分)R5	烟酸(维生素 B_3)	100	200	1 000	5
	盐酸吡哆(维生素 B_6)	100			
	盐酸硫胺素(维生素 B_1)	80			
	甘氨酸	400			
储备液(有机成分)R6	肌醇	20 000	200	1 000	5

注:MS 培养基/L=50 mL R1+50 mL R2+1 mL R3+2 mL R4+5 mL R5+5 mL R6+30 g 蔗糖+8 g 琼脂,用去离子水定容至 1 L,pH 调到 5.80。在 1.03×10^5 Pa 高压下蒸汽灭菌 20 min。

4.2 含有琼脂或琼脂糖的培养基

重要:在所有配方中均使用蒸馏去离子水。

按照上述配方配制液体培养基,高压灭菌前加入下列试剂中的一份:

细菌培养用琼脂(Bacto-Agar)	15 g/L(铺制平板用)
细菌培养用琼脂(Bacto-Agar)	7 g/L(配制顶层琼脂用)
琼脂糖	15 g/L(铺制平板用)
琼脂糖	7 g/L(配制顶层琼脂用)

在 1.03×10^5 Pa 高压下蒸汽灭菌 20 min。从高压锅中取出培养基时应轻轻旋动以使熔解的琼脂或琼脂糖能均匀分布在整个培养基溶液中。必须小心,此时培养基溶液可能过热,旋转液体可能会发生暴沸。应使培养基降温至 50～60℃,方可加入不耐热的物质(如抗生素)。为避免产生气泡,混匀培养基时应采用旋动方式。然后可直接从烧瓶中倒置平板。90 mm 直径的培养皿每个需 30～50 mL 培养基。如果平板上的培养基有气泡形成,可在琼脂或琼脂糖凝结前用本生煤气喷灯(Bunsen burner)灼烧培养基表面以除去之。设定颜色记号在相应平板的边缘作标记以区别不同的培养平板(如两条红杠表示 LB-氨苄青霉素平板,一条黑杠代表 LB 平板等)。

培养基完全凝固后,应倒置平板并贮存与 4℃备用。使用前 1～2 h 应取出贮存的平板。如果平板是新配制的,在 37℃温育时会"发汗",便会导致细菌菌落或噬菌体噬斑在平板表面扩散而增加交叉污染的机会。为避免这一问题,可以拭去平皿内部的冷凝水并把平板倒置,37℃温育数小时方可使用,也快速甩一下平皿盖以除去冷凝水,为尽可能减少污染,除去盖上的水滴时,应把开盖的平板呈倒置状态拿着。

4.3 贮存培养基

重要:在所有配方中均使用蒸馏去离子水。

4.3.1 液体培养基

生长在平板上或液体培养的细菌可在含有 30%(体积分数)无菌甘油的 LB 培养基中保存。制备 1 mL 一份的含有甘油的 LB 培养基,为确保甘油均匀分布需涡旋振荡。作为一种替代方法,细菌也可保存在 LB 冷冻缓冲液中。

LB 冷冻缓冲液

36 mmol/L　K_2HPO_4(无水的)

13.2 mmol/L　KH_2PO_4

1.7 mmol/L　柠檬酸钠

0.4 mmol/L　$MgSO_4\cdot7H_2O$

6.8 mmol/L　硫酸铵

4.4%(体积分数)甘油

用 LB 配制。

LB 冷冻缓冲液的最好配制方法是,用 100 mL LB 溶解上述盐类试剂,达到规定的浓度。取 95.6 mL 所得的盐溶液置于干净的容器内,然后加 4.4 mL 甘油。混匀后用 0.45 μm 一次性 Nalgene 滤器过滤除菌。

4.3.2 穿刺培养物

使用容量为 2～3 mL 并带有螺旋盖和橡皮热圈的玻璃小瓶，加入相当于约 2/3 容量的熔化 LB 琼脂，旋上盖子，但不拧紧。在 1.03×10^5 Pa 高压下蒸汽灭菌 20 min。从高压蒸汽灭菌器中取出试管，冷却至室温后拧紧盖子。放室温保存备用。

4.4 抗生素

普通使用的抗生素溶液见附表 4-1。

附表 4-1 普通使用的抗生素溶液

抗生素	贮存液[①]浓度 /(mg/mL)	保存条件 /℃	工作浓度/(μg/mL)	
			严紧型质粒	松弛型质粒
氨苄青霉素	50(溶于水)	−20	20	50
羧苄青霉素	50(溶于水)	−20	20	60
氯霉素	34(溶于乙醇)	−20	25	170
卡那霉素	10(溶于水)	−20	10	50
链霉素	10(溶于水)	−20	10	50
四环素[②]	5(溶于乙醇)	−20	10	50

注：①以水为溶剂的抗生素贮存液应用 0.22 μm 滤器过滤除菌。

②用乙醇溶解的抗生素溶液无须除菌处理，所有抗生素贮存液都应放于不透光的容器中保存。

镁离子是四环素的拮抗剂。对于以四环素为筛选抗性的细菌，应使用不含镁盐的培养基(如 LB 培养基)。

抗生素的作用方式见附表 4-2。

附表 4-2 抗生素的作用方式

抗生素	相对分子质量	作用机制	附加信息
放线菌素 C_1(放线菌素 D)	1 255.4	通过结合双链 DNA 抑制 RNA 的合成	
两性霉素	924.1	来自链霉菌的广谱抗真菌剂	
氨苄青霉素	349.4	因干扰肽聚糖交联而抑制细胞壁的合成	参见有关氨苄青霉素和卡唑霉素的信息(MC3，p. 1.148)
博来霉素	n. a.[①]	抑制 DNA 的合成，切割单链 DNA	
卡唑霉素(钠盐)	422.4	抑制细菌壁的合成	
氯霉素	323.1	通过阻断在 50S 核糖体亚基上的肽基转移酶而抑制翻译；高浓度下能抑制真核 DNA 的合成	参见有关氯霉素的资料（MC3，p. 1.143-1.144）
遗传霉素(G418 遗传霉素二硫酸)	692.7	氨基糖苷对许多细胞类型(如细菌、高等植物、酵母、哺乳动物、原生动物、蠕虫)是有毒性的；用于筛与新霉素抗性基因转化的真核细胞	

续附表4-2

抗生素	相对分子质量	作用机制	附加信息
庆大霉素	692.7	通过与50S核糖体亚基的L6蛋白结合而抑制蛋白质的合成	
潮霉素B	527.5	抑制蛋白质合成	
卡那霉素单硫酸盐	582.6	广谱抗生素；与70S核糖体亚基结合并抑制革兰阳性和革兰阴性细菌以及支原体生长	参见卡那霉素的资料(MC3,p.1.454.45)
甲氨蝶呤	454.45	一种叶酸的类似物；二氢叶酸还原酶的强抑制剂	
丝裂霉素C	334.33	抑制DNA合成；对革兰阳性菌、革兰阴性菌和耐酸杆菌有抗菌作用	
新霉素B硫酸	908.9	与30S核糖体亚基结合，抑制细菌蛋白质的合成	
新生霉素钠盐	634.62	抑菌抗生素；抑制革兰阳性菌的生长	
青霉素G钠盐	356.4	抑制细菌细胞壁中的肽聚糖的合成	
嘌呤霉素二氢氯化物	544.4	作为氨酰基tRNA的类似物抑制蛋白质的合成(引起早期链的终止)	
利福平	823	强烈抑制原核的RNA聚合酶和哺乳动物RNA聚合酶	
链霉素硫酸盐	1 457.4	抑制蛋白质合成；与30S核糖体亚基结合	
盐酸四环素	480.9	抑制细菌蛋白质合成；阻断氨酰基tRNA与核糖体的结合	参见有关四环素的信息(MC3,p.1.147)

注：①n.a. 表示未得到确切的相对分子质量。

4.5 用于λ噬菌体操作的溶液

重要：在所有配方中均使用蒸馏去离子水。

4.5.1 麦芽糖

麦芽糖是一种编码λ噬菌体受体的基因(*LamB*)的诱导物，培养用于铺制λ噬菌体平板的细菌时，通常在培养基中加入麦芽糖。每100 mL培养基中加入1 mL 20%的灭菌麦芽糖溶液。有关使用麦芽糖的进一步讨论详见MC3，p. 2.25的材料部分。20%的麦芽糖无菌贮存液的制备方法如下：

麦芽糖	20 g
加水至	100 mL

使用0.22 μm过滤器过滤除菌，将无菌溶液保存于室温。

4.5.2 SM溶液

这一缓冲液用于λ噬菌体贮存液的保存和稀释。

每升含：

NaCl	5.8 g
$MgSO_4 \cdot 7H_2O$	2 g
1 mol/L Tris-Cl(pH 7.5)	50 mL
2%明胶溶液①	5 mL
加水至	1 L

在 1.03×10^5 Pa 高压下蒸汽灭菌 20 min。溶液冷却后用无菌容器分成 50 mL 的小份。SM 可于室温无限期保存。

2%明胶溶液的配制：明胶溶于终体积为 100 mL 的水中，在 1.03×10^5 Pa 高压下蒸汽灭菌 15 min。

4.5.3 TM 溶液

每升含：

1 mol/L Tris-Cl(pH 7.5)	50 mL
$MgSO_4 \cdot 7H_2O$	2 g
加水至	1 L

在 1.03×10^5 Pa 高压下蒸汽灭菌 20 min。溶液冷却后用无菌容器分成 50 mL 的小份。TM 可于室温无限期保存。

4.6 用于酵母繁殖和筛选的培养基

重要：在所有配方中使用蒸馏去离子水。除非另有说明，培养基和溶液在 1.03×10^5 Pa 高压下蒸汽灭菌 15～20 min。

4.6.1 完全培养基(CM)或合成的完全培养基(SC)和营养缺陷型培养基

为了试验菌株生长的必需条件，有必要使用这样的培养基，其中添加了常见的一些营养缺陷型菌株所需要的营养物质，只缺失特定的一种营养物质(即缺失培养基)。培养基补加物可以干粉的形式预先混合后存贮。CM(或 SC)是含有所有生长成分的培养基(也就是说，没有一种营养成分缺陷)。

无氨基酸的酵母氮源①	6.7 g
葡萄糖	20 g
琼脂	20 g
营养缺陷混合物	2 g
水	加至 1 000 mL

①无氨基酸氮源(YNB)是以有或没有硫酸铵的形式出售的。这个配方需要有硫酸铵的 YNB。如果你所购到的 YNB 缺乏硫酸铵，只需使用 1.7 gYNB，再加 5 g 硫酸铵即可。

4.6.2 营养缺陷混合物(Drop-out-Mix)

减去有关的补料，混合适当的成分，在密封的容器中混合。来回倒置转动容器至少 15 min；加入几粒干净的大理石，以助于固体的混合。

腺嘌呤(Adenine)	0.5 g
丙氨酸(Alanine)	2.0 g
精氨酸(Arginine)	2.0 g
天冬酰胺(Asparagine)	2.0 g

天冬氨酸(Aspartic acid)	2.0 g
半胱氨酸(Cysteine)	2.0 g
谷氨酰胺(Glutamine)	2.0 g
谷氨酸(Glutamic acid)	2.0 g
甘氨酸(Glycine)	2.0 g
组氨酸(Histidine)	2.0 g
肌醇(Inositol)	2.0 g
异亮氨酸(Isoleucine)	2.0 g
亮氨酸(Leucine)	10.0 g
赖氨酸(Lysine)	2.0 g
甲硫氨酸(Methionine)	2.0 g
对氨基苯甲酸(para-Aminobenzoic acid)	0.2 g
苯丙氨酸(Phenylalanine)	2.0 g
脯氨酸(Proline)	2.0 g
丝氨酸(Serine)	2.0 g
苏氨酸(Threonine)	2.0 g
色氨酸(Tryptophan)	2.0 g
酪氨酸(Tyrosine)	2.0 g
尿嘧啶(Uracil)	2.0 g
缬氨酸(Valine)	2.0 g

注：摘录于 Adams 等(1998)的资料。Methods in yeast genetics: A laboratory course manual. Cold Sping Harbor Press, Cold Spring Harbor, New York。

补加的基本培养基的成分见附表 4-3。

附表 4-3 补加的基本培养基的成分

成分	贮存液浓度/(g/100 mL)	1 L 中应加贮存培养基的体积/mL	培养基中最终浓度/(mg/L)	涂布在平板上所需贮存液的体积/mL
腺嘌呤硫酸盐	0.2①	10	20	0.2
尿嘧啶	0.2①	10	20	0.2
L-色氨酸	1	2	20	0.1
L-组氨酸 HCl	1	2	20	0.1
L-精氨酸 HCl	1	2	20	0.1
L-甲硫氨酸	1	2	20	0.1
L-酪氨酸	0.2	15	30	0.2
L-亮氨酸	1	10	100	0.1
L-异亮氨酸	1	3	30	0.1
L-赖氨酸 HCl	1	3	30	0.1
L-苯丙氨酸	1①	5	50	0.1

续附表4-3

成分	贮存液浓度/(g/100 mL)	1 L中应加贮存培养基的体积/mL	培养基中最终浓度/(mg/L)	涂布在平板上所需贮存液的体积/mL
L-谷氨酸	1①	10	100	0.2
L-天冬氨酸	1①,②	10	100	0.2
L-缬氨酸	3	5	150	0.1
L-苏氨酸	4①,②	5	200	0.1
L-丝氨酸	8	5	400	0.1

①室温保存。

②在培养基高压灭菌后再加入。

4.6.3 补加的基本培养基(SMM)

SMM是加入各种生长补料的合成葡萄糖基本培养基(SD)。这些溶液可长期存放。某些溶液应在室温保存以防发生沉淀,而其他溶液可能需要冷冻。无论如何,应优先选用氨基酸的盐酸盐。

将适当体积的贮存液加到SD培养基的配料中以配制培养基,而后用蒸馏水调节终体积至1 L。高压灭菌后分别加苏氨酸和天冬氨酸溶液。

通常方便的配制SMM培养基的替代办法是,将少量补料涂布在SD平板的表面。补料液在平板上完全干燥后再接种酵母菌。

表4-3给出了贮存液的浓度,配制1 L培养基所需的贮存液的体积,涂在SD平板上所需贮存液的体积以及在SMM中每种成分的最终浓度。

4.6.4 合成的葡萄糖基本培养基(SD)

SD是含有盐类、微量元素、维生素、氮源(无氨基酸的酵母氮源)和葡萄糖的合成基本培养基。

不含氨基酸的酵母氮源①	6.7 g
葡萄糖	20 g
细菌培养用琼脂	20 g
水	加至1 000 mL

①见前文"4.6.1 完全基本培养基(CM)或合成的完全培养基(SC)和营养缺陷型培养基"中关于CM培养基的说明。

4.6.5 用于酵母的X-gal指示平板

因为在SD培养基的正常酸性pH条件下,5-溴-4-氯-3-吲哚-*β*-*D*-半乳糖苷(X-gal)(注意安全!)对酵母菌不起作用,故使用中性pH的培养基。这种选择完全是一种权宜之计。因为许多酵母菌株在中性pH时生长不好。为配制每升X-gal指示平板,需制备下述溶液。

溶液Ⅰ

10×磷酸缓冲液贮存液	100 mL
1 000×无机盐贮存液(见下面配方)	1 mL
营养缺陷混合物(p.723)	2 g

如果培养基中含有葡萄糖,用蒸馏水调节体积至450 mL;若培养基中含有半乳糖,用蒸馏

水调节体积至 400 mL。

10×磷酸缓冲液贮存液

KH_2PO_4(1 mol/L)	136.1 g
$(NH_4)_2SO_4$(0.15 mol/L)	19.8 g
KOH(0.75 mol/L)	42.1 g
水	加至 1 000 mL

调 pH 至 7.0 并高压灭菌。

1 000×无机盐贮存液

$FeCl_3$(2 mmol/L)	32 mg
$MgSO_4 \cdot 7H_2O$(0.8 mol/L)	19.72 g
水	加至 100 mL

高压灭菌并贮存备用。这种溶液会出现细小的黄色沉淀,用前应重新悬浮。

溶液Ⅱ

在一个 2 L 的烧瓶中混合:

细菌培养用琼脂	20 g
蒸馏去离子水	500 mL

a. 溶液Ⅰ和溶液Ⅱ分开高压。

b. 冷却至 65℃以下时将下述成分加到溶液Ⅰ中:

葡萄糖或其他糖类加至浓度为	2%
X-gal(20 mg/mL,用二甲基甲酰胺溶解)	2 mL
100×维生素贮存液	10 mL

c. 这时包含任何其他的热敏感补料。

d. 将溶液Ⅰ和溶液Ⅱ混合在一起,每个平板铺 30 mL。

100×维生素贮存液

维生素 B_1(0.04 mg/mL)	4 mg
生物素(2 μg/mL)	0.2 mg
维生素 B_6(0.04 mg/mL)	4 mg
肌醇(0.2 mg/mL)	20 mg
维生素 B_3(0.04 mg/mL)	4 mg
H_2O	100 mL

用 0.22 μm 滤器过滤除菌。

4.6.6 在滤膜上裂解酵母细胞的 X-gal 指示平板

这些平板用来检测在 Whatman 3MM 滤纸上裂解和固定的细胞中的 β-半乳糖苷酶的活性。

细菌培养用琼脂	20 g
1 mol/L Na_2HPO_4	57.7 mL
1 mol/L NaH_2PO_4	42.3 mL
$MgSO_4$	0.25 g
H_2O	900 mL

高压灭菌后,加 6 mL X-gal 溶液(20 mg/mL,用二甲基甲酰胺配制)。

4.6.7 YPD(YEPD)培养基

YPD 是用于酵母常规生长的复合培养基。

酵母提取物	10 g
蛋白胨	20 g
葡萄糖	20 g
水	加至 1 000 mL

制备平板时,在高压灭菌前加入 20 g(2%)细菌培养用琼脂。

附录5 生物样品的保存与实验室安全

5.1 生物样品的贮存和邮送

这里介绍不同类型的生物样品如细菌贮液、酵母贮液和 DNA 样品的贮存与邮送的常用方法。

5.1.1 细菌贮液

大多数细菌贮液含有 7%的 DMSO 或者 15%甘油，一般于－80℃长期保存。特定的株系和冻存时细胞的状态决定冻存细胞的生存能力。从一个单菌落开始，在合适的培养基中振荡过夜(10～15 h)的培养物通常被用作贮存。

甘油贮液：将 0.5 mL 过夜培养液转入到具有记号的 1.5 mL 预冷的螺旋管，再加 0.5 mL 灭菌的 30%甘油。盖上盖子，轻轻混合，于－80℃贮存。生长在多孔塑料板培养基中的细菌，培养基中含有 8%～10%的甘油，可直接于－80℃贮存。

DMSO 贮液：将 1 mL 过夜培养液转入到具有记号的 1.5 mL 预冷的螺旋管内，再加 80 μL DMSO(使用的 DMSO 试剂应是专门用于细菌贮液配制的，决不能从贮液瓶中直接吸出。采用无菌操作的方法将 DMSO 试剂分成小份，用小份的 DMSO 配制培养液)后盖上盖子，轻轻混合，于－80℃贮存。不同株系在贮液中细胞的长期生存能力不同，已知一些株系保存在 DMSO 中 10 年还具有良好的生存能力。

冻存细菌的恢复：从冻存在 DMSO 或甘油的细菌贮液，利用灭菌环、灭菌牙签或灭菌一次性枪头刮取没融化的贮液表面，划线合适的琼脂平板(例如 LB 琼脂平板)上，37℃过夜培养以获取单克隆。另一方面重新盖上盖子，再将细菌贮液于－80℃贮存。平板上的克隆能够在一周内用于接种培养，在这期间平板应倒置保存在 4℃。

菌株邮寄：一般大多数菌株都可用几种不同的邮送方法，仍能保持良好的生存能力。过去常用琼脂穿刺培养来贮存和邮送细菌菌株。用单克隆划线后再用石蜡膜密封的培养皿或载有培养物的滤纸片均可用于邮送。对滤纸片，样品在收到后应采用无菌操作的方法将其转移到合适的新鲜培养基上过夜培养。冻干在冷冻管中的培养液可在室温下运输，收到后培养液应划线于合适的平板，分离单克隆。冻存的 DMSO 或甘油贮液能在干冰中运输。

一般而论，不带质粒的菌株琼脂穿刺培养可在室温下贮存多年，而带质粒的菌株不适合采用这种方法保存，因为在非选择性条件下质粒容易丢失。但携带质粒的菌株也能用琼脂穿刺培养的方法很方便地运输，只是在收到后应立即在选择性培养基平板上划线培养，或者制备成 DMSO 贮液或甘油贮液。

依照以下步骤在具有橡胶垫片的 3 mL 玻璃螺旋口的菌种管中制备琼脂穿刺培养物：在每个菌种管中加入 2 mL 液体 LB 上层琼脂培养基(0.7%的琼脂；也有一些研究者用 1%～

1.2%的琼脂)，瓶盖松开高压灭菌。冷却到室温后，拧紧瓶盖，在室温保存备用。用灭菌的接种环或灭菌的牙签挑取一个单克隆，通过穿刺琼脂中部直至菌种管底部后，盖紧瓶盖。细菌菌株可在温和的气候条件下室温运输，炎热的夏天室温运输可能导致途中细菌死亡。

5.1.2 酵母贮液

典型的酵母保存液是含有20%甘油的培养液，可在−80℃长期保存。冻存酵母细胞的生存能力取决于不同株系和冻存时的细胞状态。

甘油贮液：在合适的平板上划线30℃培养2 d以获取单克隆。从平板上挑取火柴头大小的细胞接种于6 mL的YPD培养基(这是大量接种，接种后培养液立即会变浑浊)。30℃振荡过夜培养后，加2 mL灭菌的80%甘油，充分混合。分成0.5 mL的小份转移到具有O型密封环的冷冻管中，充分摇动后冻存于−80℃。用这种方法制备的酵母株系可永久地贮存于−80℃。酵母如果冻存的温度高于−55℃则趋向于死亡。注意：冻存之前生长在YPD培养基上的酵母比生长在选择性培养基上的酵母具有更强的生存力。

冻存酵母的恢复：决不要融化冻存的酵母贮液。而用一个灭菌环、灭菌的牙签或灭菌的一次性枪头刮取贮液的表面，在合适的琼脂平板(例如YPD或选择性琼脂平板)上划线，30℃培养2 d以获取单菌落。原管重新盖好盖再贮存于−80℃。在YPD琼脂平板上的酵母能在4℃保存近6个月，而在选择性平板(即添加附加成分的SC平板)上保存只能约2个月。在这期间平板应倒置保存于4℃。为了长期保存，可将平板密封或放入袋内以免平板干燥。添加腺嘌呤的YPD培养基能够抵抗在4℃保存中ade2株系产生的红色素引起的毒性。

酵母株系的邮送：按照上述甘油贮液的制备方法制成贮液后快件邮寄。收到后对每个细胞悬浮液划线在合适的培养基琼脂平板上，30℃培养2～3 d。也可以用YPD平板、含有固体YPD培养基(YPD斜面)的菌种管或小瓶来运送酵母(盖子要松)。如果邮寄的培养液是不新鲜的培养物(例如将酵母细胞接种于新鲜的YPD培养基，盖紧冷冻管)，活酵母发酵会产生的气压，邮寄过程中管子可能会破裂。酵母菌株应在温和的气候条件下室温运输，炎热的夏天运输可能导致途中死亡。

5.1.3 DNA

由于在分离过程中DNA有可能被所用的化学试剂污染，不纯DNA样品常不能很好贮存。重金属的污染和酚降解的氧化产品等都能引起磷酸二酯键的断裂。紫外照射引起胸腺嘧啶二聚体和交联体的产生，导致生物活性丧失。在分子氧和可见光的条件下，溴化乙锭引起光氧化作用。

DNA的贮存：作为一般原则，DNA纯度越高在任何条件下贮存的时间会越长。DNA溶液一般是溶解在TE(pH 8.0)中。DNA的长期贮存应该具有高盐浓度(至少1 mol/L的NaCl或其他盐分)和10 mmol/L的EDTA(与重金属螯合)。一般DNA沉淀先溶解在低离子强度溶液(如TE)中，以后如果需要再加盐。干的DNA沉淀可在−20℃贮存6个月，而用乙醇沉淀的DNA可以在−20℃无限期保存。

若经常使用，高纯度的DNA最好贮存在4℃。用于DNA贮存的冰箱应优选不除霜的冰箱。当DNA经常冻融交替循环，会使DNA的单链、双链断裂。如果是长期保存，建议贮存在−80℃。

DNA的运输：高纯度的DNA能够以水溶液的形式在室温、4℃(即冰中)或冻存在干冰中运输，也可以用乙醇沉淀的干燥DNA或者在乙醇中沉淀的DNA形式运输。如果DNA的纯度值得怀疑，不要用水溶液形式在室温下运输。污染微量的核酸酶会导致运输途中DNA的严重降解。

5.2 实验室特殊化学试剂使用时的安全注意事项

简要地介绍实验方法中对所用的特殊化学试剂应注意的安全事项。

对浓酸和浓碱的操作应十分小心，要戴上手套和面罩。易挥发的浓酸应在化学试剂通风橱中操作。

氰化甲烷极易挥发和易燃，也是一个有刺激性的化学窒息剂。通过吸入、摄取和皮肤的吸收对人体产生有害作用。操作中应在化学试剂通风橱中进行，并戴上手套和安全镜。

未聚合的丙烯酰胺和甲叉双丙烯酰胺是强的神经毒素，可通过皮肤吸收(效应具有积累作用)。在操作粉状或溶液状态的丙烯酰胺和甲叉双丙烯酰胺时，应戴上手套和面罩，尽可能在化学通风橱内称量。多聚丙烯酰胺被认为是没有毒性的，但是在操作时也应引起注意，因为它可能含有没有完全聚合的丙烯酰胺。

放线菌素D是胎儿畸形诱发源和致癌剂，具有极强的毒性。人体吸入、吞咽或通过皮肤吸收都可能是致命的。操作中应戴上手套和安全镜，并在化学试剂通风橱中进行。

木瓜蛋白酶抑制剂、胃蛋白酶抑制剂和亮抑蛋白酶肽对人体可能是有害的，不要吸入、吞咽或通过皮肤吸收。操作中戴上手套和安全镜。抑蛋白酶肽也可能会引起过敏反应。直接接触会引起胃肠不良反应，肌肉疼痛，血压变化和支气管痉挛。

人的血液、血产品和组织可能含有隐藏的传染性物质，如肝炎病毒或人类免疫缺陷病毒(HIV)，会引起实验室获得性传染。实验者若用EBV转化的淋巴胚芽细胞系做实验，会有被EBV传染的危险。任何人的血液、血样品和组织都应被认为具有生物学危险，注意安全操作。要戴上一次性的手套和护目镜、穿上工作服，使用机械移液设备，在气流流动的橱内或者生物学安全柜内操作，预防发生烟雾(例如离心或涡旋的实验操作)和在处理废品前进行消毒。对污染的塑料制品高压消毒后再处置，对污染的液体高压消毒或用体积分数为10%的漂白剂至少处理30 min后再扔掉。

BrdU是诱变剂，不要吸入、吞咽或通过皮肤吸收。操作中应戴上手套和安全镜，并在化学试剂通风橱中进行。

n-丁醇、2-丁醇和sec-丁醇对黏膜、上呼吸道、皮肤，特别是眼睛有刺激效应。操作时应戴上手套、安全镜和面罩。*n*-丁醇、2-丁醇和sec-丁醇还是极易燃产品。

氯仿对黏膜、上呼吸道、皮肤和眼睛有刺激效应，是一个致癌物，也可能损害肝和肾。操作中应戴上手套和安全镜，并在化学试剂通风橱中进行。

m-甲酚对呼吸道黏膜、眼睛和皮肤具有极大的危害性。吸入、吞咽或通过皮肤吸收可能是致命的。接触可能会引起烧伤，也可能危害肾和眼睛。操作中应戴上手套和安全镜，穿上工作服，并在化学试剂通风橱中进行。

DAPI是可能的致癌物，会对人体引起有害的刺激效应，避免吸入、吞咽或通过皮肤吸收。操作中应戴上手套和面罩。

二乙胺对呼吸道黏膜、眼睛、皮肤和上呼吸道具有极大的危害，如果吸入可能是致命的，吞咽或通过皮肤吸收可能是有害的。操作中应戴上手套、面罩和安全镜，穿上工作服，并在化学试剂通风橱中进行。二乙胺还是极易燃物。

乙醚是易挥发、易燃物，对眼睛、黏膜和皮肤有刺激效应。它也是一个中枢神经抑制剂，具有麻醉效应。吸入摄取或通过皮肤吸收都会是有害的。操作中应戴上手套和安全镜，并在化学试剂通风橱中进行。

DEPC是强的蛋白变性剂和致癌物。开瓶时要使瓶子尽可能远离你，因内部的压力可能导致飞溅。操作中应戴上手套，穿上工作服，并在化学试剂通风橱中进行。

DMF对黏膜、眼睛、皮肤具有刺激效应。吸入、摄取或通过皮肤吸收而对人体都会发挥毒性作用。长期的吸入能导致肝和肾的损害。操作中应戴上手套、面罩和安全镜，穿上工作服，并在化学试剂通风橱中进行。

溴化乙锭是强的诱变剂和具有中度的毒性。使用溴化乙锭溶液时应戴上手套。

甲醛具有毒性，也是一个致癌物。它随时可被皮肤吸收产生刺激效应。操作中应戴上手套、面罩和安全镜，穿上工作服，并在化学试剂通风橱中进行。

甲酰胺是胎儿畸形诱发源，气态对眼睛、黏膜、上呼吸道和皮肤有刺激效应。操作中应戴上手套和安全镜，并在化学试剂通风橱中进行。

戊二醛具有毒性，随时可被皮肤吸收，对眼睛、黏膜、上呼吸道和皮肤会产生刺激效应。操作中应戴上手套和安全镜，并在化学试剂通风橱中进行。

羟胺对眼睛、黏膜、上呼吸道和皮肤具有极大的危害。如果吸入可能是致命的，吞咽或通过皮肤吸收可能是有害的。操作中应戴上手套和安全镜，穿上工作服，并在化学试剂通风橱中进行。

8-羟基喹啉对眼睛、黏膜、上呼吸道和皮肤都会产生刺激效应。如果吸入、摄取或通过皮肤吸收可能是有害的。操作中应戴上手套、安全镜和面罩。

LIDS如果吸入是有害的。称取LIDS时应戴上手套和面罩。

液氮的温度是－185℃。处理冻存样品时应十分小心。使用液氮时应戴上隔热手套和面罩。

如果吸入或通过皮肤吸收β-巯基乙醇是致命的。高浓度的巯基乙醇对眼睛、黏膜、上呼吸道和皮肤具有极大的危害。操作中应戴上手套和安全镜，并在化学试剂通风橱中进行。

甲醇是有毒的，能引起眼睛失明。为了限制对气体的接触，足够的通风是必要的。

氨甲蝶呤是致癌物和胎儿畸形诱发源。吸入、摄取或通过皮肤吸收都是有害的。接触可能引起胃肠副效应，损伤肝或肾。操作中应戴上手套和安全镜，并在化学试剂通风橱中进行。

四氧化锇（锇酸）极毒，不要吸入、吞咽或通过皮肤吸收。锇酸气体会损害眼睛角膜组织，能引起眼睛失明。操作时应戴上手套和安全镜，并在化学试剂通风橱中进行。

酚具有强腐蚀性，能引起严重烧伤。操作中要戴上手套、面罩和安全镜，穿上工作服，并在化学试剂通风橱中进行。与酚接触的皮肤应用大量的水清洗和肥皂水洗，而不要用乙醇洗。

如果吸入、吞咽或通过皮肤吸收对苯二胺可能是有害的。操作中应戴上手套和安全镜。

哌啶对眼睛、皮肤、呼吸道和胃肠道有腐蚀作用。它与酸和氧化剂强烈地发生作用。保持哌啶远离热源和火焰。操作中应戴上手套和安全镜。

吡啶对眼睛、黏膜、上呼吸道和皮肤是极度有害的。如果吸入、吞咽或通过皮肤吸收可能是有害的，也可能是一个诱变剂。保持吡啶远离热源和火焰。操作中戴上手套和安全镜，并在化学试剂通风橱中进行。

PMSF是极毒的胆碱酯酶抑制剂，对呼吸道的黏膜、眼睛和皮肤具有极度的损害作用。如果吸入、吞咽或通过皮肤吸收可能是致命性的。操作中应戴上手套、面罩和安全镜，并在化学试剂通风橱中进行。万一接触，用大量的水冲洗眼睛或皮肤。扔掉被污染的工作服。

放射性物品的操作应戴上手套和安全镜，穿上工作服。

SDS 如果吸入是有害的。称取时应戴上面罩。

如果吸入硅烷是有害的，硅烷也是易燃物。避免与眼睛和皮肤接触。操作时应戴上手套和安全镜，并在化学试剂通风橱中进行。

叠氮钠极毒，能阻扰细胞色素电子传递系统。含叠氮钠的溶液应该有醒目的标志。操作时应十分小心，须戴上手套。

脱氧胆酸钠对黏膜和上呼吸道有刺激效应，如果吞咽是有害的。当操作粉剂时应戴上手套、安全镜和面罩，防止吸入。

高氯酸钠对眼睛、黏膜和上呼吸道有刺激效应，如果吸入、吞咽可能是有害的。操作时应戴上手套和安全镜，穿上工作服，并在化学试剂通风橱中进行。高氯酸钠是强氧化剂，与其他物品接触时可能引起着火。

TCA 的操作应十分小心，要戴上手套和面罩。

浓的 TFA 易挥发。浓酸操作应十分小心，要戴上手套和面罩，在化学试剂通风橱中进行。

甲苯的气体对眼睛、皮肤、黏膜和上呼吸道具有刺激效应。如果吸入、摄取或通过皮肤吸收是有害的。操作时应戴上手套、安全镜和面罩，防止吸入气体。甲苯还易燃。

三乙胺是可燃物，而且对眼睛、皮肤、黏膜和上呼吸道具有强腐蚀性。如果吸入、摄取或通过皮肤吸收是有害的。在化学试剂通风橱中操作，并戴上手套和安全镜。

紫外辐射是危险的，特别是对眼睛更是如此。为了减少最大程度的接触，确定紫外光源有足够的遮蔽。戴上护眼罩或者整个安全面罩阻断紫外光。处理紫外光下的物品时，要戴上手套。紫外辐射也是诱变剂和致癌物。

二甲苯是可燃物，可能引起麻醉效应，对肺的刺激作用、胸疼和水肿。在化学试剂通风橱中操作，并戴上手套和安全镜。

（陈敏　编录）